PARLEZ-VOUS CHIEN?

Correction : Brigitte Lépine
Infographie : Luisa da Silva

Catalogage avant publication de Bibliothèque et Archives Canada

Smith, Cheryl S.

Parlez-vous chien? : la clé de la communication entre l'homme et le chien

(Des animaux et des hommes)
Traduction de : *The Rosetta Bone – The Key to Communication Between Humans and Canines.*

1. Chiens – Dressage. 2. Chiens – Mœurs et comportement. 3. Communication avec les animaux. I. Titre. II. Collection.

SF431.S6414 2007   636.7'0887   C2006-942208-7

Pour en savoir davantage sur nos publications,
visitez notre site : **www.edhomme.com**
Autres sites à visiter : www.edjour.com
www.edtypo.com • www.edvlb.com
www.edhexagone.com • www.edutilis.com

DISTRIBUTEURS EXCLUSIFS :

• Pour le Canada et les États-Unis :
  MESSAGERIES ADP*
  2315, rue de la Province
  Longueuil, Québec J4G 1G4
  Tél. : (450) 640-1237
  Télécopieur : (450) 674-6237
  * une division du Groupe Sogides inc.,
    filiale du Groupe Livre Quebecor Média inc.

• Pour la France et les autres pays :
  INTERFORUM editis
  Immeuble Paryseine, 3, Allée de la Seine
  94854 Ivry CEDEX
  Tél. : 33 (0) 4 49 59 11 56/91
  Télécopieur : 33 (0) 1 49 59 11 33
  Service commande France Métropolitaine
  Tél. : 33 (0) 2 38 32 71 00
  Télécopieur : 33 (0) 2 38 32 71 28
  Internet : www.interforum.fr
  Service commandes Export – DOM-TOM
  Télécopieur : 33 (0) 2 38 32 78 86
  Internet : www.interforum.fr
  Courriel : cdes-export@interforum.fr

• Pour la Suisse :
  INTERFORUM editis SUISSE
  Case postale 69 – CH 1701 Fribourg – Suisse
  Tél. : 41 (0) 26 460 80 60
  Télécopieur : 41 (0) 26 460 80 68
  Internet : www.interforumsuisse.ch
  Courriel : office@interforumsuisse.ch
  Distributeur : OLF S.A.
  ZI. 3, Corminboeuf
  Case postale 1061 – CH 1701 Fribourg – Suisse
  Commandes : Tél. : 41 (0) 26 467 53 33
            Télécopieur : 41 (0) 26 467 54 66
            Internet : www.olf.ch
            Courriel : information@olf.ch

• Pour la Belgique et le Luxembourg :
  INTERFORUM editis BENELUX S.A.
  Boulevard de l'Europe 117, B-1301 Wavre – Belgique
  Tél. : 32 (0) 10 42 03 20
  Télécopieur : 32 (0) 10 41 20 24
  Internet : www.interforum.be
  Courriel : info@interforum.be

Gouvernement du Québec – Programme de crédit d'impôt pour l'édition de livres – Gestion SODEC – www.sodec.gouv.qc.ca

L'Éditeur bénéficie du soutien de la Société de développement des entreprises culturelles du Québec pour son programme d'édition.

Nous reconnaissons l'aide financière du gouvernement du Canada par l'entremise du Programme d'aide au développement de l'industrie de l'édition (PADIÉ) pour nos activités d'édition.

Cheryl S. Smith

PARLEZ-VOUS CHIEN ?

La clé de la communication entre l'homme et le chien

DES ANIMAUX ET DES HOMMES

Traduit de l'américain par
Paule Noyart

le jour,
éditeur

....

Préface

Cet ouvrage est né d'une idée, celle d'un petit livre-cadeau humo-
ristique, à l'intention des amoureux des chiens. Mon but était
de jeter un regard amusé sur les tentatives faites par les humains,
au cours des siècles, pour communiquer avec leurs amis à pattes. Je
voulais aussi expliquer comment, selon mon expérience, nos toutous
voient le monde. Tandis que je caressais ce projet, accumulant notes et
observations, il m'est apparu qu'il méritait une approche plus exhaustive. C'est ainsi que l'idée de départ a bifurqué vers l'ouvrage plus épais
et plus sérieux (qui conserve néanmoins, je l'espère, tout son humour)
que vous tenez entre les mains.

   La compagnie des animaux m'a toujours ravie. J'ai eu des oiseaux,
des chats, des chiens, des lapins, des tortues, des chevaux, des moutons,
des chèvres, des ratons laveurs, et même une vache ! Mais je m'entends
particulièrement bien avec les chiens. C'est incroyable le nombre d'activités auxquelles on peut se livrer avec eux, et ils aiment autant être
avec nous que nous aimons être en leur compagnie. J'espère avoir

appris une foule d'astuces qui vous aideront à vivre en parfaite harmonie avec votre chien.

Vous trouverez dans ce livre trois sortes d'encadrés. Les encadrés « ESSAYEZ-LE » décrivent des expériences pratiques que leur auteur vous conseille d'essayer, ou d'envisager. Si l'un de ces exercices nécessite une participation humaine, ménagez-vous la période et le temps nécessaires pour le mener à bonne fin.

Les encadrés « VOUS POUVEZ ME CITER » sont des réflexions de dresseurs, de béhavioristes et de vétérinaires. Elles sont extrêmement éclairantes. À la fin de l'ouvrage, la section *Quelques personnes dignes d'être citées*, trace un bref profil des spécialistes qui ont pris le temps de faire ces déclarations intéressantes et de procurer ainsi aux amis des chiens une foule de conseils utiles.

Les encadrés « PENSEZ-Y » sont parfois des rescapés du fameux livre-cadeau, mais ce sont plus souvent des encouragements à expérimenter par vous-même. Il est nécessaire, lorsqu'on doit négocier avec d'autres – que ces « autres » soient des humains ou des chiens – d'examiner la situation sous différents angles. Les conseils donnés dans ces encadrés vous aideront à atteindre cet objectif.

Bien que j'aie donné à cet ouvrage un ordre logique, les chapitres peuvent être lus dans le désordre. Cette méthode ne vous causera aucun problème, sauf peut-être celui de vous obliger à vous référer à un autre chapitre pour l'explication de l'un ou l'autre terme, ou d'une autre technique.

N'hésitez pas, surtout, à interrompre votre lecture pour partager ce que vous venez d'apprendre avec votre chien.

C'est la raison d'être de ce livre.

Chapitre 1

....

Dans les brumes du temps

D'où viennent les chiens?
D'où sortent toutes ces races?

Il y a vingt mille ans que l'être humain et le chien ont inauguré leur partenariat. Que nous ayons apporté des changements génétiques à la race canine est évident; ce que nous connaissons beaucoup moins, c'est comment les chiens nous ont changés, nous. Le fait que le chien ait un sens olfactif et un sens auditif plus développés que les nôtres nous a permis de nous concentrer sur un autre sens: la vue. Le courage étant la seconde nature du chien, nos glandes adrénalines ont pu rapetisser. En nous aidant à devenir des prédateurs plus efficaces, les chiens nous ont donné du temps pour penser. Bref, les chiens nous ont civilisés.

DONALD MCCAIG
Eminent Dogs, Dangerous men

Les Indiens Kato de Californie ont, comme tous les peuples, leur propre récit de la création…

Le dieu Nagaicho a élevé des piliers aux quatre coins du ciel pour maintenir celui-ci et pour dévoiler la terre. La terre ainsi mise à nu, Nagaicho a arpenté ce nouveau monde, créant un tas de choses sur son passage, traînant les pieds pour creuser vallées et rivières, faisant naître des créatures pour les peupler. Tout au long de sa marche, un chien l'accompagnait. Nagaicho n'a pas créé le chien. Ce dieu avait un chien.

Dans les brumes du temps…

Donald McCaig a peut-être raison lorsqu'il dit que les chiens nous ont civilisés autant que nous les avons civilisés, mais des données scientifiques indiquent que le processus a sans doute commencé beaucoup plus tôt. Il est peu vraisemblable que nous sachions un jour où et quand les premiers humains et les premiers canidés se sont associés, mais des indices archéologiques démontrent que les territoires de vie et de chasse de l'homme préhistorique et du loup se sont presque constamment chevauchés. Des os de loup et d'hominidés ont été

Sculpture inuit représentant soit un loup soit un chien de traîneau.

retrouvés les uns à côté des autres dans la grotte de Lazaret, près de Nice, en France. Le site est vieux de 150 000 ans. La même découverte a été faite dans le nord de la Chine, sur le site de Zhoukoudian, vieux de 300 000 ans et à Kent, en Angleterre, sur un site datant de 400 000 ans.

Imaginez cela ! Alors que nous n'étions pas encore des humains à part entière, nous partagions déjà notre espace avec des canidés. Le site de Lazaret démontre que le loup tenait une place importante dans notre vie : chaque entrée des abris individuels, à l'intérieur de la grotte, est surmontée d'un crâne de loup.

Dessin rupestre illustrant un chasseur et ses chiens.

Il n'est peut-être pas surprenant que notre association avec les canidés remonte si loin dans le temps. Des comportements qui font écho aux nôtres ont, depuis la nuit des temps, éveillé notre intérêt. Nous avons toujours eu tendance à vivre en groupe (dans nos communautés familiales ou dans nos tribus) et nous accordons une grande valeur à la loyauté envers les membres du clan. Les loups, qui se comportent de la même manière, coopérant entre eux et prenant soin de leur progéniture, ont dû nous apparaître comme des compagnons attachants et fidèles.

Nous n'avons pas nécessairement été à l'origine du rapprochement entre humains et loups – ces loups qui deviendront bientôt des chiens. Avec leur hiérarchie de soumission, (comme nous le verrons lorsque nous parlerons des interactions beaucoup plus tardives entre humains et chiens, il est plus indiqué de penser à leurs relations en termes de soumission plutôt qu'en termes de dominance), les loups ont sans doute développé des moyens non destructeurs pour communiquer leur désir de suivre plutôt que de mener. Une meute ne pouvait survivre lorsque ses membres étaient constamment blessés lors de querelles hiérarchiques.

C'est ainsi que les loups sont devenus des experts dans l'interprétation de situations et dans le désamorçage de menaces. Comme ils étaient des prédateurs extrêmement efficaces, ils ont pu communiquer leurs stratégies à ceux qui faisaient partie de leur environnement, notamment les humains.

Bien que nous ne sachions pas vraiment comment la domestication qui existe aujourd'hui s'est produite, un processus de « domestication mutuelle », grâce auquel l'homme et le loup se sont adoptés l'un l'autre, semble vraisemblable. Il est même possible que ce soit le loup qui nous ait choisis. Si c'est le cas, nous n'avons pas pu faire grand-chose, lorsqu'il a décidé de nous adopter, pour le tenir à distance.

Les indices les plus convaincants placent la période où le loup et l'homme ont uni leurs forces et leurs compétences à l'époque où nos ancêtres sont passés du mode de vie de chasseurs-cueilleurs à un style de vie consacré en grande partie à l'agriculture. Ce qui nous ramène aux 20 000 ans dont Donald McCaig parle au début de ce chapitre.

Les restes les plus anciens identifiés comme pièces osseuses ayant appartenu à un chien – et non à un loup – proviennent d'Oberkassel, en Allemagne. Ils datent de 14 000 ans avant Jésus-Christ. Des mutations notables : mâchoire plus courte ; stop (dépression séparant le front du museau) plus accentué ; taille généralement plus petite, ont indiqué aux archéologues qu'ils n'avaient pas affaire à des os de loup. La transformation du loup en chien ne s'est pas faite en une nuit, et nous n'avons probablement pas encore découvert les restes plus anciens, mais 20 000 ans est une supposition raisonnable, et c'est un chiffre rond.

D'autres sites remontant approximativement à la même époque ont été découverts dans plusieurs régions de l'Irak et d'Israël. L'un des sites israéliens, celui de Ein Mallaha, contient une tombe avec un squelette de femme âgée dont la main repose sur le poitrail d'un chiot. Cette proximité de l'être humain et de l'animal témoigne clairement de la relation affectueuse qui existait entre eux.

À quoi ressemblerait l'Os de Rosette? Voulez-vous trouver un meilleur moyen de parler à votre chien, une sorte de traduction d'une langue connue dans une langue inconnue? Malheureusement, il n'existe pas de Pierre de Rosette pour la langue chien, mais on peut essayer de trouver un dialogue.

À cette époque, les stratégies de chasse ont évolué, passant de l'attaque, très rapprochée, de l'homme brandissant une hache de pierre, à l'attaque faite de plus loin avec un arc et des flèches munies de petites lames taillées dans la pierre. L'inconvénient de cette technique est que les bêtes blessées pouvaient souvent s'échapper. La collaboration de chiens – même à peine domestiqués – capables de traquer la proie atteinte et de la retrouver, rendait cette technique plus efficace. Sans leur aide, les humains auraient fini par abandonner l'arc et les flèches.

Lorsque les humains deviennent agriculteurs, il y a de cela 9000 ans, les chiens sont omniprésents. Des restes osseux ont été retrouvés partout dans le monde. Le site de Koster, en Illinois, qui date de 8500 ans, abrite un cimetière de chiens. C'est à cette époque que différentes races commencent à émerger.

Quelques théories sur la domestication

Diverses théories ont été exposées. Certaines partent de l'hypothèse que les hominidés volaient souvent des louveteaux dans leur tanière. Certains d'entre eux étaient immédiatement dépiautés et mangés;

Une peinture sur une tombe de Beni-Hassan, datant approximativement de 2100 avant Jésus-Christ.

d'autres étaient gardés en réserve pour des agapes ultérieures. Une mère surmenée s'est-elle alors rendu compte que les louveteaux amusaient ses rejetons pendant qu'elle tannait les peaux ?

Une autre théorie, étayée par les activités quotidiennes des tribus aborigènes d'Amérique du Sud, veut que les humains aient toujours été des amis des canidés. Ainsi, les premiers loups n'étaient introduits dans les villages que pour devenir des animaux de compagnie. De nos jours, des tribus sud-américaines ramènent toujours dans leurs villages les petits des animaux qu'ils tuent. Ces petits, ils en prennent soin et les fidélisent. Une fois que ces animaux portent un nom, ils ne risquent plus de finir dans la marmite ou d'être sacrifiés lors de rituels.

Une troisième théorie repose sur une sorte de codomestication. Le terrain de chasse des loups et des hommes primitifs était très étendu, et ils s'attaquaient probablement aux mêmes espèces. Ils devaient nécessairement se croiser lors de leurs expéditions. Voyant que les humains blessaient la proie sans la tuer, on peut supposer que les loups traquaient alors la victime et la mettaient à mort. Une meute a peut-être adopté la stratégie consistant à suivre les expéditions de chasse des humains (le contraire a pu se produire également, les humains suivant les loups, les laissant tuer la proie, puis les chassant pour s'en emparer).

L'hypothèse la plus souvent retenue émane du biologiste Ray Coppinger, pour qui le premier contact entre hommes et loups a eu lieu lorsque ces derniers fourrageaient dans des dépôts d'ordures. Les loups de rang inférieur, les mâles ou les femelles oméga, n'arrivaient pas souvent à se rassasier lorsqu'ils accompagnaient la meute. Comme ils étaient soumis et accoutumés à plier l'échine devant les plus forts, et qu'ils avaient faim, ils étaient plus enclins à tolérer le voisinage des humains. Leurs activités d'écumeurs de poubelles avaient plusieurs avantages : elles atténuaient les odeurs émanant des tas d'ordures, qui attiraient les rats et provoquaient des fièvres, et écartaient ainsi les risques de maladies. Les loups éloignaient certainement les rôdeurs de plus grande taille. Les habitations pourvues d'un ou deux loups de garde, qui avertissaient la maisonnée de tout danger imminent, bénéficiaient ainsi d'un système d'alarme avant la lettre. L'aboiement n'est venu que plus tard, lorsque les loups se sont transformés en chiens, mais même les loups peuvent faire du tapage lorsque leur territoire est menacé. C'est la raison pour laquelle les humains les ont gardés, choisissant dans chaque portée un ou deux louveteaux qui manifestaient une tendance moins forte à fuir les humains. C'est cette stratégie, que nous utilisons encore aujourd'hui avec nos loups en captivité, qui a créé la relation symbiotique que nous avons avec eux.

Les ancêtres du chien

Les candidats cités le plus souvent par les chercheurs sont le loup et le chacal, mais des scientifiques ont proposé d'autres mammifères. Basés sur le nombre de chromosomes présents dans les échantillons d'ADN, cinq choix logiques s'imposaient :

- le loup gris, *Canis lupus*, vivant dans presque tout l'hémisphère nord ;
- le chacal doré, *Canis aureus*, jadis présent sur les cinq continents ;
- le coyote, *Canis latrans*, vivant partout en Amérique du Nord ;
- le chien sauvage africain, *Lycaon pictus*, vivant en Afrique subsaharienne ;
- le dhole, *Cuon alpinus*, jadis présent en Asie.

Ces mammifères possèdent 78 chromosomes, tout comme le chien. Cependant, le chien sauvage africain et le dhole ne peuvent procréer avec le chien, car ils ne peuvent produire des rejetons viables. Ce qui les raie de la liste. Des modèles de comportement procurent un autre indice. La vétérinaire béhavioriste Bonnie Beaver indique que les loups et les chiens partagent 71 modèles répertoriés de comportement sur 90, soit plus que toute autre espèce de canidés.

Des recherches sur l'ADN, accomplies par le docteur Robert Wayne, de la UCLA, ont isolé quatre larges groupes d'ADN canin, tous associés aux populations de loups. Ces recherches indiquent que quatre « épisodes » de domestication sont survenus au cours de l'histoire. Un de ces groupes d'ADN est plus important que les autres ; il couvre les trois quarts de nos races canines. Il contient tous les types de chiens primitifs, comme le chien chanteur de Nouvelle-Guinée, le pariah indien, et le greyhound. Un second groupe, plus limité, couvre la plupart des races restantes et semble être relativement plus jeune, ce qui indique un événement de domestication plus récent. Les deux derniers groupes sont négligeables parce que trop petits.

Il existe 32 sous-espèces de *Canis lupus*. En conséquence, limiter le chien à un seul ancêtre, plutôt que d'adopter la théorie plus fréquente voulant que « certains chiens descendent du loup, d'autres du chacal et d'autres du renard », n'exclut pas une immense variété de formes et de tailles.

En ce qui concerne les présomptions de domestication, il faut, en partie, tenir soigneusement compte de ce qui différencie un loup sauvage d'un chien domestique. En général, la taille des mammifères domestiqués a tendance à se réduire. Des changements de couleur et dans l'agencement de ces couleurs apparaissent sur le pelage. Dans le cas des chiens, il faut noter que la mâchoire devient plus courte, ce qui rapetisse et resserre les dents. Le stop (dépression séparant le front du museau) est plus prononcé. Les chiens développent aussi des caractéristiques qui ne sont pas présentes dans les données archéologiques, comme des oreilles pendantes et une propension beaucoup plus forte à aboyer. Chez

Bas-relief représentant Anubis, dans le temple de la reine Hatchepsout, en Égypte. Ce type de représentation explique en partie pourquoi on a cru longtemps que le chacal était l'un des géniteurs du chien.

beaucoup de chiens, le crâne devient plus bombé et les yeux plus grands. Ces mutations physiques, aussi bien que les caractéristiques comportementales héritées du jeune loup – recherche plus active de contacts sociaux, sollicitation de nourriture par l'adoption d'une attitude de soumission, absence relative de peur, périodes d'activité tout au long de la journée – font que le chien semble plus « chiot » et apparaît en conséquence plus attendrissant aux yeux des humains.

En fait, le vétérinaire David Paxton affirme que lorsque les premiers humains ont fait appel aux sens plus aigus du loup, ils ont cessé de développer quelques-unes de leurs propres aptitudes. Selon lui, lorsque la nécessité de posséder un flair plus puissant s'est estompée, le visage de l'être humain est devenu plus plat et la mobilité de sa bouche et de ses lèvres s'est développée. En affinant cette théorie, David Paxton associe le développement de la parole, chez les humains, à la domestication du chien.

Égypte et autres civilisations anciennes

Il semble que les Égyptiens avaient un véritable don pour apprivoiser les bêtes et pour élever un grand nombre d'animaux domestiques. On met souvent à leur crédit la domestication du chat, mais les chiens occupaient aussi une grande place dans leur vie. Un bon nombre de chiens gambadent sur les bas et hauts-reliefs des tombeaux. Ce sont des greyhounds, des salukis, des lévriers du pharaon, de Canaan et d'Ibiza. Toutes les races courantes descendent peut-être de ces chiens égyptiens, souvent représentés à la chasse avec leur maître.

Reproduction d'une urne funéraire avec la tête d'Anubis. C'est dans ces urnes que l'on déposait les organes internes momifiés des morts.

Représentations d'Anubis, gravées dans la pierre (les têtes ont été martelées), dans le temple d'Horus, en Égypte.

Moins fréquemment représentés sont les bassets, chiens à pattes courtes. Lorsqu'ils apparaissent, la scène est généralement domestique. Il s'agit sans doute de chiens de garde, ou destinés à chasser rats et souris et à agrémenter la vie de leur maître ou de leur maîtresse.

Les œuvres d'art assyriennes de cette époque représentent des molosses qui ressemblent au mastiff. Ce sont des chiens de combat, ou des chiens de garde ou de chasse. Anubis, le dieu égyptien des Morts, a la tête d'un chacal ou d'un chien. Il garde la porte du royaume des morts. Plus tard, après avoir fait le lien entre le chien et la mort, d'autres civilisations anciennes se sont dit que l'âme humaine ne pouvait rejoindre l'autre monde sans avoir au préalable habité le corps d'un chien. C'est pourquoi des cadavres étaient abandonnés afin que des chiens puissent les dévorer. Cette pratique peut paraître horrible, mais elle a certainement aidé à prévenir la propagation de certaines maladies. Les Grecs croyaient

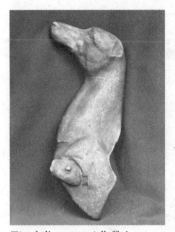

Tête de lit grecque à l'effigie d'un greyhound.

que les chiens pouvaient tenir la mort à l'écart. Les chiens thérapeutes qui vivaient dans leurs temples de guérison étaient des pourvoyeurs de rêves thérapeutiques et de coups de langue guérisseurs.

Les Romains étaient également amoureux des chiens. Ils ont découvert qu'en choisissant les reproducteurs en fonction de leur aspect ou de leur comportement, ils pouvaient développer des aptitudes spécifiques chez leurs rejetons. Ils avaient des chiens de garde et des chiens de combat, aussi bien que des chiens de chasse qui utilisaient leur flair ou leur vue. Ils possédaient également une grande variété de chiens de compagnie – dont ces petits spécimens qui appartiennent à un type particulier de la race maltaise. En fait, certains chercheurs pensent que le *Cave canem* (attention au chien) gravé sur le fronton des villas de Pompéi et de Rome n'était pas destiné à prévenir les visiteurs que le chien de la maison pouvait mordre, mais à demander à ces mêmes visiteurs de ne pas marcher sur le petit greyhound italien de la maison.

Les empereurs chinois vivaient entourés de leurs chiens de compagnie. Les chiots avaient des nourrices humaines, et les adultes leurs propres serviteurs. Le pékinois existe, en tant que race, depuis 700 après Jésus-Christ. Cette race a été développée afin que le chien ressemble à l'esprit lion (qui repoussait le mal et apportait la bonne fortune) de la religion bouddhiste (son apparence a changé de façon marquée au cours des temps modernes). Les pékinois et autres chiens de races plus petites étaient appelés *ch'in*, ou chiens de manchon. Les Chinois les transportaient à l'intérieur des manches volumineuses de leur tunique. Les *ch'in* leur servaient de petites bouillottes et les débarrassaient des puces qui les infestaient. Les

Brûleur à encens chinois surmonté d'un chien-lion.

pékinois de l'empereur étaient souvent mis au tombeau avec lui. On trouve, tout autour de Beijing, plusieurs cimetières de chiens impériaux.

Le cheminement, de l'âge des ténèbres à nos jours

Au Moyen Âge, les chiens (et les animaux domestiques en général) ont connu de nombreux bouleversements dans leur statut. En premier lieu, les nobles, qui contrôlaient presque toutes les terres propres à la chasse, considéraient cette activité comme un symbole extrêmement représentatif de leur rang social. Des races spéciales ont été développées pour presque tous les gibiers. On a vu apparaître les foxhounds (levriers anglais), les deerhounds (lévriers écossais), les otterhounds, les wolfhounds (lévriers irlandais), ainsi que les greyhounds et les bloodhounds (saint-hubert). Les roturiers n'étaient pas autorisés à posséder greyhounds ou bloodhounds. Causer la mort d'un greyhound était passible d'une peine de mort. Ces chiens faisaient souvent partie des symboles héraldiques. Chaucer, le grand écrivain anglais du xive siècle, les a dépeints dans *Les Contes de Canterbury*. Des braconniers ont développé le lurcher – toujours populaire dans l'Angleterre d'aujourd'hui. Ce chien est dressé à chasser vite et en silence là où ni lui ni son maître ne sont les bienvenus.

À cette époque, les êtres humains commencent à comprendre que les chiens peuvent avoir d'autres attributions. Un manuscrit chinois du xiiie siècle, intitulé *Printemps sur le Fleuve Jaune*, montre un petit chien conduisant un aveugle. D'autres tentatives d'utilisation du chien comme guide pour les non-voyants apparaissent dans la littérature du xive siècle.

C'est alors que l'Église médiévale lance une polémique contre les chiens de compagnie. La soi-disant raison de la désapprobation des prélats, c'est le fait que l'on offre à des bêtes de la nourriture qui pourrait être distribuée aux pauvres, mais la véritable raison de cet ostracisme est enracinée dans la religion. La vision chrétienne du monde est claire : il y a le Dieu suprême auquel les humains doivent soumission, et les animaux domestiques qui n'existent que pour les servir. Lorsque la Bible mentionne le chien, ce dernier n'est pas décrit comme un compagnon, mais comme une bête malpropre et sans noblesse. Déterminée à séparer l'homme de « l'animal non doué de raison », l'Église se répand en propos insultants contre les animaux de compagnie. Puis, dans un raccourci sinistre, tout lien affectueux avec un animal devient signe de paganisme. L'Inquisition n'a pas souvent besoin d'autres preuves que la présence d'un chien ou d'un chat dans un foyer pour accuser un de ses membres d'hérésie.

Dans la *Genèse*, Dieu déclare que l'homme doit exercer sa « domination » sur toute créature vivante. Au XIIIe siècle, Thomas d'Aquin, grand théologien, traduit les œuvres des Grecs anciens, notamment Aristote et Platon. Les idées de ces auteurs concordent avec la théologie chrétienne, qui place les hommes grecs au sommet de « l'échelle de la vie », les femmes et les autres peuples libres un barreau plus bas, les esclaves et les barbares plus bas encore, et enfin les animaux, qui se partagent les derniers échelons, juste avant les végétaux. Les derniers de la liste sont bien sûr destinés à servir ceux qui les précèdent.

Flacon à parfum chinois orné d'épagneuls.

On distingue très bien, sur ces pétroglyphes, des créatures à queue recourbée qui sont presque certainement des chiens. Île de Lanai, Hawaii.

En 1233, le pape Grégoire IX ordonne l'élimination des animaux de compagnie. Chats, chiens, oiseaux et autres bêtes sont torturés, traînés devant les tribunaux, accusés, excommuniés, puis exécutés en public. Les infamantes chasses aux sorcières des XVIe et XVIIe siècles se répandent dans toute l'Europe et, plus tard, reprennent de plus belle en Amérique du Nord. La plupart des accusées sont de vieilles femmes démunies que la compagnie d'animaux domestiques console de leur isolement social. Les juges tiennent ces petits compagnons pour des « suppôts de Satan ». Les noms figurant dans les minutes des procès n'ont vraiment rien d'horrifiant : Rutterkin, Bunne, Pretty, etc. Ce sont tout simplement des noms d'animaux de compagnie, et ils ne sont rien d'autre que cela, en dépit des efforts des inquisiteurs pour les accuser de tous les maux. Pour ces juges cruels, le diable prend « la forme d'un petit chien blanc » ou d'un « petit chaton » à fourrure soyeuse.

Le besoin des humains de chérir des petits animaux est irrépressible. Même les nonnes y succombent, et les enlumineurs font batifoler sur leurs parchemins des chiots et de jolis petits chats. Saint François d'Assise, qui a le don d'apprivoiser des animaux sauvages d'un simple regard – il est devenu le saint patron des écologistes – prêche l'amour des animaux. Ainsi, malgré tous ses efforts, l'Église est incapable d'éradiquer le désir de ses ouailles d'avoir des animaux de compagnie. Ce besoin est dû, d'une part, à la nature humaine, d'autre part à l'obstination des chiens. Dans *The Animal Attraction*, Jonica

Newby explique que les chiens sont présents dans toutes les sociétés, même dans celles où ils sont mangés ou évités. Le combat de l'Église était perdu d'avance.

À la Renaissance, les tentatives de l'Église décroissent, et la noblesse se délecte à nouveau de la compagnie de petits animaux. Henri III possède quelque 2000 chiens de poche, qui vivent littéralement dans le luxe. Louis XIV a dépensé 200 000 francs en or pour la construction des chenils royaux de Versailles, où vivent des meutes de chiens de chasse, des terriers truffiers et des caniches nains. Les Médicis élèvent des papillons et des bolonais. Dans *Le roi Lear*, Shakespeare offre au roi un chien nommé Sweetheart. Et Tsunayoshi, appelé le Chien Shogun, plonge quasiment le Japon dans la banqueroute pour nourrir ses 100 000 chiens.

La vie n'est pourtant pas toujours heureuse pour les animaux de compagnie. S'alignant sur les enseignements de l'Église, Descartes déclare que les animaux sont des créatures dépourvues d'émotion – des objets, des machines. Comme ils sont incapables de raisonner, ils ne souffrent pas. Les cris perçants des animaux endurant les horreurs de la vivisection sont considérés comme n'étant rien de plus que les sons émis par un mécanisme détraqué. La théologie dominante de l'époque endoctrine les gens de telle manière qu'ils ne ressentent plus aucune empathie envers les créatures vivantes de cette terre – ni aucune obligation.

Les chiens sont aussi utilisés comme chiens de travail. Tandis que la chasse dans les champs et les bois des comtes et des ducs amuse un tas de chiens bien nourris, d'autres peinent à des corvées beaucoup moins agréables. Des petits chiens sont placés dans des roues – une version plus grande des roues de hamsters –, et galopent pendant des heures pour faire tourner une broche. On les appelle du reste les tournebroches. Dans les villes, des chiens plus costauds tirent les charrettes qui livrent le lait, le pain et autres marchandises. Lorsqu'ils ne sont pas assignés à ces tâches, ils gardent les maisons, chassent les rats et les souris, protègent les troupeaux ou servent, dans les églises, de chauffe-rettes durant les longs services religieux (ce qui est sans nul doute la corvée la plus plaisante, puisque tout ce qu'on leur demande est de rester tranquillement couchés).

Tout au long de la Renaissance, les chiens prennent également part à l'expansion des empires, qui s'agrandissent à toute allure. Des mastiffs, chiens de guerre, accompagnent les conquistadors en Amérique, où ils se révèlent être des armes redoutables. Les Premières Nations ont elles aussi leurs chiens. Quelques tribus les envoient au combat, mais elles s'en servent plus souvent comme animaux de bât. Il arrive aussi qu'elles les sacrifient lors de rituels, ou qu'elles les mangent lorsque la nourriture se fait rare. Dans le nord-ouest du Pacifique, les indigènes élèvent des chiens pour leur fourrure. Ils les appellent « chiens à laine ». Ces petits chiens blancs à poil long sont tondus comme des moutons. Leurs poils font usage de fibres. Quelques tribus vont jusqu'à parquer ces chiens dans des îles afin qu'ils ne puissent pas se reproduire avec les chiens du village, dont le pelage, qui ressemble à celui du coyote, est loin d'être aussi beau.

En Europe, l'époque féodale tire à sa fin. Les serfs commencent à revendiquer une vie libre et à se déplacer à leur gré. Un grand nombre d'entre eux décide de s'installer dans les villes, où certains prospèrent. La classe moyenne fait son apparition. Une population plus nombreuse exige beaucoup de terres arables et un grand nombre de chiens pour tuer les mulots qui prolifèrent dans les champs. En Angleterre, Oliver Cromwell et les Puritains, qui détestent les animaux de compagnie, doivent baisser pavillon devant Charles II, qui élève des petits épagneuls (king Charles). Les Anglais importent des carlins de Chine. Parmi les inventions d'Isaac Newton, il faut citer la chatière, qui est rapidement adaptée pour les chiens. Ces derniers sont les sujets favoris de certains artistes ; on les voit dans un grand nombre de portraits et de paysages de l'époque. Ils sont partout !

Presque moderne

Aux beaux jours de l'ère victorienne, la prolifération des races commence allègrement. Le besoin d'avoir un animal de compagnie pour s'assurer un lien avec la nature coïncide avec l'ouvrage révolutionnaire de Darwin, L'*Origine des espèces*. Nantis d'une connaissance plus approfondie des lois de l'hérédité, les éleveurs de chiens s'organisent et peaufinent leur art. Bien que le « gratin » considère encore que la classe inférieure n'a pas à gaspiller son temps à s'occuper d'animaux, son opinion perd du poids. Même le plus humble des ouvriers possède un chien. Pour un certain nombre de personnes, révolution industrielle signifie richesses accrues et loisirs. L'idée d'acheter un chien destiné à être un joujou décoratif entre rapidement dans les mœurs.

Les courses de chiens, depuis longtemps populaires dans la noblesse, deviennent plus accessibles et plus courantes. La première exposition de chiens se tient au Crystal Palace de Londres, en 1873, l'année même où le Kennel Club anglais est fondé. Le Kennel Club américain le sera peu après. Afin de juger des qualités canines, des standards officiels de race sont établis. Une série de détails sont pris en compte, comme la robe, les oreilles, la couleur ou les couleurs du pelage, mais l'on n'accorde, hélas, que très peu d'attention au tempérament, et cette négligence va se perpétuer jusqu'à nos jours. À l'heure actuelle, cependant, les éleveurs commencent à comprendre qu'il est tout aussi nécessaire d'examiner la santé physique et mentale des chiens que leur apparence, mais il faudra attendre un certain temps pour corriger des erreurs qui se sont trop souvent répétées, et faire preuve d'une sérieuse détermination pour ne pas en commettre d'autres.

Tandis que les concours canins se multiplient, un plus grand nombre de propriétaires décide de dresser leur chien ou leurs chiens eux-mêmes. Les techniques utilisées sont souvent brutales. Dans les années vingt et trente, le dressage à la récompense se développe, mais il est de courte durée. L'utilisation du chien dans l'armée ramène rapidement le dressage à des méthodes de force – les dresseurs ont recours à des colliers étrangleurs ou à des colliers à pinces; ils veulent « dominer » l'animal. La communication est à sens unique, du maître au chien uniquement. Des dresseurs bienveillants ont certes la main plus douce, mais les guides de dressage continuent à mettre en garde contre la « désobéissance », les tentatives de « domination » et « le refus de travailler ». Ce type de dressage est davantage un reflet de la philosophie militaire qui veut que l'on doive d'abord « casser » une recrue avant de commencer son entraînement.

Finalement, vers la fin du xxe siècle, tout rentre dans l'ordre. On envoie les chiots à l'école. Comme ils sont trop impressionnables pour recevoir des secousses infligées à l'aide de leur collier, les dresseurs utilisent d'autres méthodes. Le dressage à la récompense réapparaît, et l'entraînement au clicker, utilisé jusque-là pour les mammifères marins, est adopté par les dresseurs de chiens. Les gens commencent à s'intéresser à ce que ressent l'animal quand on lui donne des commandements. Les voies de la communication s'ouvrent.

Chapitre 2

....

La queue remue, la langue aussi

Pourquoi devons-nous communiquer ?
Pourquoi le chien doit-il nous écouter ?

Qu'il est doux à l'oreille l'honnête aboiement du chien de garde.
Ce jappement profond saluant notre retour au foyer ;
Qu'il est doux de savoir qu'un œil guette notre arrivée
Et se met à plus briller à notre approche.

Lord Byron, *Don Juan*, Canto I
(L'épitaphe de Byron pour son cher terre-neuve Boatswain
– qui veut dire « maître d'équipage » – est célèbre.
Vous pourrez la lire au début du chapitre 3 :
Conversation avec un chien.)

Il n'est pas nécessaire d'assister à une conférence d'un puissant gourou de
la motivation pour comprendre ce qui peut découler d'un manque de

communication. Imaginez ceci : vous essayez de vous familiariser avec un nouveau logiciel. Votre emploi en dépend, et vous n'avez que peu de temps pour apprendre. Dirk, votre patron, se tient derrière vous pour vous observer. À la première erreur, il crie : « Non ! » et vous donne une tape sur l'oreille. Ce geste n'atténue certes pas votre anxiété, et vous faites d'autres erreurs. Les cris de Dirk deviennent de plus en plus perçants, et les tapes de plus en plus cuisantes. Si vous êtes du genre timide, vous finissez par avoir peur d'appuyer sur une touche, ce qui vous vaut une autre tape. Si vous avez plus d'assurance, vous pouvez tout aussi bien, après une autre tape, vous retourner vers Dirk pour lui donner un coup de poing. Dans les deux cas, comment allez-vous pouvoir apprivoiser le logiciel et garder votre emploi ?

C'est si facile de parler à un chien !

Quel est le rapport entre cette histoire et la communication avec votre chien ? Placer un collier étrangleur autour du cou de votre compagnon, puis vous fâcher parce qu'il ne s'assied pas quand vous le lui ordonnez – même s'il ne sait pas ce que « assis » veut dire – ressemble tout à fait au comportement de Dirk. En conséquence, vous êtes puni, et votre chien aussi, parce que vous ignorez comment communiquer avec lui.

Très souvent – beaucoup trop souvent – nous attendons de nos chiens qu'ils comprennent ce que nous leur disons, mais nous ne faisons aucun effort pour leur parler clairement. Nous nous conduisons comme Dirk, le fameux patron, et ce qui est plus grave, c'est que nous accusons notre chien d'être stupide.

PENSEZ-Y

Une vieille légende chinoise raconte l'histoire de deux frères. L'un d'eux se plaint de son chien.

« J'ai quitté la maison hier matin tout habillé de blanc. Lorsque je suis revenu, j'étais vêtu de noir. Mon chien a aboyé parce qu'il est trop stupide pour me reconnaître quand je porte des vêtements noirs. »

L'autre homme, philosophe bien connu, réfléchit toujours avant de parler. Après un moment, il pose cette question à son frère :

« Si ton chien, le matin, quittait la maison sous l'aspect d'un chien blanc, et revenait le soir sous l'aspect d'un chien noir, le reconnaîtrais-tu ? »

Répondez à la question de ce philosophe.

Franchement, vous montreriez-vous plus futé que votre chien ?

Pourquoi faut-il apprendre à communiquer ?

On pourrait tout aussi bien demander : « Pourquoi avez-vous un chien ? » Il y a des gens qui gardent un chien enchaîné dans leur cour sans avoir avec lui d'autre interaction que de lui apporter de l'eau et de la nourriture. C'est un comportement que je ne peux ni comprendre ni accepter. Les chiens sont des compagnons si étonnants que gaspiller leurs talents me semble presque criminel. Bien que je sois la première à admettre que je suis plus préoccupée que d'autres par la question (je n'aime pas seulement la compagnie des chiens, mais je gagne aussi ma vie grâce à eux), je pense que nous devrions tous aspirer à un niveau plus enrichissant de communication entre espèces humaines et animales.

VOUS POUVEZ ME CITER

«Pour qu'une véritable communication existe entre vous et votre chien, vous devez connaître la portée exacte de vos paroles et savoir si elles sont bien comprises par votre compagnon. Dans un monde où coexistent humains et animaux, il est important de comprendre que le fait d'ignorer leur langage n'est pas une excuse.»

GARY WILKES
Chroniqueur et fondateur de Click & Treat

Ian Dunbar, vétérinaire, béhavioriste et dresseur, fait remarquer que les chiens sont des animaux dotés d'une grande variété de comportements naturels. Ils mâchonnent, creusent, aboient, urinent et font leurs besoins. Les propriétaires doivent décider quand ils veulent que leur chien urine ou défèque, ce qu'il est autorisé à mâchonner, quand et pendant combien de temps il peut aboyer. Bref, ils ont la responsabilité d'expliquer les règlements de la maison au chien *et* de lui fournir des possibilités de se livrer à ses activités canines. Demander à un terrier, élevé depuis des siècles pour creuser le sol afin d'attraper des rongeurs, de ne pas creuser, va tellement à l'encontre de son instinct que des problèmes peuvent survenir en raison du stress que cette interdiction lui inflige. Donner à un chien un espace où il peut creuser fait un chien heureux – tant pis pour le jardin plein de trous !

Dans le passé, les gens négligeaient allègrement la communication avec le chien car toutes les conséquences d'un manque de compréhension retombaient invariablement sur l'animal. Un chien libre de vagabonder pouvait être écrasé par une voiture ; un autre, ayant mordu un enfant, était tué et les excréments indésirables jetés dans un bois ou un étang. À notre époque, où l'on n'hésite pas à traîner son voisin au tribunal, les conséquences d'une morsure infligée par notre chien peuvent aussi retomber sur nous. Si un chien mord un enfant, il paie non seulement cette action de sa vie, mais son propriétaire est tenu de dédommager la victime. Lorsqu'un chien sans collier est ramassé par des employés de la Société protectrice des animaux, son propriétaire se voit infliger une amende.

Doit-on compter sur ces pénalités monétaires pour que des gens décident de communiquer avec leur chien ? Non. Mais si elles créent un lien plus sérieux entre ces gens et leur compagnon, alors qu'on en donne davantage ! Si les problèmes qui envoient les chiens au refuge, ou même à la mort, ne sont rien d'autre que des comportements naturels survenant dans des endroits inappropriés ou de manière inappropriée, on peut en conclure que la racine de ces problèmes est une mauvaise communication ou une absence de communication. On ne peut résoudre un conflit sans communiquer.

VOUS POUVEZ ME CITER

« Si je crois que les propriétaires accordent suffisamment d'attention aux besoins et aux désirs de leur chien ? Non, et le nombre de chiens qui s'entassent dans les refuges ou qui sont liquidés en raison de comportements canins normaux – creuser, mâchouiller, aboyer – le confirme. Je ne crois pas que les gens soient des brutes. Je pense qu'il s'agit d'abord et avant tout d'une mauvaise communication entre deux espèces. Si nous avions des chiens mieux dressés dans notre pays, nous aurions davantage de chiens en vie. »

MARGARET JOHNSON
Auteur et dresseuse

DES ANIMAUX
33
ET DES HOMMES

La communication entre humains est parfois une entreprise ardue. Pourquoi serait-elle plus facile avec un chien ? Pourtant, nous parlons constamment à nos chiens. Ce comportement fait tellement partie de nos habitudes que, lorsque le professeur Aaron Katcher, de l'Université de Pennsylvanie – qui étudie l'apport bénéfique de la compagnie d'un animal sur ses patients – a voulu mettre sur pied un projet de recherche afin d'étudier les effets psychologiques des animaux sur les humains, un de ses étudiants lui a déclaré que son modèle de recherche ne fonctionnerait pas. L'étudiant lui a expliqué que l'on ne pouvait pas demander à des gens de rester assis auprès d'un chien sans lui parler ! Personne ne reste assis près d'un animal sans lui parler ! Le modèle de recherche a dû être modifié.

ESSAYEZ-LE

Vous croyez qu'il est difficile de communiquer avec une autre espèce ? Essayez ceci. Attendez que votre chien fasse un petit somme (pas dans la cuisine). Rendez-vous dans cette cuisine et faites un bruit qui évoque, pour votre chien, la promesse d'une bonne petite bouchée : ouvrez le réfrigérateur où vous gardez sa viande ou la boîte à biscuits, faites tinter l'ouvre-boîte, déchirez un sac de croustilles. Vous pouvez être certain que vous aurez, dans la minute qui suit, un gourmand à quatre pattes dans la cuisine. Voilà donc une communication efficace, une communication que vous n'avez jamais enseignée à votre chien !

Soit, nous parlons beaucoup à nos chiens, mais cela ne veut pas dire que nous communiquons avec eux. Nous devons, en premier lieu, nous assurer que notre chien comprend ce que nous lui disons. Ensuite, il convient de voir s'il nous répond adéquatement. Lorsque vous aurez ouvert les réseaux de la communication, vous vous apercevrez que, sans avoir recours à une quelconque punition, votre influence sur le comportement de votre chien est plus forte. Ce ne sont pas de bonnes nouvelles pour les sergents instructeurs, mais ce sont de bonnes nouvelles pour les chiens.

Ne vous laissez pas influencer par les arguments des extrémistes de mouvements pour la protection des animaux qui prétendent qu'il est cruel « d'imposer sa volonté » à nos amis canins. Est-il cruel d'apprendre la propreté à nos enfants, de leur demander de dire « s'il vous plaît » et « merci », et de les équiper de façon appropriée lorsqu'ils vont jouer avec des copains ? Les chiens vivent dans une communauté humaine. La plupart se sont tellement éloignés de leurs ancêtres canins qu'ils sont devenus incapables d'affronter certaines situations. Ils nous apportent la beauté, une loyauté à toute épreuve et un lien indispensable avec la nature. Notre part du marché est de leur procurer nourriture, soins et stimulation mentale, et de leur inculquer les comportements nécessaires pour vivre dans la société des humains.

Lors de conversations avec des propriétaires de chiens et des dresseurs, j'ai découvert qu'un grand nombre de personnes suivent des chemins similaires sur la voie de la communication. Je pense que ma propre pratique peut leur être utile.

Lorsque je me suis lancée dans le dressage, j'avais deux gros chiens noirs. Le mâle, Serling, était de nature amicale. Par contre la femelle, Spirit, avait des comportements passablement psychotiques (elle était le produit d'une usine à chiens et d'un séjour dans une animalerie). Je leur ai pourtant donné le même dressage – colliers étrangleurs et petites secousses avec la laisse. Je débutais dans la profession et j'avais recours à l'autorité : il ne m'est pas venu à l'esprit de remettre ma méthode en question. J'ai poursuivi le dressage pendant quelques mois, jusqu'à ce que Serling obtienne son CD (*Companion Dog* – Chien de compagnie, premier niveau d'obéissance) et soit à même de passer au niveau suivant.

Mes deux chiens étaient des retrievers. Ils rapportaient donc balles et bâtons à longueur de journée. Les instructions que l'on m'avait données – pincer l'oreille de Serling, par exemple, quand je voulais qu'il rapporte – étaient, au mieux, déroutantes. Il fallait, avant d'aller rechercher, qu'il lutte pour se libérer de ma main, qui tenait fermement son collier. Pourquoi devais-je le punir avant même de lui donner la possibilité de faire ce que j'attendais de lui ? Parce que, m'avait-on dit, je ne pourrais jamais me fier à lui si j'agissais autrement. Après avoir entendu à plusieurs reprises cette réponse insatisfaisante, il m'a paru important de comprendre les véritables raisons de la punition que j'infligeais à mon chien. Cette théorie de dressage s'appliquait à tout ce que je faisais depuis que nous avions commencé à nous entraîner, mes amis et moi ! Ma conclusion a été mon grand moment de grâce et de lucidité en matière de dressage.

Je n'ai plus jamais pincé l'oreille de Serling. Il a réussi son CDX *Companion Dog Excellent* (Prix d'excellence pour chien de compagnie, deuxième niveau d'obéissance). Notre succès m'a donné la conviction que j'étais sur la bonne voie. Dès lors, j'ai étudié différentes méthodes de dressage. Grâce à des innovateurs comme Ian Dunbar, Karen Pryor, Terry Ryan et quelques autres, je savais qu'il existait d'autres moyens de dresser un chien, des moyens qui consistaient à se baser sur une communication honnête.

Lorsque nous avons commencé, nous les dresseurs, à utiliser cette nouvelle méthode, nous avons constaté que les résultats se concrétisaient plus rapidement et que nous pouvions nous fier davantage aux réactions de nos élèves. Ces secousses répétées sur la laisse n'étaient vraiment pas nécessaires. Pas plus que les pincements d'oreille. La grosse surprise (bien que cela ne fût pas vraiment étonnant) a été l'attitude des chiens. Ils *voulaient* être dressés ! Ils demandaient – et certains l'exigeaient ! – des sessions de dressage. L'apprentissage de nouveaux commandements et d'exercices progressait sans accroc, ce qui n'avait jamais été le cas avec le vieux système « secousse puis félicitations ». Ne travailleriez-vous pas avec plus d'ardeur avec quelqu'un qui vous dit que vous êtes formidable et vous donne une récompense qu'avec l'affreux Dirk qui vous tape sur l'oreille ?

Vous pouvez me citer

« Les chiens s'intéressent à *notre* comportement. Ils nous observent. Ils le font parce que c'est leur façon de communiquer avec nous. Les chiens absorbent notre communication non verbale à longueur de journée. Ils répondent à nos besoins, mais nous sommes beaucoup moins attentifs aux leurs. L'une des réalités que nous devons apprendre aux gens, c'est que les besoins de leur chien sont indépendants des leurs. Leur chien est un individu, non pas un petit humain en peluche. »

Karen Overall,
Vétérinaire, chroniqueuse et spécialiste du comportement animal.

Pour ceux qui aiment vraiment les chiens, le fait d'en posséder un sous-entend la nécessité de comprendre, jour après jour, une espèce différente. La compréhension ouvre de nouvelles voies pour voir et appréhender le monde. En fait, les personnes qui construisent une véritable relation avec leur chien font souvent preuve d'un vrai talent pour « penser en dehors des sentiers battus », et elles ont de plus en plus de succès dans leur travail. L'amitié qu'elles éprouvent pour leur chien les amène à tenter de résoudre des problèmes allant bien au-delà de leurs préoccupations intimes.

Toutes les études indiquent que les chiens sont plus doués que nous pour les relations entre espèces. La société canine est basée sur la hiérarchie de la soumission (dont j'ai parlé au chapitre 1, *Dans les brumes du temps*). Pour maintenir l'ordre et des relations paisibles, sans effusion de sang, les canidés – loups et chiens – ont développé des signaux sociaux d'une grande subtilité. Un tressaillement d'oreille, un clignement d'œil ou un mouvement de la queue peuvent exprimer l'agressivité ou la soumission, ou résoudre un conflit naissant. Les signaux sont si minimes qu'ils passeraient totalement inaperçus si les canidés ne se montraient pas aussi attentifs à leur entourage.

Vous pouvez me citer

« Nos interactions avec eux (nos chiens) peuvent paraître incroyablement grossières à cette époque de communication non verbale sophistiquée. Notre responsabilité de propriétaire est de tenter d'être aussi subtils dans nos observations et nos communications non verbales avec nos chiens qu'ils le sont dans leurs interactions avec nous. »

SUZANNE CLOTHIER
Auteur de *Body Posture and Émotions*

Que découvrez-vous lorsque vous essayez vraiment de comprendre votre chien ? Quelques scientifiques affirment qu'il n'y a pas d'étude rigoureuse et documentée démontrant que les chiens ont des émotions. Certains chercheurs admettent pourtant, en privé, et quelques âmes plus courageuses le font en public, que les preuves anecdotiques sont légion. Les amoureux des chiens n'ont pas besoin d'études documentées ; ils savent, hors de tout doute, que leur chien peut être joyeux ou triste, sûr de lui ou effrayé. Quelques chiens ont même le sens de l'humour. Et bien sûr, il y a aussi cette caractéristique indéniable de l'espèce canine : la loyauté.

Cette volonté de dénier toute émotion à l'animal nous vient de l'époque de Descartes. Il s'agissait d'un mécanisme d'autodéfense dont

Quand un chien écoute, il écoute vraiment.

le but était de justifier les traitements qu'on leur faisait subir. (Il arrive que ce même mécanisme soit encore utilisé de nos jours.) En fait, il fut un temps où même des sous-groupes humains étaient traités comme des sous-hommes incapables de ressentir des émotions « nobles ». Ne vous laissez pas avoir par ce très vilain reliquat d'un autre âge. Des milliers d'années d'évolution, chez le chien, lui ont permis d'intégrer l'excellence et l'efficacité comportementale du loup, et d'adapter ses comportements sociaux de manière à ce qu'ils profitent aux humains.

Je crois, sans l'ombre d'un doute, que les chiens ont des émotions. Si nous ne pouvons même pas deviner ce que pense une autre personne, qu'est-ce qui peut nous faire croire que les chiens ne ressentent rien ? Le problème découle du fait que nous utilisons les mêmes mots pour les sentiments canins que pour les sentiments humains. Nous sommes piégés par notre monde verbal ; nous essayons sans cesse de donner des définitions précises à des concepts qui ne le sont pas. Certains individus vont même jusqu'à ricaner lorsque nous déclarons : « Mon chien m'aime », mais nous pouvons les faire taire en ajoutant : « Mon chien aime ma compagnie et est plus heureux quand je suis là. » Je peux, à la rigueur, supporter un peu d'ironie de la part de ceux qui n'aiment pas les chiens. Je n'en fais pas toute une histoire, puisque mon chien m'aime ! Mais je ne peux expliquer comment le mot « aimer » s'applique aux sentiments de mon ami. C'est pourtant le terme le plus juste que je connaisse.

Puisque vous lisez ce livre, il y a beaucoup de chances que vous soyez déjà convaincu que votre chien a des émotions. Vous n'avez donc nul

Non, ce n'est pas un chien à deux têtes. Remarquez que le chien qui se trouve à l'avant « écoute » ce que « dit » le chien qui est derrière (voyez vers qui ses oreilles pointent) tout en observant ce qui se passe devant lui. Les oreilles très mobiles des chiens leur permettent de s'intéresser à plusieurs choses à la fois.

besoin qu'on vous en persuade. Cela étant dit, sachez que le fait d'améliorer votre communication avec votre compagnon renforcera ses émotions et approfondira le lien qui vous unit. Après une année ou deux de travail, vous serez comme un vieux couple : vous saurez ce que l'autre va faire avant même qu'il ne bouge.

Pourquoi communiquer ? Pour que la vie avec nos amis à pattes soit plus gratifiante, pour les dresser plus vite et plus aisément, pour avoir des partenaires canins plus coopérants et pour avoir une relation plus étroite avec eux.

Est-ce que ce sont d'assez bonnes raisons, selon vous ?

Pourquoi votre chien vous écouterait-il ?

Si vous avez une relation étroite avec votre chien, ce dernier comprend que la plupart des conséquences de ses actions, bonnes ou mauvaises, lui viennent de son maître ou de sa maîtresse. Les chiens, qui sont aimants, loyaux et extrêmement sympathiques, veulent aussi être des champions. Si vous leur en donnez la possibilité, ils se feront un devoir de vous écouter et d'apprendre.

Bien que nous aimions nos bêtes, nous leur imposons une pléthore de règles – des règles qui n'ont pas vraiment de sens dans leur conception de la vie. Malgré cela, ils acceptent d'y obéir sans trop rechigner. Encore faut-il que nous leur fassions comprendre clairement ce que nous voulons. Pour eux, cette attitude doit se traduire par des faits positifs ou négatifs – soit par des récompenses ou des réprimandes.

Les récompenses et les réprimandes semblent assez simples à donner, mais il y a plus que cela. Pour que la communication soit efficace, les récompenses et les réprimandes doivent être pertinentes, sérieuses, et justifiées.

ESSAYEZ-LE

Comment communiquez-vous avec votre chien? Essayez ces exercices.

1. Vous vous trouvez dans la même pièce que votre chien. Approchez-vous de lui sans rien dire et asseyez-vous tranquillement sur le sol. Que fait votre chien?

   A. Il saute sur vous et vous lèche le visage avec enthousiasme.

   B. Il vous regarde pendant une fraction de seconde, puis se couche et reprend son petit somme.

   C. Il court à l'autre bout de la pièce, s'arrête et vous regarde du coin de l'œil.

Contrairement à ce que vous pourriez penser, aucune de ces réactions n'est mauvaise. C'est le contexte qui importe. Ainsi, si vous vous asseyez généralement sur le sol pour vous couper les ongles des pieds (ce que je fais), le «C» semble être une réaction logique de la part du chien – mais il doit venir vers vous si vous

---

l'appelez. Si vous avez l'habitude de vous asseoir par terre pour regarder la télévision, sans que cela ne change rien à l'attitude de votre chien, le «B» est une réaction tout à fait normale. Quant au «A», il peut signifier que vous avez une relation très affectueuse avec votre compagnon et que vous aimez qu'il vous lèche le visage, (ce qui n'est pas toujours le cas), ou qu'il vous considère comme un bon coussin sur lequel se vautrer.

2. Après quelques minutes, recommencez l'expérience, mais en prenant une expression très mécontente tandis que vous vous asseyez sur le sol. Comment réagit votre chien?

Les chiens nous étudient avec une attention intense. Nous exerçons un contrôle sur différents aspects de leur vie, et ils se montrent incroyablement subtils dès qu'il s'agit de deviner nos intentions. Si vous prenez une expression mécontente, le chien lécheur ne s'aventurera pas à venir vous nettoyer le visage. Quant au chien indifférent, il se lèvera peut-être pour quitter la pièce, ou il restera en place en se contentant de vous observer. Quant à celui qui a quitté la pièce, il fera la même chose, mais sans s'arrêter pour vous regarder du coin de l'œil.

3. Recommencez l'expérience, cette fois avec un grand sourire et en adoptant un langage corporel décontracté, un peu comme si vous vous dandiniez en écoutant une chanson rythmée et joyeuse. Il est fort probable que, quelle qu'ait été la première réaction du chien, il viendra cette fois vers vous en agitant la queue.

Pensez à tout cela quand vous essayez de communiquer avec votre chien. Ce que vous faites importe beaucoup plus que ce que vous dites.

Des récompenses et des réprimandes pertinentes

Vous ne pouvez pas faire comprendre à votre chien que, s'il continue à ronger les pieds de vos meubles, il ira tout droit à la SPA. Le chien est un animal, il ne comprend pas certains mots (à moins que vous ne les lui ayez appris), et encore moins certaines phrases. Lui faire des menaces floues sur les conséquences désagréables de ses actes est inutile et sans effet.

Des conséquences réelles, concrètes, sont pertinentes. Pour le chien, cela peut comprendre :
- la nourriture (et l'eau) ;
- la liberté (et des occasions de se promener sans laisse) ;
- l'attention (félicitations ou caresses) ;
- des jeux ;
- l'occasion d'éviter des choses qu'il n'aime pas (réprimandes) ;
- l'occasion de socialiser ;
- la possession d'objets.

Tous ces exemples peuvent tenir lieu de récompenses auxquelles le propriétaire du chien peut avoir recours. La plupart des gens pensent que la nourriture est le meilleur choix (mais des situations spécifiques peuvent exiger que l'on se rabatte sur d'autres récompenses, et certains chiens ne sont pas très motivés par la nourriture). Si l'offre d'une bonne petite bouchée fait tant d'effet, c'est parce que la nourriture est une des nécessités de base de l'existence. Il est donc *vraiment* pertinent d'y avoir recours. Tous les êtres vivants ont une profonde attirance pour la nourriture. Bien sûr, les chiens qui font partie d'une famille reçoivent leur repas, mais cela ne veut pas dire qu'il suffit de remplir leur bol. Si vous le voulez, vous pouvez amener votre compagnon à mériter le petit biscuit qu'il adore.

Ne tombez cependant pas dans le piège qui consiste à n'utiliser que la nourriture comme récompense. Vous serez un communicateur et un dresseur beaucoup plus passionnant et inspirant si vous agissez de manière quelque peu imprévisible. En réalité, plus vous aurez d'interactions avec votre chien, plus nombreuses seront vos possibilités de le récompenser. Et plus vous aurez de possibilités, plus les récompenses seront variées.

Après un exercice particulièrement difficile lors d'une séance de dressage, mon chien Nestle était récompensé de son agilité par la permission de jouer avec un autre chien. C'était un cadeau supplémentaire, qui s'ajoutait aux félicitations et aux récompenses de nourriture.

VOUS POUVEZ ME CITER

«Chaque fois que vous donnez un commandement à votre chien, imaginez qu'il vous demande, intrigué : «Pourquoi?» C'est une très bonne question. C'est la clarté avec laquelle vous répondez à cette question très raisonnable, de manière à lui faire comprendre la nécessité d'obéir, qui vous permettra de réussir le dressage.»

SUZANNE CLOTHIER
Auteur de *Finding a Balance*

PENSEZ-Y

Vous travaillez avec votre chien et il vous obéit merveilleusement bien. Vous voulez lui donner la récompense qu'il mérite, mais vous n'avez ni nourriture ni jouet sous la main. Que faites-vous ?

Si vous lui faites tout simplement une caresse, dites-vous bien que c'est là un cadeau assez banal pour votre ami. Il y a d'autres récompenses plus gratifiantes :

- Dans un enclos bien clôturé, laissez-le courir sans laisse et jouez au chasseur chassé avec lui. Les chiens adorent ça. Ils invitent d'ailleurs parfois leur maître ou leur maîtresse à jouer à ce jeu – souvent sans réaction de leur part, hélas.
- Si votre chien est un retriever, lancez votre carnassière de chasse, si vous en avez une. Sinon, lancez votre portefeuille ou ce que vous avez sous la main (excepté vos clés, à moins qu'elles ne soient attachées à un porte-clés ou qu'elles se trouvent dans un sac en tissu – les chiens n'aiment pas ramasser du métal).

- Invitez-le à jouer comme il le fait, lui, lorsqu'il se penche sur ses pattes avant et vous salue. Vous n'avez pas besoin de vous agenouiller et de mettre vos avant-bras sur le sol. La plupart des chiens savent très bien ce que leur maître ou leur maîtresse veut dire quand il baisse la tête et les épaules et qu'il fonce sur eux avec un grand sourire.
- Sautez, battez des mains, courez en rond.
- Un exercice qui demande un bon entraînement, mais qui est tout à fait possible (sauf avec un grand chien): apprenez à votre ami à sauter dans vos bras. J'ai vu des maîtres-chiens s'amuser à ce jeu avec des huskies!

Faites appel à votre imagination. Pensez chien!

Lorsque vous voulez récompenser votre chien, n'optez que pour les récompenses qui conviennent à son comportement. Lorsqu'un chien est nerveux quand on le laisse seul, le fait qu'il puisse mâchouiller un os, par exemple, réduit son stress. Mâchouiller est une activité gratifiante car elle permet à l'animal de se sentir mieux, mais lorsque le maître ou la maîtresse rentre à la maison, ses conséquences sont totalement déconnectées de l'action même de mâchouiller (un grand mystère pour le chien). Un chien qui explore les poubelles est souvent récompensé par une trouvaille succulente (c'est du moins ce qu'il pense). Des comportements de ce genre, une fois adoptés, sont difficiles à perdre en raison de leur nature autogratifiante. Vous trouverez des détails sur ce sujet au chapitre 3, *Conversation avec un chien*.

Un dressage sérieux

Le second volet de la négociation par le biais de la récompense et de la réprimande exige le plus grand *sérieux*. Récompenser le chien pour un comportement spécifique le lundi, ignorer ce comportement le mercredi et le réprimander pour la même action le dimanche, n'a aucun sens. Pensez sérieusement à la récompense qu'il convient de donner au chien. Par exemple, si vous l'autorisez à aboyer dès que le facteur approche, il considérera cela comme une récompense, mais le facteur lui, finira par en avoir assez. D'autres activités canines, comme déchiqueter des guenilles ou explorer les poubelles, sont des récompenses en soi, mais dans la mesure où la récompense est garantie, ces comportements peuvent devenir des habitudes. Mettez au point votre système de récompenses, et réfléchissez bien avant de les accorder.

VOUS POUVEZ ME CITER

«Le nombre de personnes qui, aussitôt qu'elles s'aperçoivent que leur chien obéit correctement à plusieurs commandements, se disent que l'apprentissage est terminé et inventent une foule de raisons pour expliquer toute défaillance ultérieure atteint des proportions endémiques. (...)

«Dans les faits, une réaction correcte, si elle a été suivie d'un renforcement positif, n'est rien d'autre qu'un grain de sable de plus sur un des plateaux de la balance. Toute réaction correcte augmente la probabilité d'une réaction similaire dans un même contexte. Une stratégie de renforcement, sérieuse et constante, est nécessaire pour faire pencher la balance du bon côté. Si le dressage et l'entraînement sont suffisants, il y a de fortes chances que le comportement souhaité se produise. (...) Si votre enfant n'obtient que 76 pour cent au test de mathématiques, il n'y a pas de mystère : il a tout simplement besoin d'étudier davantage. Tout comme le chien a besoin d'un entraînement plus solide.»

JEAN DONALDSON,
auteur de *Culture Clash*

PENSEZ-Y

Kevin est très fier : son berger allemand a obtenu les notes les plus élevées au concours d'obéissance. Maître et chien s'apprêtent maintenant à faire la démonstration de leurs talents lors d'un concours. Kevin a déjà réservé un endroit, sur un des murs de sa chambre, pour mettre le ruban que son chien et lui vont certainement gagner.

Il y a foule dans le parc, mais comme c'est là que Kevin fait courir Trooper chaque semaine, il ne se fait aucun souci. Il entre d'un pas très sûr dans le ring. Au début, il est un peu surpris de constater que la marche au pied, en laisse, est un peu relâchée, mais le choc le plus surprenant se produit en plein milieu de la marche au pied sans laisse, lorsque Trooper bondit hors du ring et ne s'arrête que lorsque l'écureuil qu'il poursuit se réfugie au sommet d'un arbre. Kevin se glisse hors du périmètre et va chercher son chien.

Le point de vue de Kevin : « Il m'a fait honte devant tous ces gens ! Nous avons répété et répété l'exercice, il le connaissait très bien. Je me demande pourquoi il a été si nul. »

Le point de vue de Trooper : « Le parc, c'est pour jouer. Kevin détache ma laisse quand nous y allons, puis il me dit de courir après les écureuils. On ne fait jamais de marches ennuyeuses. Le parc, c'est pour s'amuser ! »

Un autre aspect important du dressage consiste à ne jamais perdre de vue le fait que les chiens sont routiniers. Si vous avez appris à votre compagnon la position « assis » dans la cuisine (parce qu'il y a toujours une friandise à portée de la main dans cet endroit) et que vous lui faites pratiquer cet exercice dans cette pièce, ne soyez pas surpris s'il ne s'assied pas sur ordre au salon. Si vous portez habituellement un jean et un t-shirt décontracté, et que vous vous mettez sur votre trente et un pour aller donner une causerie quelque part dans votre quartier, ne vous étonnez pas, quand vous commanderez à votre chien de s'asseoir, s'il ne vous obéit pas. Lorsque l'animal est en apprentissage, chaque changement peut le distraire. Les chiens se plient à une série de règles, mais ce ne sont pas nécessairement les nôtres.

Ne soyez pas trop prompt à vous dire que votre chien a assimilé un commandement. Si les conditions sont favorables, vous arriverez peut-être rapidement – si vous vous trouvez dans un lieu où vous avez fait la plus grande partie du dressage et si rien ne distrait votre chien (et s'il ne tombe pas endormi), à obtenir qu'il s'assoie quand vous dites « assis ». Par contre, si vous lui donnez le même commandement dans un autre lieu, où il y a d'autres chiens (ou pire, des écureuils !) ou d'autres occasions d'être distrait, vous découvrirez très vite que le mot « assis » n'a pas autant de pouvoir que vous l'imaginiez.

Vous pouvez aussi saboter sans le vouloir le processus d'apprentissage. Si vous avez la manie de répéter sans arrêt: « Assis ! » ou « J'ai dit Assis » ou « Assis, je te dis ! » ou « Viens ici. Assis ! », vous enseignez au chien qu'il n'est pas nécessaire d'obéir avant le troisième, le quatrième ou même le cinquième commandement. Le premier commandement, pour lui, n'est pas un indicateur sérieux. Vous pouvez également endommager gravement le processus éducatif en utilisant un mot ou des mots qui peuvent avoir un sens différent comme: « couché », « couche-toi là » (en bas du divan), ou « à terre » (quand il saute sur vous). Nous approfondirons ce type de problème au chapitre 3, *Conversation avec un chien*.

PENSEZ-Y

Tout était de ma faute. Je pensais que Sundance, mon spitz allemand, était juste derrière moi quand j'ai traversé la route en revenant du champ de maïs. Quand je me suis retournée, Sundance était en train de flairer quelque chose au bord du champ. Juste où moment où elle levait la tête vers moi, j'ai vu la voiture qui arrivait en haut de la côte. Sundance a fait un mouvement pour venir vers moi – et vers la route. La voiture se rapprochait. Je n'ai pensé à rien, j'ai tout simplement crié: «Couchée!». Je n'étais pas une très bonne dresseuse à l'époque, mais Sundance était un très bon chien, et elle avait bien appris le français. Elle s'est couchée au bord du chemin. La voiture est passée. Je tremblais de tous mes membres. J'ai retraversé pour aller la chercher. Elle m'attendait.

On peut aussi créer des problèmes en donnant des ordres à tort et à travers. J'appelle ça le syndrome du «ne fais pas ça». Vous avez certainement déjà été témoin de la scène suivante: un jeune enfant court partout dans un magasin, prenant des marchandises sur les présentoirs, criant, pleurant, crachant, etc. La mère, qui continue ses emplettes, répète alors, comme un mantra: «Jean, ne fais pas ça!» Bien que les mots n'aient aucun effet sur son rejeton, elle s'obstine à les répéter. C'est ce qu'on appelle rabâcher des ordres. C'est ce que certaines personnes font parfois avec leur chien. C'est frustrant pour elles, pour le chien, et pour ceux et celles qui sont témoins de la scène.

Vous vous dites qu'il est préférable de ne pas «insister» auprès de votre chien pour qu'il obéisse? Réfléchissez. Non seulement un commandement sérieux peut lui sauver la vie (voir l'encadré ci-dessus), mais les chiens ont des structures sociales basées sur le pouvoir. Ils sont beaucoup plus heureux quand ils savent exactement quelle place ils occupent dans la meute. La confusion n'apporte rien de bon, ni aux chiens, ni aux humains.

La responsabilité du propriétaire d'un chien est «de bien élever son compagnon» et «d'adopter un code qui convienne à chacun». Vous devez enseigner à votre chien ce que les mots signifient, et lui démontrer que ce que vous venez tout juste de lui dire est bien ce que vous vouliez dire. Votre chien vous écoute, que vous pensiez ou non ce que vous dites.

Pourquoi vous devez écouter votre chien

Quel que soit votre plan de dressage, le moyen le plus pratique pour progresser rapidement et facilement est de comprendre de quelle façon le chien répond à votre enseignement, mais il y a bien plus que cela. Une conversation à sens unique n'est pas très intéressante. Les chiens partagent tant de choses avec nous et ils sont toujours prêts à s'accommoder de toutes ces choses que nous voulons leur faire faire! Certaines personnes se plaisent à dire que les chiens sont des petits humains en costumes de fourrure, ils sont tellement plus que cela!

PENSEZ-Y

La situation: Le chien se conduit comme un petit ange quand ses maîtres sont là, mais dès qu'il est seul, il vide la poubelle, déchire les oreillers, répand les plumes sur le lit, les mâchouille, bref, fait des ravages dans toute la maison. Lorsque ses maîtres rentrent, il rampe devant la porte, agite la queue d'un air penaud, ou se met carrément sur le dos.

Le point de vue de l'humain : «Il ne fait jamais ça quand nous sommes à la maison. Il attend que nous soyons partis, et puis il fait toutes ces bêtises parce qu'on le laisse seul. Ensuite, il a honte de ce qu'il a fait. Il sait qu'il ne pouvait pas le faire. Il doit être puni. C'est un vilain chien.»

Le point de vue du chien : «Quand mes maîtres s'en vont, je deviens très nerveux, et il n'y a rien à faire dans la maison. Mâchouiller me fait du bien, et je saute sur le lit parce que j'aime bien sentir l'odeur de mes maîtres. Parfois, il y a des choses dans la poubelle qui sentent un peu comme eux, alors je les sors de là. Je suis content de voir mes maîtres quand ils reviennent à la maison, mais je me demande pourquoi ils sont de mauvaise humeur, alors je fais de mon mieux pour leur montrer que je les aime et que je leur suis soumis. Ils vont certainement dans un endroit très désagréable pour être de si méchante humeur, alors j'essaie de les consoler.»

Selon Karen Overall, s'il est si tentant de penser aux chiens comme à des petits humains en fourrure, c'est parce nous avons beaucoup de choses en commun. Elle les énumère comme suit :
- nous vivons pendant de nombreuses années dans de larges groupes familiaux ;
- nous bénéficions de soins parentaux étendus et de longue durée ;

Les humains sont devenus très habiles à ignorer les tentatives de leurs chiens pour communiquer.

- nous tétons avant de mâcher, et nous mangeons de la nourriture molle ou prédigérée avant d'absorber des aliments solides ;
- nous sommes sexuellement matures bien avant de l'être socialement ;
- nous avons des systèmes sociaux basés non pas sur la menace mais sur le respect et le travail coopératif.

VOUS POUVEZ ME CITER

«Nous nous considérons comme les seigneurs et maîtres. C'est une grosse erreur. Tous ces termes que nous utilisons pour nous définir – chefs de meute, alpha, dominants... Un plus grand nombre d'actes brutaux ont été commis envers les chiens à cause de ces notions qu'à n'importe quelle autre circonstance dans toute l'histoire de l'humanité. Parce que nous pensons qu'ils sont justifiés. Les gens mentent à propos de comportements qu'ils savent injustifiés, mais voilà, dans ce cas-ci, ils sont sûrs d'avoir raison !»

KAREN OVERALL
Vétérinaire, chroniqueuse
et spécialiste du comportement animal

En bref, les chiens et les humains vivent dans des systèmes de groupes sociaux qui se ressemblent beaucoup. Il nous est donc facile de penser que les comportements canins sont similaires aux comportements humains. C'est une erreur qui peut déboucher sur un sérieux problème de communication.

L'expression qui suit en est un bon exemple : « Il sait ce qu'il a fait car il a l'air coupable. » On entend souvent cette phrase quand un chien a détruit des objets en l'absence de son maître ou de sa maîtresse. Lisez l'encadré de la page 33 afin de voir ce qu'il en est *réellement*.

Le chien nous comprend si bien! Ne devrions-nous pas essayer de le comprendre, lui? Être attentif à ce que nous «dit» notre chien quand il communique avec nous – une communication qui est surtout non verbale – nous aide non seulement à comprendre notre compagnon, mais aussi à nous libérer du piège de la langue. Nous nous reposons beaucoup trop sur les mots.

Plutôt que d'étiqueter un comportement – en termes humains, c'est inévitable – efforçons-nous de le comprendre, de l'examiner pour ce qu'il est réellement. Les chiens ne passent pas leur temps à échafauder des stratégies pour savoir comment ils vont devenir chefs de meute. Ils ne se disent pas, lorsqu'ils passent le seuil de la porte avant nous, qu'ils nous dominent. Ils ne choisissent pas à l'avance le pied de chaise qu'ils vont ronger aussitôt que nous aurons le dos tourné. Ils sont beaucoup plus sérieux que cela.

Ce chapitre était une introduction à la manière d'établir une communication efficace entre chiens et humains. Dans le chapitre 3, *Conversation avec un chien*, et le chapitre 4 *Voir, c'est entendre*, vous découvrirez comment vous pouvez enseigner la langue française à votre chien. Ensuite, dans le second volet si souvent négligé de l'échange (communication à sens unique), vous apprendrez leur langue. Amusez-vous bien.

Chapitre 3

....

Conversation avec un chien

Comment apprendre le français comme langue seconde, à un chien?
Pourquoi les récompenses sont-elles préférables aux réprimandes?

Près de cet endroit
Reposent les restes d'un être
Qui possédait la Beauté sans la Vanité,
La Force sans l'Insolence,
Le Courage sans la Férocité,
Et toutes les vertus de l'Homme sans ses Vices.
Cet éloge, qui serait absurde flatterie
S'il était inscrit au-dessus de cendres humaines,
N'est qu'un juste tribut
À la Mémoire de Boatswain, un Chien

Qui est né à Terre-Neuve en mai 1803
Et décédé à l'abbaye de Newstead le 18 novembre 1808.

Lord Byron
Épitaphe gravée sur la pierre tombale de Boatswain,
un terre-neuve, à l'abbaye de Newstead, en Angleterre.

La dresseuse observait les chiots et leurs maîtres et maîtresses avant de s'avancer pour commencer l'orientation. De minuscules golden, des australiens et des labradors étaient tranquillement assis près de leurs propriétaires. Certains étaient caressés et encouragés. Quelques-uns recevaient de petits biscuits qui les tenaient occupés et calmes. Dans un coin, deux femmes bavardaient, tandis que leurs chiots, un caniche et un Jack Russell, leur sautaient dessus, mordillaient le bord de leurs pantalons, leur laisse, le tout en jappant. La dresseuse n'accordait pas tellement d'importance au fait que ces dames bavardaient, mais elle ne pouvait s'empêcher d'entendre l'éternelle litanie : « Arrête ! »… « Je t'ai dit d'arrêter ! »… « Assis ! »… « Assis tout de suite ! »… « Assis, j'ai dit ! »… « Reste tranquille ! »… etc. Lorsqu'elle est entrée dans le ring, tout ce à quoi elle arrivait à penser, c'était à une phrase entendue dans un film : « Ce dont nous sommes témoins ici, c'est d'une incapacité à communiquer. »

Contrairement à ce que certaines personnes semblent penser, les chiens n'atterrissent pas sur cette terre avec une connaissance innée de la langue française… ou de toute autre langue d'origine humaine. Vous avez beau répéter sans arrêt : « Assis ! », cet ordre n'aura l'effet désiré que lorsque vous aurez enseigné à l'animal que ce son signifie qu'il doit déposer son arrière-train sur le sol, et attendre le commandement suivant. Le chien se fiche pas mal des mots « assis », « couché », « viens », « reste », « fais le mort », ou « fais pipi ». Ce qui compte, c'est ce que vous lui enseignez. Alors, que voulez-vous apprendre à votre toutou aujourd'hui ?

Ne doutez jamais de la capacité d'apprentissage de votre chien.

Ce que le chien entend

Vous avez peut-être vu ce vieux dessin animé dans lequel un chien assis, regarde une femme qui, penchée sur lui, marmonne un discours qui ressemble à ceci: «Blablabla, Ginger, blablabla. Ginger, blablablabla.»

La plupart des dresseurs savent que les propriétaires de chien ont tendance à réprimander leur compagnon lorsqu'il se comporte mal, et l'ignorent quand il se conduit bien. Le chien, qui aspire aux contacts sociaux, reçoit alors un message très clair: j'attire l'attention de mon maître ou de ma maîtresse quand (choisissez l'un des comportements suivants, ou le tout) je saute sur lui ou sur elle, vole des sous-vêtements dans la salle de lavage, mâchouille un soulier, mendie à la table, aboie sans raison dans la cour, terrorise le chat. Par contre, ils ne me prêtent aucune attention quand je reste tranquillement couché ou assis, quand je ne bondis pas sur eux comme un fou quand ils reviennent du bureau, ou quand j'attends calmement dehors qu'ils m'ouvrent la porte pour que je puisse rentrer à l'intérieur.

Autrement dit, les chiens apprennent à se méconduire pour attirer l'attention à laquelle ils aspirent.

PENSEZ-Y

Une dresseuse appelée en consultation privée par le propriétaire d'un chien questionne ce dernier au sujet des antécédents de l'animal. Ce qui l'intéresse tout particulièrement, ce sont les interactions entre le maître et le chien. Les réponses de l'homme sont souvent ponctuées de : « Non ! », ou « Arrête ! », ou « Non, Bailey, ne fais pas ça ! » La dresseuse demande alors à l'homme s'il pense que Bailey connaît son nom. Indigné, le maître répond qu'il le connaît certainement ! La dresseuse ne le contredit pas, mais suggère une expérience. Ils emmènent le chien au jardin et, lorsque Bailey s'éloigne pour flairer l'herbe, la dresseuse demande au maître de l'appeler, mais en ne prononçant que son nom. Le maître s'exécute : « Bailey ! » crie-t-il. Le chien continue à folâtrer dans l'herbe. La dresseuse demande alors au maître de dire : « Non » sur un ton neutre. Le maître s'incline sans trop y croire. Au son du « non », le chien arrête de flairer l'herbe et vient vers lui, agitant la queue avec une légère inquiétude. Il connaît le mot qui a le plus de sens pratique dans son univers.

Imaginez combien il peut y avoir de chiens nommés « Non » !

Remarquez aussi que, bien que l'attitude de Bailey prouve qu'il comprend que le « non » a une connotation négative, il vient malgré tout vers son maître, en hésitant et avec un balancement lent de la queue, ce qui indique qu'il ne sait pas trop bien ce qui l'attend. Il répond néanmoins à l'appel de son compagnon humain. Les chiens font partie d'une espèce très sociable. L'attention de leur maître a une telle importance pour eux qu'ils vont jusqu'à rechercher une attention négative lorsqu'ils sentent qu'ils ne recevront rien de plus.

Lors de petits méfaits tout à fait bénins dans la vie d'un animal, certains chiens sont étiquetés comme «chiens à problèmes», ou «chiens avec un problème de comportement». Cela arrive souvent lorsqu'un maître ou une maîtresse en a assez d'un comportement qu'il ou elle a encouragé. De telles étiquettes peuvent avoir d'horribles conséquences. Dans *Canine Behavior: A Guide for Veterinarians*, Bonnie Beaver souligne une triste statistique : 38 pour cent seulement des propriétaires gardent leur chien. Les autres le donnent, le laissent dans des refuges ou l'abandonnent, tout simplement, souvent loin de la maison. La raison invoquée le plus souvent pour justifier cet abandon est : «problèmes de comportement». Ces soi-disant «problèmes» sont la cause de l'euthanasie de 70 pour cent des chiens dans les refuges, chiffre beaucoup plus élevé que celui des mortalités dues aux maladies infectieuses. De telles souffrances et toutes ces morts résultent d'un simple manque de communication et de compréhension.

VOUS POUVEZ ME CITER

«Sachez immédiatement ce que vous attendez de votre chien. N'attendez pas qu'il ait six mois pour instaurer des règlements. Efforcez-vous d'imaginer quel impact son comportement aura sur vous quand il pèsera dix fois son poids actuel. Pensez à toutes les personnes avec qui il pourrait être en contact en dehors de votre maisonnée.»

MANDY BOOK,
Auteur, conférencière, dresseuse et entraîneuse de chiens

Que voulez-vous que votre chien entende dès les débuts de votre vie commune? Les chiens écoutent ce qu'on leur dit, ne l'oubliez pas.

Certaines personnes vous diront néanmoins qu'on ne peut rien apprendre à un chiot avant qu'il atteigne l'âge de six mois. Ne les croyez pas. Si vous attendez que votre chien ait six mois, vous manquerez l'une des périodes les plus réceptives de son existence. Les chiots sont des petites éponges, ils aspirent tout ce qu'il y a à savoir à propos de l'univers qui les entoure. Il y a certes un léger risque qu'ils attrapent une maladie contagieuse, mais le risque qu'ils contractent des problèmes de comportement est beaucoup plus grand.

Les humains ont autant besoin de dressage que les chiots. Ils ont besoin de se dire, par exemple : « Je n'apprécierai certainement pas que le chien saute sur moi quand il pèsera 35 kilos et que je serai habillé pour aller au bureau ou pour recevoir la visite de grand-maman ! » Ils doivent expliquer au chiot que ses quatre pattes doivent rester sur le sol. C'est mal de lui laisser croire que sauter sur les gens est amusant et que cela va lui valoir un bisou ou une caresse derrière les oreilles, puis de transformer un jour ce message en : « Ne fais pas ça, vilain chien ! » Faites-le agir au départ comme vous voulez qu'il agisse toujours.

Établissez les règles, respectez-les et faites-les comprendre clairement à votre chien (les détails viendront plus tard dans ce chapitre).

Des chercheurs ont découvert que les humains (même de sexe masculin) parlent souvent à leur chien comme ils parlent aux bébés : avec une petite voix aiguë, sur un volume plus bas et en ayant recours à des phrases plus courtes composées de mots dénués de sens. Ce langage démontre combien notre relation avec notre compagnon est étroite, et il est tout à fait justifié pour créer un lien et mettre l'animal en confiance, mais en tant que communication destinée à avoir un sens précis (autre que « je t'aime »), il n'est pas vraiment satisfaisant, du moins pour le chien. Nous pouvons certes éviter une visite chez le psychologue en déversant nos mots de tendresse dans l'oreille de notre toutou ; nous savons que, quoi que nous disions, nous ne risquons pas d'être critiqués ou ridiculisés. Ce que nous leur confions n'ira pas plus loin, et leurs grands yeux tendres exsudent une telle compréhension! Mais pour le chien qui fait de gros efforts pour comprendre ce que nous lui disons, «assis, Bobby!» est passablement plus précis que «maintenant Mamy veut que Bobby reste assis et écoute ce que raconte le très gentil dresseur.» Si nous voulons que le chien comprenne ce que nous lui disons, nous devons clarifier notre discours.

VOUS POUVEZ ME CITER

«Le *leadership* doit être basé sur la confiance. Le chien doit comprendre que le comportement de son maître est fiable, et qu'il sera constant. Une communication efficace se passe très bien de force physique, de violence, et d'affrontements.»

The Waltham Book of Human-Animal Interaction

PENSEZ-Y

Au Parc Wolf, en Indiana, des chercheurs observent des loups depuis de nombreuses années. Bien que ces loups aient été amenés à socialiser avec les humains, ils vivent encore en meute, et on leur donne même la possibilité de chasser le bison. Négligeant les signaux simplistes, tels l'*alpha roll* (renverser un congénère sur le dos et le prendre à la gorge) et le *muzzle biting* (mordre le museau), les chercheurs ont relevé la manière avec laquelle les loups font bouger les muscles minuscules qui permettent aux vibrisses (poils tactiles, dont les moustaches de chaque côté du museau) de s'évaser afin d'informer un congénère qu'il doit s'éloigner. La communication entre canins peut être aussi raffinée. Nous parlerons de communication non verbale dans les deux chapitres suivants.

Mon chien Nestle saisit tous les mots utilisés dans une conversation et comprend, parmi ces mots, lesquels sont les plus importants.

Dans certaines circonstances, notre attitude concernant nos relations avec nos chiens a intérêt à s'ajuster. Lorsque les relations hiérarchiques, parmi les loups, ont été connues et révélées par les chercheurs, les dresseurs se sont empressés de les adapter dans leur travail avec les chiens, mais des erreurs d'interprétation ont été commises. Nous nous sommes concentrés sur la *dominance*, et nous avons décidé de voir, dans presque tous les comportements canins, des jeux de pouvoir. Le fait qu'un chien en laisse se mette à marcher devant son maître ou sa maîtresse était ainsi interprété comme une tentative en vue de devenir le chien de tête, et la personne chargée de nourrir le chien croyait nécessaire de le faire avant de prendre son propre repas. Les chiens étaient régulièrement renversés sur le dos. C'est ce que l'on appelait l'*alpha roll*, comportement utilisé par le loup ou le chien afin de faire comprendre à un congénère qu'il le domine. Quelques dresseurs sont même allés jusqu'à conseiller aux propriétaires de mordre les oreilles et le museau de leur chien afin de lui montrer qui était le maître.

Des données scientifiques prouvent que la plupart des chiens peuvent compter jusqu'à 2, et que le reste se résume par « beaucoup ». Si je voulais placer quelques phrases dans la tête d'un chien à un certain moment, cela donnerait quelque chose comme ceci : J'ai un os. Il est dans ma bouche. Je ronge mon os.

Le fait d'avoir trois jouets (beaucoup) est aussi intéressant que d'en avoir une dizaine (beaucoup). En général, un chien qui a trois jouets a l'impression d'en avoir beaucoup. On peut rendre cette possession encore plus intéressante en prenant un ou deux jouets, tous les trois jours, pour les remplacer par des jouets « frais ».

J'ai mon os, plus celui que j'ai pris au cocker du voisin. J'ai un os dans ma bouche et un os sous ma patte. J'ai deux os.

J'ai un os dans ma bouche et des os sous mes pattes. J'ai beaucoup d'os.

Ce « beaucoup » peut provoquer une crise de possession lorsqu'il devient difficile de garder tout ce que l'on possède.

Des observations plus précises ont souligné les erreurs de ce mode de dressage. Les loups de rang inférieur rampent ou offrent leur ventre d'eux-mêmes, ce n'est pas l'alpha qui les force à le faire. En fait, l'individu dominant semble généralement détendu et peu concerné. Une pupille qui se rétrécit ou un tressaillement d'oreilles suffit à envoyer un message aux subordonnés, et il n'y a là aucune menace de violence. Quelques loups de rang moyen, peu sûrs d'eux, peuvent gronder et faire mine de vouloir se battre, mais ce n'est pas là un comportement de chef. Alors, que dites-vous *réellement* à votre chien quand vous adoptez ce type de comportement ?

Comme je l'ai déjà mentionné, penser à la hiérarchie en termes de soumission donne de bien meilleurs résultats. Vous qui êtes le chef, vous devez repérer et récompenser les signes de soumission (ou les ignorer, tout simplement, comme le fait le loup alpha, si vous n'avez pas de problèmes de leadership) plutôt que d'assimiler tout ce que fait votre compagnon à des comportements de dominance, et de le punir pour sa conduite. C'est exactement ce dont j'ai parlé précédemment : ce que vous faites doit être pertinent, sérieux, et justifié. Vous devez savoir, dès le début, ce que vous voulez, et vous y tenir.

Rendez justice aux capacités cognitives de votre chien. Les gens veulent souvent évaluer, avec précision, à quel point leur chien est intelligent. Tenter de comparer l'intelligence des différentes espèces est un exercice futile – nous échouerions lamentablement si nous nous mesurions à nos chiens dans un test d'intelligence basé sur la détection des odeurs – mais si nous voulons absolument une réponse, écoutons les experts, qui accordent au chien une intelligence et une compréhension équivalentes à celles d'un enfant de deux ou trois ans. La plupart des chiens peuvent assimiler la signification de plusieurs centaines de mots et de phrases. Quelques-uns arrivent même à les reconnaître dans une conversation. Ils peuvent aussi, lorsque leur maître ou leur maîtresse épelle certains mots, apprendre ce qu'ils signifient.

Si vous demandez à des amis qui possèdent un chien d'illustrer son intelligence par une anecdote, attendez-vous à en entendre une bonne série. Les chercheurs n'accordent pas grand crédit à ces preuves anecdotiques, mais vous n'êtes pas obligé de les imiter. En fait, vous pouvez même vous dire qu'il est préférable que les chiens ne soient pas plus intelligents, car s'ils l'étaient, vous ne seriez pas capable de leur en imposer. Si vous utilisez des mots codés pour des activités comme le bain et les visites chez le vétérinaire, afin que «le chien ne comprenne pas», dites-vous bien que vous n'êtes pas le seul.

Trouver «le moyen idéal»

En Amérique du Nord – sinon dans toutes les régions du monde où règne la technologie –, nous sommes obsédés par le désir de trouver la solution miracle à tous nos problèmes, gros ou petits. Nous sommes impatients d'entendre le dernier expert à la mode, de suivre le dernier gourou. La triste vérité est qu'il existe peu de solutions faciles, et encore moins de solutions instantanées, et que personne n'a la science infuse.

Lorsqu'ils veulent faire la promotion de leurs méthodes en affirmant qu'elles constituent «les moyens idéaux» pour dresser un chien, les dresseurs sont aussi nuls que les auteurs de livres de régimes qui prétendent avoir trouvé la solution miracle pour maigrir. Il existe des tonnes de guides, de vidéos, et de «méthodes de dressage». Le propriétaire d'un chien est quasiment submergé sous un océan d'informations et d'avis contradictoires. Que choisir? Le bon sens peut vous mener là où vous devez aller, mais même le bon sens peut être englouti dans un tourbillon de conseils. Voyez plutôt les indications suivantes, offertes par plusieurs dresseurs expérimentés:

- Toute méthode de dressage doit être bénéfique à la fois pour le chien et pour la personne qui le dresse. Ni l'un ni l'autre, à aucun moment, ne doit se sentir frustré, stressé ou en colère. Bien que le dressage soit parfois ardu et difficile pour chaque partenaire, il doit malgré tout rester agréable.

- Ne faites jamais à un chien ce que vous ne voudriez pas que l'on vous fasse. Je connais des gens qui se sont mis un collier électrique autour du cou pour démontrer que ce genre d'invention est inoffensif, mais ce qu'ils oublient de dire, c'est qu'ils n'ont pas demandé l'avis de leur chien. Lorsque leur compagnon tressaille quand il reçoit le choc électrique, ils s'écrient : «Vous voyez, ça marche!» plutôt que de penser : «C'est trop violent pour mon chien. Je ne me servirai plus jamais de cela.»

- La méthode utilisée est-elle pratique? On a souvent l'impression d'avoir deux mains gauches quand on commence un nouvel exercice, mais avec un peu de pratique, il devient plus facile. Si vous continuez à vous dire que vous auriez besoin de trois mains, cela signifie que la méthode ne vous convient pas.

- La personne qui vous a proposé la méthode l'a-t-elle expérimentée sur plusieurs chiens : gros et petits, calmes et nerveux, jeunes et vieux? Bien qu'il y ait toujours un chien quelque part qui ne soit pas réceptif à l'une ou l'autre stratégie de dressage, une bonne méthode éprouvée porte ses fruits pour la majorité des chiens et des dresseurs, mais si ces derniers n'ont travaillé qu'avec des instructeurs expérimentés possédant uniquement des golden retrievers, le test n'est pas très probant.

- La méthode proposée se montre-t-elle efficace (après une période raisonnable)? Un changement de comportement doit survenir en moins d'une semaine. S'il n'en est rien, s'obstiner va ressembler à du harcèlement.

• La méthode vous permet-elle de travailler ensemble, ou le dressage est-il seulement imposé *au chien*? Donner une secousse au collier étrangleur et pousser sur l'arrière-train du chien pour le forcer à s'asseoir est un dressage *imposé au chien*. Récompenser un toutou parce qu'il s'est assis (tous les chiens finissent par s'asseoir, il suffit de patienter un peu) et faire en sorte qu'il comprenne pourquoi il mérite une récompense est un bon exemple de travail sérieux.

• Un enfant ou un aîné peut-il utiliser la méthode, ou exige-t-elle que la personne ait une certaine taille et une certaine force physique? Croyez-vous vraiment qu'une femme adulte de 45 kilos est capable de maintenir un robuste akita-inu qui n'a pas envie de rester «au pied»?

(Photo: The Iams Company)

Il faut très peu de chose pour faire d'un chien un excellent compagnon. Investissez dans votre relation avec votre chien!

Adopter ces suggestions comme principes de base vous permettra de faire ce que l'on appelle un dressage avec renforcement positif. Dans la mesure où il existe différentes formes de dressage avec renforcement positif, vous ne résoudrez pas nécessairement tous vos problèmes, mais la méthode adoptée raccourcira le chemin à parcourir.

Le dressage avec renforcement positif n'est pas particulièrement nouveau. Il était déjà populaire dans les années vingt, mais il a été submergé par une vague de dressage de force lorsque les militaires ont commencé à utiliser des chiens dans l'armée. Il a été difficile, ensuite, d'y revenir. Il est difficile de croire qu'une méthode aussi facile et aussi efficace puisse perdre la faveur populaire, jusqu'à ce que nous comprenions, nous humains, que nous avons un sérieux problème avec l'idée de la récompense.

Pourtant, les récompenses donnent de meilleurs résultats que les réprimandes, comme nous allons le voir.

Le jeu du dressage

Développé par Keller Breland, un des pionniers du conditionnement instrumental (type d'apprentissage associatif dans lequel il y a relation entre la réaction souhaitée et le résultat escompté, généralement par le biais d'une récompense) et popularisé par Karen Pryor lorsque cette dernière a commencé à enseigner l'entraînement au clicker à des spécialistes, le jeu du dressage est l'un des exercices préférés des dresseurs. Il aide les personnes à ressentir de la sympathie pour les efforts consentis par leur chien. Il les aide aussi à comprendre *pourquoi* leur chien a des problèmes d'apprentissage, et leur apprend à ne plus se dire que leur chien *doit* comprendre. Il met aussi l'accent sur la nécessité de choisir le bon moment pour pratiquer les exercices.

Le jeu en lui-même est très simple : une personne en entraîne une autre à adopter un certain comportement en utilisant un appareil qui émet un *clic* métallique, comme le clicker ou le sifflet. Tout comme avec les chiens, le signal indique au sujet qu'il ou elle a fait quelque chose qui est susceptible de lui valoir une récompense. Avec un chien, il faut en fait récompenser chaque clic afin de renforcer l'association positive avec le son, mais les humains peuvent renoncer à la récompense car ils comprennent très bien que le clic signifie : « Bravo ! Tu as réussi ! » Dans le conditionnement instrumental, le dresseur « façonne » les comportements. On commence par récompenser toute action qui peut déboucher sur le comportement désiré, pour se rapprocher de plus en plus étroitement de ce comportement. Voici un exemple :

À un des séminaires de Pryor, le comportement désiré, pour le premier sujet, était de se placer au centre de la salle et d'y tourner sur lui-même. La dresseuse ne réagissait pas lorsque le sujet se promenait dans la salle, mais cliquait lorsqu'il se rapprochait du centre. Il a suffi de quelques déplacements pour que le sujet réalise que la dresseuse voulait lui faire comprendre qu'il devait aller à un certain endroit, soit au centre de la salle. Aussitôt qu'il y est arrivé, les clics se sont arrêtés. La dresseuse attendait que le sujet lui offre un comportement méritant d'être récompensé. Le sujet a d'abord essayé de rester immobile, puis de se diriger vers un autre endroit, et même de se tenir sur une jambe. Rien n'a déclenché un clic ! Frustré, il s'est tourné vers la dresseuse… et a reçu un clic. Visiblement étonné, il a refait le même geste et a reçu un autre clic. Cela s'est reproduit plusieurs fois, puis les clics se sont interrompus, la dresseuse ayant décidé de mettre la barre plus haut. Le sujet est resté immobile, on pouvait voir qu'il essayait de comprendre ce qu'on attendait de lui. Il s'est tourné, mais dans un mouvement plus large. Le clic s'est de nouveau fait entendre. Ce fut comme une illumination pour le sujet, qui a alors commencé à tourner sur lui-même au centre de la pièce, tandis que les participants du séminaire applaudissaient et criaient bravo !

VOUS POUVEZ ME CITER

«On estime que lorsqu'un enfant atteint l'âge de deux ans, il a reçu 1500 fois plus de corrections que de récompenses. C'est ainsi que nous sommes élevés! Autrement dit, nous ne recevons pas beaucoup de récompenses dans notre vie.»

KAREN OVERALL
Vétérinaire, chroniqueuse et spécialiste du comportement animal

Il y a aussi l'autre côté de la médaille – ou le jeu du dressage avec renforcement négatif. Dans cette variation, le dresseur dit simplement: «Non!» lorsque les actions du sujet sont inappropriées. Quant aux actions désirées et accomplies, elles ne reçoivent pas la moindre réponse. Cette méthode est l'équivalent d'un dressage avec une foule de corrections au collier et pas la moindre félicitation.

Lors d'une séance de jeu du dressage avec renforcement négatif, le sujet, entendant un «non» provoqué par le fait qu'il se dirigeait dans une mauvaise direction, s'est rapidement déplacé vers un autre coin de la pièce. Une fois immobilisé, il a tenté de toucher des choses se trouvant à sa portée. Puis il a levé les bras au-dessus de sa tête et sauté sur place, ce qui lui a valu plusieurs «non» catégoriques. Toute tentative de s'éloigner de l'endroit où il se trouvait était contrecarrée. Décontenancé, il a alors mis un frein à ses efforts, a enfoncé ses mains dans ses poches et a tout bonnement refusé de continuer le jeu. Obligé de respecter les règles négatives du jeu, le dresseur ne pouvait rien faire pour relancer l'action. Ce n'est que lorsqu'il a été autorisé à passer de la contrainte à la récompense avec un clic qu'il a réussi à convaincre le sujet de se remettre à jouer. Ce dernier a alors accompli le comportement désiré: ouvrir un tiroir.

ESSAYEZ-LE

Le moment est venu de jouer. C'est le meilleur moyen de comprendre comment vos tentatives de communication seront reçues par votre chien.

Demandez à un propriétaire de chien de jouer avec vous et alternez les rôles : tantôt vous êtes le dresseur, tantôt celui qui est dressé. Faites en sorte que les comportements restent simples afin que personne ne se sente frustré. Répétez les rôles au moins deux fois chacun.

Lorsque les jeux sont terminés, discutez ensemble de ces expériences. Avez-vous reçu suffisamment de récompenses pour vous sentir heureux, ou avez-vous eu envie de tout laisser tomber parce que vous vous sentiez frustré ? La plupart des intervenants n'offrent pas assez de récompenses. Gardez bien cela à l'esprit lorsque vous travaillez avec votre chien.

ESSAYEZ-LE

N'utilisez la méthode du renforcement négatif que dans des conditions idéales. Il faut que vous vous assuriez que les personnes qui entrent dans le jeu ne laisseront pas paraître leur colère ou leur frustration. L'expérience peut être extrêmement frustrante, autant pour le sujet que pour le dresseur.

Souvenez-vous que vous ne pouvez émettre que des «non». Une séquence sera certainement suffisante pour comprendre exactement en quoi consiste ce jeu du dressage avec renforcement négatif. Discutez ensuite de ce que vous avez ressenti avec les personnes concernées.

La dernière variation comprend des récompenses et des réprimandes. Gary Wilkes compare le processus au jeu du chaud et du froid. Pour les bons dresseurs, il s'agit là de la meilleure technique de dressage, mais c'est la plus difficile à maîtriser pour les novices. Un grand nombre de dresseurs débutants se surprennent souvent à cliquer alors qu'ils veulent, en fait, dire « non », et vice-versa. Commencez avec des tactiques positives et n'ajoutez les négatives que lorsque vous aurez acquis un peu d'expérience.

Quand vous jouez à ces jeux de dressage, soyez très attentif à ce qu'ils vous révèlent sur la communication entre espèces. Vous pourrez alors évaluer avec une plus grande précision les efforts que fait votre chien pour apprendre ce que vous lui enseignez. Ce n'est pas aussi facile que vous le pensez !

Apprendre le français comme langue seconde grâce à des méthodes positives

Appelez cela communication ou dressage, mais si vous voulez avoir une relation harmonieuse avec votre chien, il est préférable d'en faire le plus possible. Lorsque vous saurez comment procéder, cela vous paraîtra plus aisé. En fait, à moins que votre compagnon ne soit encore un chiot, vous lui avez probablement appris le français sans même vous en rendre compte. Votre chien ne bondit-il pas au simple mot « biscuit », ou « manger » ? Ne se précipite-t-il pas vers la porte quand vous dites « promener », ou « auto » ? Les chiens *apprennent* vite. Veillez à leur apprendre ce que vous voulez qu'ils retiennent.

L'ABC de la communication

Il n'est pas nécessaire d'avoir recours aux colliers étrangleurs, ni aux pincements d'oreille, ni aux colliers électriques ou autres inventions douteuses dont certaines personnes se servent en les qualifiant de « moyens de communiquer ». Vous vous rappelez les réprimandes et les récompenses que nous avons mentionnées plus haut et expérimentées dans le jeu du dressage ? Ce simple jeu oscillant du oui au non et vice-versa est le fondement de toutes les activités de votre ordinateur personnel, et vous verrez qu'il a d'immenses possibilités. Quant à votre chien, vous n'avez pas l'ambition d'en faire un informaticien ou l'inventeur d'un correcteur d'orthographe, n'est-ce pas?

Votre chien a quelque chose que l'ordinateur ne possède pas: des émotions. Nous allons donc ajouter une troisième possibilité, une sorte d'élément neutre entre

Les chiens sportifs sont parmi nous depuis très longtemps. L'un d'eux orne cette boîte à musique du XIXe siècle.

le oui et le non, ou si vous préférez, du tiède entre le chaud et le froid.

Parlons tout d'abord du «oui», soit de la récompense. Pour la plupart des chiens, les récompenses extra sont la nourriture, le jeu, la liberté et les félicitations. Vous pouvez utiliser tout cela à votre avantage, mais pour vos premières leçons, la nourriture est la meilleure alliée car c'est un très bon incitatif pour convaincre le chien de faire ce que vous voulez. Le très important A de l'alphabet de la communication, c'est: «une récompense». Pour tirer le maximum d'une récompense, vous avez besoin d'un mot-clé qui va permettre à votre chien de comprendre que son comportement est bon et qu'une récompense s'en vient. Si vous n'êtes pas tout près de votre compagnon, vous pouvez quand même lui offrir un encouragement. Certaines personnes utilisent les mots «bon», ou «oui», ou «bien», le mot doit être court et avoir une sonorité entraînante. D'autres se servent du clicker, petit appareil que l'on tient dans la paume de la main et qui émet un bruit métallique. Le clicker a l'avantage de toujours émettre le même son et de se démarquer de la parole, mais il faut veiller à l'avoir sur soi en tout temps. Bref, utiliser un clicker ou un mot, le choix dépend de vous.

Le mot neutre fait comprendre au chien qu'il ne fait pas ce que vous lui avez demandé, *ce n'est pas* une punition. Le mot neutre n'est qu'une indication nécessaire pour aller de l'avant. Gary Wilkes se sert du mot « faux », mais beaucoup de gens pensent qu'il est difficile de ne pas donner une connotation négative à ce terme. Si c'est votre cas, choisissez un mot plus anodin – comme « nonnonnon », ou « pas gentil », par exemple. Optez pour un mot auquel il est difficile de donner une intonation dure. Bref, ce mot, c'est le B de votre alphabet de la communication. Prononcez-le en vous disant : « Ça ira mieux la prochaine fois ».

Le C, qui a trait aux *conséquences,* n'entre en jeu que plus tard. Il ne peut y avoir de réprimandes que lorsque le chien a bien compris ce que l'on attend de lui.

En résumé :

A = une récompense

B = ça ira mieux la prochaine fois

C = les conséquences

Pour vous lancer dans la communication, commencez avec le A. Habituez votre chien à entendre votre mot-clé positif. Il faut qu'il comprenne bien ce qu'il veut dire. Donc, soit vous cliquez, soit vous dites « oui », ou le mot que vous avez choisi, puis vous lui donnez une gâterie. Répétez l'opération une dizaine de fois. Votre chien sera ravi, je puis vous l'assurer ! Ensuite, laissez-le se reposer un peu, puis faites un autre clic ou le mot, et à nouveau la gâterie. Efforcez-vous de faire vos séances de « clic » dans des lieux différents. Il faut que le chien comprenne que, où qu'il soit, le clic ou le mot-clé signifie : « C'est bien, tu vas avoir une récompense. » Lorsque le chien « tressaille » au son du clic ou du mot-clé, vous pouvez vous dire qu'il commence à comprendre.

ESSAYEZ-LE

Ce livre n'est pas un guide exhaustif de dressage, mais l'alphabet rudimentaire qu'il vous offre fonctionne merveilleusement bien. Pour le constater, apprenez maintenant à votre chien ce que «assis!» signifie. Attention: il ne s'agit pas de lui apprendre à s'asseoir, ce qu'il sait très bien faire par lui-même, mais de lui apprendre à s'asseoir *au commandement*.

Les éléments nécessaires sont les suivants:

- un chien plein de vivacité et légèrement affamé;
- un bol garni de petites gâteries (ou votre poche);
- un clicker (si vous voulez en utiliser un);
- du temps et de la patience.

Approchez une petite gâterie du nez de votre chien, puis élevez-la lentement au-dessus de sa tête. La conformation du chien fait que lorsque ce dernier lève la tête pour suivre la gâterie des yeux, son arrière-train s'abaisse, et il s'assied. C'est aussi simple que cela! Vous n'avez même pas eu à le toucher!

Aussitôt que le postérieur du chien est posé sur le sol, cliquez ou prononcez votre mot-clé, puis donnez-lui sa récompense. Incitez-le à se relever en jouant avec lui, puis recommencez l'opération.

Si le chien bondit pour essayer de s'emparer de la gâterie, c'est probablement parce que vous la tenez trop haut. Utilisez votre mot neutre (le B dans votre vocabulaire) afin de lui faire comprendre qu'il ne sera pas récompensé, cette fois. Recommencez l'opération en tenant la gâterie moins haut.

Lorsque le chien s'assied aussitôt que vous lui montrez la friandise, énoncez le mot afin qu'il l'associe à l'action. Dites «Assis!» (ou le mot que vous avez choisi), levez la main, mais cette fois sans la gâterie, puis cliquez ou dites votre mot-clé lorsque le chien s'assied. Récompensez-le.

Comme Ian Dunbar le fait remarquer dans l'une de ses chroniques, un chien assis ne saute pas sur les visiteurs, ne sort pas dès qu'une porte est ouverte, et ne vous fait pas trébucher par excès d'enthousiasme.

Le premier mot du chiot

Le premier mot que votre chiot doit comprendre est son nom. Vous ne voulez certainement pas appeler votre chien « Non », ni « Ne fais pas ça ». Prononcez souvent, et tendrement, le nom de votre petit ami. (Ceux qui ont un chien à pedigree interminable, et dont le nom est, par exemple, Shadyoak's Timberland ou Twist Water Melon, ou un nom aussi alambiqué, doivent bien comprendre qu'il faut raccourcir ce nom, ou le changer. Twist au lieu de Twist Water Melon, par exemple.) Associez ce nom à toutes les bonnes choses de la vie de votre toutou : nourriture, caresses, promenades, jeux. En moins de temps qu'il ne faut pour le dire, il saura que son nom est un son qui a un tas de résonances positives.

Ajoutons un D

Lorsque vous commencez l'apprentissage de ce que l'on appelle les « commandements », utilisez une quatrième lettre dans votre alphabet de la communication. Le D, qui signifie « terminé », fait comprendre au chien que le commandement n'a plus cours. Un chien à qui l'on dit : « Assis ! » doit déposer son arrière-train sur le sol et l'y maintenir jusqu'à ce que vous lui permettiez de se relever, et non s'asseoir et se remettre immédiatement debout, ce qui compromettrait l'exercice ! Vous avez donc besoin d'un mot pour supprimer le commandement, soit pour permettre au chien de faire ce qu'il a envie de faire. Vous pouvez aussi utiliser le mot « libre ». D'autres choix excellents sont « fini », ou « repos » Évitez de dire « OK ». Ce mot, souvent utilisé dans les conversations, pourrait inciter le chien à réagir à contretemps.

Le D veut donc dire : « Libère le chien du commandement. »

Des chiens sont régulièrement dressés pour devenir des assistants. Leur apprentissage n'est basé que sur des méthodes positives. Terri Nash a dressé Sunny, son merveilleux compagnon.

PENSEZ-Y

Quatre notions à ne pas oublier :

    A. une récompense ;

    B. ça ira mieux la prochaine fois ;

    C. les conséquences ;

    D. libère le chien du commandement.

    Nanti de ces quatre notions rudimentaires, vous pouvez établir un niveau élevé de communication avec votre compagnon et vous amuser tout en lui apprenant à bien se comporter. Peut-on rêver mieux ?

D'autres idées

Nous aurons recours à d'autres exemples pratiques dans les chapitres suivants. Ceux qui souhaitent avoir un bon ouvrage sur le dressage peuvent consulter la bibliographie en fin de volume.

Quels que soient les mots que vous adoptez pour donner des commandements à votre chien, ces mots doivent avoir un sens unique et précis *en tout temps*. La plupart des chiens ne saisissent pas la nuance entre les deux significations que peut avoir un même mot, et les homonymes (ces mots qui s'entendent de la même manière) n'ont qu'une seule signification pour le chien. Ainsi, j'ai rayé le mot *dear* (cher) de mon vocabulaire canin parce que mon chien Nestle entend *deer* (chevreuil) et devient alors très excité !

La manière plus ou moins précise avec laquelle les chiens peuvent différencier les sons a donné lieu à de nombreuses controverses. Les dresseurs déconseillent l'utilisation de mots qui se ressemblent trop, mais des gens qui ont trois chiens qu'ils appellent respectivement Jim, Tim et Kim ; ou Tom, John et Pomme prétendent que leurs chiens répondent à leur nom et non à celui de leurs compagnons. Il est néanmoins préférable de minimiser les risques d'erreur en ayant recours à des sons distinctifs.

Aussitôt que vous avez appris le *sens* d'un mot au chien, il est nécessaire que vous mainteniez la *pertinence* de ce mot. Vous est-il déjà arrivé, après avoir utilisé souvent le même mot, de constater qu'après une vingtaine de répétitions il semble avoir perdu tout son sens et ressemble désormais à du charabia ? C'est pareil pour le chien. Si vous lui répétez sans arrêt le mot « assis » sans attendre qu'il obéisse, le sens du terme va lui échapper très vite. Pour que votre vocabulaire pour chien garde tout son poids, ne lancez pas les mots à tort et à travers. Si vous dites : « Assis », soyez déterminé, et récompensez votre compagnon aussitôt qu'il a obéi. Dès que le chien a appris un mot, sa récompense peut être une caresse, ou des félicitations, ou n'importe quoi d'autre qui lui fasse plaisir. (Les câlins sont souvent aussi appréciés que la nourriture.) Enseignez à votre compagnon que le fait d'écouter et de réagir lorsque vous communiquez avec lui est la meilleure chose qu'il puisse faire car cela se termine toujours par une agréable surprise.

Ne concluez pas trop vite que votre chien comprend vraiment ce que vous lui dites. Les chiens s'accordent d'une façon particulière et tout à fait subtile à leur environnement ; ils enregistrent le moindre changement, même dans des circonstances qui peuvent vous paraître, à vous, incompréhensibles. Ainsi, lorsque vous pensez avoir appris à votre compagnon : « Quand je dis : "Assis", tu mets ton arrière-train sur le sol », ce que le chien a peut-être compris est : « Quand mon maître est dans le salon, qu'il porte ses vêtements qui sentent la promenade et sur lesquels je peux mettre les pattes, que la boîte bizarre qu'il appelle la télé ne fait pas de bruit et qu'il dit : "Assis", je dois poser mon arrière-train sur le sol. » Si ce scénario est le bon, le chien ne prendra pas la position assise si vous portez vos habits de bureau, si la télévision est allumée, et si vous êtes ailleurs que dans le salon. Il ne s'agit pas de désobéissance. Il s'agit d'un apprentissage boiteux. Le fait de s'imaginer que le chien a compris un commandement – ce qui amène immanquablement à croire qu'il désobéit délibérément et doit en conséquence être puni – est une des erreurs les plus courantes commises par les maîtres. Tant que vous n'aurez pas utilisé le mot dans plusieurs endroits, avec une bonne réponse dans chacun de ces endroits, vous ne pourrez pas dire que le chien connaît le sens du mot. C'est à vous, et non au chien, de faire la généralisation.

Sons naturellement positifs et négatifs

Des études sur le sujet indiquent que certains sons revêtent un sens particulier pour les animaux. Par exemple, tous les mammifères, du rat à l'éléphant, utilisent des sons graves et sourds pour envoyer un message de « recul », qui prévient d'une agression possible ou annonce une agression imminente si le sujet auquel l'animal s'adresse refuse de s'éloigner. Des sons aigus donnent un signal opposé : ils appellent, invitent au rapprochement, demandent la permission d'approcher. Ils peuvent aussi avoir un lien avec la douleur. La longueur d'un son a également un sens. Un son bref dénote la surprise ou une réaction soudaine et intense, tandis qu'un son prolongé correspond à une réaction plus réfléchie, plus mesurée. La répétition rapide d'un son ajoute une connotation d'urgence au message.

Nous pouvons certainement nous servir de ces généralités pour écouter ce que nous dit notre chien (comme nous apprendrons à le faire au chapitre 6 : *Vocalisation canine*), mais nous pouvons aussi les adapter à notre propre communication avec eux. Lors d'une causerie donnée lors de la réunion annuelle de l'Association des dresseurs de chiens de compagnie, Patricia McConnell a décrit les signaux utilisés par des bergers travaillant avec des colleys écossais et par dix-neuf maîtres-chiens parlant chacun leur propre langue. Elle a découvert que dans toutes les cultures, dans chaque langue, les maîtres-chiens utilisent des coups de sifflet ou d'autres sons brefs pour stimuler l'activité de l'animal, et de simples coups de sifflet prolongés pour le ralentir ou y mettre fin. Pour obtenir un arrêt abrupt, les maîtres-chiens utilisent un signal très bref.

Patricia McConnell a également expérimenté sur plusieurs portées de chiots à l'aide de sifflets générés par ordinateur. Elle a découvert que les chiots font preuve d'une plus grande activité lorsqu'ils entendent des notes brèves et répétées. Des enregistrements de l'activité des ondes cérébrales révèlent que le cerveau des chiots réagit plus fortement aux sons répétés qu'à des changements d'intensité dans le son.

Kathy Sdao, experte en psychologie expérimentale, fait observer que l'intensité d'un son, sa brièveté ou son prolongement stimule ou inhibe le chien. Une voix criarde, aiguë et au débit rapide tend à exciter l'animal, tandis qu'un timbre grave et un débit lent le calme. Les sons courts et saccadés que nous utilisons instinctivement, lorsque nous voulons dire à un petit enfant de ne pas toucher à un objet fragile, par exemple, interrompent souvent le comportement dans lequel le chien est engagé.

Comme nous le verrons au chapitre 6, tout cela s'accorde très bien avec la signification des sons émis par le chien. Il peut même y avoir une raison physique à ces réactions. Dans le cerveau du chien (aussi bien que dans le cerveau humain), se trouvent le cortex analytique préfrontal (la région chargée de la résolution des problèmes) et le système limbique, qui est plus primitif (le siège des émotions). Ces deux régions travaillent de façons diamétralement opposées – stimuler l'une, c'est inhiber l'autre. Ainsi, un son court et aigu, qui est souvent un signal de danger, crée une immobilisation momentanée. Le système limbique crie : « Peur ! » et le corps se prépare à la lutte ou à la fuite. Un chien qui se trouve sous l'influence d'une forte émotion est incapable d'y voir clair. Faut-il s'étonner que la première nuit consécutive à un cours de dressage soit agitée ? Le contraire est aussi vrai : un chien engagé dans la nécessité de résoudre un problème, comme apprendre un nouvel exercice par exemple, est moins susceptible de devenir la proie d'une émotion.

Le maître peut se servir d'une grande variété de sons lors de l'apprentissage, et il peut aider son chien à sortir de situations stressantes en lui donnant un ou plusieurs commandements.

Les interdictions perpétuelles et les mots éculés

J'ai déjà mentionné cette manie de certains parents qui ne cessent de répéter les mêmes directives, interdictions et mises en garde à leurs enfants, sans succès. Le même problème se pose avec les chiens.

Lors de votre première interaction avec un chien, votre voix est, pour l'animal, un élément nouveau et intéressant de son environnement, mais ce sentiment de nouveauté se dissipe très vite. Si, à ce moment-là, vous n'avez pas encore commencé à lui faire comprendre que vos mots peuvent avoir une signification agréable ou prometteuse, vous ne retiendrez que très difficilement son attention. Apprendre au chiot à reconnaître son nom et à associer ce nom à une foule de choses positives, comme je l'ai expliqué plus haut, est une première étape très importante de son apprentissage. Prononcer le nom avant un épisode agréable – par exemple, « promener » – va le convaincre aisément que le seul fait de vous écouter peut être très gratifiant.

Tomber dans cette manie qui consiste à répéter sempiternellement les mêmes mises en garde et interdictions ne fait que dévaluer les mots et réduit l'intérêt que le chien leur porte. Cela dit, il faut aussi avoir des conversations absurdes avec son toutou. On peut lui murmurer des petits mots dénués de sens tout en le caressant. N'est-il pas réconfortant de déverser dans ces oreilles bienveillantes nos petits problèmes de la journée ! Par contre, les mots qui doivent avoir un sens clair et précis pour le chien doivent *toujours* avoir le même sens.

Beaucoup de gens se trompent dans le choix du terme destiné à apprendre à un chien à se coucher. Je les entends constamment dire à leur chien : « Couché ! » quand il saute, ou : « À terre ! » quand il saute sur un fauteuil ou se dresse sur ses pattes de derrière pour réclamer une gâterie ou un peu d'attention. Ces gens sont stupéfaits de voir leur chien rester debout alors qu'ils viennent tout juste de lui dire de se coucher. Ce problème est courant. (Personnellement, j'ai abandonné le « couché » au profit de « couche-toi ». Celui ou celle qui dit : « Couché ! » à mon chien n'obtient aucune réaction !)

Si vous avez vidé des mots de leur sens à force de les répéter, remplacez-les. Quand vous choisissez une série de « mots-clés » (appellation beaucoup plus sympa que « commandements »), réfléchissez bien. Utilisez des mots faciles à retenir. Si vous avez déjà assisté à un cours pour débutants en pratique de mémorisation, vous avez certainement remarqué que les élèves essayent désespérément de se souvenir des noms qu'ils ont décidé de donner à chaque article faisant partie de leur matériel. Vous avez aussi compris combien il est important de choisir des mots faciles à retenir. Il faut, pour préserver le sens et la pertinence de ces mots, éviter de les utiliser d'une autre manière et dans d'autres circonstances. Trouvez vos mots à vous, d'une syllabe si possible, et tenez-vous-y.

- « Assis » peut être remplacé par « reste », « calme », ou « là ».
- « Couché » peut être remplacé par « couche », ou par le mot allemand *plotz*, ou le mot anglais *stay*.
- « Viens » peut être remplacé par « vite », mais vous pouvez aussi dire « ici ».

Ces mots brefs sonnent bien ; ils sont faciles à prononcer. Choisissez-en pour chaque action – votre série pourrait être, par exemple : « reste », « couche » et « vite ». Réfléchissez bien à ces mots avant de les adopter. Changer de mots signifie que tout est à recommencer, ce qui peut être très frustrant pour vous et pour le chien.

Le timbre de la voix

Lorsque vous parlez au chien, vous pouvez rehausser la communication à l'aide du ton et du timbre de votre voix.

1. À moins que votre chien n'ait une mauvaise ouïe, il n'est pas nécessaire de crier. Lorsqu'un chien fait preuve d'écoute sélective (comme certaines personnes), et qu'il fait semblant de ne pas avoir entendu ce qu'il ne désire pas entendre, il s'agit là d'un problème de comportement et non d'un problème physique. Les chiens ont une bien meilleure ouïe que la nôtre, surtout dans les registres aigus. Si un humain peut vous entendre lorsque vous lui parlez sur un registre normal et à une certaine distance, le chien le peut également. En fait, le murmure l'intrigue, et il vous accorde plus d'attention quand vous chuchotez que lorsque vous criez.

2. Les chiens ne comprennent que les mots que nous leur avons appris. Cet apprentissage peut avoir été non intentionnel (le mot «va» vient naturellement à l'esprit, car nous l'utilisons pour signaler des moments excitants pour l'animal, comme «on *va* promener», ou «on *va* en auto») et peut aussi être intentionnel (dans les commandements d'obéissance), mais l'apprentissage a eu lieu. Alors, dire soudainement à votre chien : «Apporte-moi le journal s'il te plaît» ne donnera certainement pas le résultat escompté.

3. Les répétitions affaiblissent le message. Si, alors que vous utilisez habituellement les mots «couche-toi» pour inviter le chien à adopter une position étendue, vous commencez tout à coup à lui répéter : «Couché... couché... couché... couché», et que vous lui dites : «Bon chien» et lui donnez une récompense parce qu'il a fini par obéir, dites-vous bien que le mot-clé est devenu pour lui : «couché... couché... couché... couché».

4. Les femmes doivent s'efforcer d'utiliser un ton de voix plus grave et plus autoritaire. Les sons graves (grognements, aboiements rauques) véhiculent une autorité et un pouvoir plus forts que les sons aigus (jappements de chiots, aboiements de panique).

5. Si vous n'avez aucun problème, il n'y a aucune raison de jouer les sergents instructeurs. Que préférez-vous : vous approcher de quelqu'un qui a la mine et le ton d'un individu qui semble désireux de donner des coups, ou d'une personne qui invite à la fête ? Donnez plus de chaleur à votre voix et souriez.

6. Parfois, le fait que le chien comprenne ou ne comprenne pas est sans importance. Si vous éprouvez le besoin de vous épancher auprès d'un ami chaleureux, n'hésitez pas : le chien sait écouter avec empathie et vous pouvez être certain que vos secrets seront bien gardés.

7. La plupart des gens accordent trop d'importance aux mots. Apprenez à vous taire et à accorder plus d'attention à une communication réciproque qui n'a pas besoin de mots.

Le lieu de la punition

« Je ne peux tout de même pas laisser passer ça ! » Voilà une phrase que l'on entend souvent au pays des chiens. Nous devrions réfléchir sérieusement au sens précis des mots « laisser passer ça ». Karen Overall fait remarquer que l'on « corrige » régulièrement les chiens lorsqu'ils ont un comportement dominant ou agressif, sans savoir à quel point cela peut être ridicule. Presque tous les problèmes d'agressivité s'enracinent dans la peur. En conséquence, « corriger » l'animal parce qu'il a eu une réaction de peur ne fera que le convaincre que l'objet qu'il craint (une personne, un autre chien, ou un objet quelconque) est vraiment une menace.

Une punition est vraiment méritée lorsque le problème repose sur une menace réelle à la sécurité du chien, d'une personne ou d'un autre chien – menace qui ne doit être tolérée en aucune circonstance. Il faut d'abord avoir recours à toutes les méthodes positives afin de supprimer le comportement. On ne doit avoir recours à la punition que si celles-ci échouent. Comme le dit Morgan Spector, auteur et expert en obéissance : « Les gens ont recours beaucoup trop rapidement à la punition en tant que remède à un problème de comportement qu'ils ne savent comment affronter. Dans près de 100 pour cent des cas, cette manière d'agir met l'accent sur les erreurs du dresseur, et elle est profondément injuste. »

Le fameux « Je ne peux tout de même pas laisser passer ça » est partie intégrante de la mentalité militaire. Nous voulons l'obéissance et nous la voulons immédiatement ! Le chien n'a pas la moindre idée de ce que l'on attend de lui ? Tant pis ! On exige même parfois de lui une attitude qui lui est quasiment impossible, puis on s'étonne. « Quand il guette un écureuil, il ne vient pas quand je l'appelle ! » Pamela Reid, spécialiste de la théorie de l'apprentissage et du renforcement, affirme que lorsqu'un chien décide de ne pas répondre à un commandement, il faut d'abord se demander si la situation est différente de celle au cours de laquelle on lui a appris ce commandement.

« J'essaie de voir s'il y a un élément dans son environnement qui puisse renforcer mon commandement et son envie d'obéir. Il faut aussi bien sûr garder à l'esprit que les animaux ne sont pas des machines. On ne peut pas exiger d'eux qu'ils performent à 100 pour cent ».

En résumé, il faut tenir compte, lorsque le chien ne se comporte pas comme on le voudrait, des trois points suivants :

1. Le dressage et l'entraînement ont-ils été complets ? Se sont-ils déroulés dans différents lieux et dans différentes circonstances ? (Les dresseurs appellent cela « faire la tournée »).

2. L'environnement est-il un problème pour vous ? Apporte-t-il au chien une meilleure récompense que celle que vous pouvez lui offrir ?

3. Réussissez-vous chaque fois à ce que tout se passe comme *vous* le voulez ? En demandez-vous trop à votre chien ?

ESSAYEZ-LE

La prochaine fois que vous vous trouverez dans un endroit sûr où vous pouvez laisser votre chien courir sans laisse, profitez-en d'abord pour répéter tous vos exercices d'obéissance. Lorsque vous détachez le chien, laissez-le faire quelques gambades, puis rappelez-le sur un ton très enjoué. Lorsqu'il vient à vous, accueillez-le avec une caresse et beaucoup d'enthousiasme, dites-lui qu'il est formidable, puis renvoyez-le à son exploration. Chaque fois qu'il montre un intérêt intense pour l'une ou l'autre activité, rappelez-le à nouveau, et félicitez-le pour son obéissance. Vous construisez ainsi votre banque de bonnes réactions : lorsqu'il sera absolument nécessaire qu'il obéisse à votre appel, il le fera sans hésiter.

Examinons maintenant les trois points que je viens de citer. Nous avons déjà fait allusion à la généralisation. Les chiens ne font pas de grands bonds intuitifs, ils préfèrent évaluer chaque situation avant d'agir.

Le premier point a trait à un changement de lieu ou de circonstance. Une situation qui peut nous paraître anodine peut être stressante pour le chien, car les règles qu'il connaît ne s'y appliquent pas. Personne ne sait avec précision combien de circonstances un chien doit traverser avant qu'un mot ou un commandement ne soit parfaitement intégré, et même alors, il peut se heurter à un événement impromptu ou à un objet étranger qui compromet tout l'apprentissage. Il faut donc renforcer le dressage de façon continue et positive.

En ce qui concerne le maître ou la maîtresse, l'exemple le plus courant d'une illusion d'apprentissage (que l'on appelle aussi « partir avant le signal »), est de s'étonner, lorsqu'il ou elle a détaché le chien, parce que celui-ci n'accourt pas aussitôt à l'appel. En général, le chien a fait ses exercices de dressage dans une cour, ou dans une classe d'obéissance, et presque toujours en laisse. Le propriétaire, satisfait des résultats obtenus, présume que l'apprentissage est terminé, et lorsque le chien, courant sur la plage, n'obéit pas au premier appel, il est furieux. Le chien a-t-il fait ses exercices d'obéissance sur la plage ? Non. Est-il méchant ? Non. Manifeste-t-il un quelconque mépris envers son maître ou sa maîtresse ? Non. Il a tout simplement des choses plus intéressantes à faire pour le moment.

Ce facteur est extrêmement important. Le chien n'a pas à être puni car il n'a pas désobéi. Il a tout simplement été mal dressé. C'est le maître qui se trompe. Lorsqu'une circonstance comme celle-là se présente, le conseil de Ian Dunbar est très clair : « Prenez un journal, roulez-le serré et donnez-vous quelques coups sur la tête en répétant : « Mauvais dresseur, mauvais dresseur… ! »

Le deuxième point, qui consiste à trouver un meilleur élément de renforcement dans l'environnement, se complique quand le maître est avare de récompenses. Les chiens adorent chasser les écureuils et les oiseaux ; ils aiment beaucoup se rouler dans l'herbe. Pourquoi écouteraient-ils ce que leur crie un maître ennuyeux, surtout si sa voix est un peu trop aiguë, et s'il se dit qu'obéir mettra immanquablement fin à ses jeux ?

Pamela Reid raconte l'anecdote suivante : une femme désespérée vient la voir pour lui dire que son chien ne lui obéit pas quand il chasse les écureuils. Elle se fait des reproches ; elle est persuadée qu'elle a été incapable de le dresser. En fait, elle ne réalise pas le degré élevé de renforcement (chasser l'écureuil est un comportement qui contient en soi sa récompense) contre lequel elle doit lutter. Pour cette femme, la conversation avec Pamela est une révélation. Lorsqu'elle réalise que très peu de gens ont un niveau de contrôle aussi élevé sur leur chien, elle se détend et affronte la situation avec succès. Elle a compris qu'il lui suffit de garder le chien en laisse lorsqu'elle est sur la route ou dans un lieu qui peut être dangereux, et qu'elle peut le laisser chasser l'écureuil dans certains endroits. Elle cesse donc d'exiger du chien qu'il obéisse quand il chasse. Il faut examiner les situations qui se présentent avec beaucoup d'attention afin d'éviter de placer l'animal dans des circonstances où la communication peut être interrompue.

Le troisième point, tout aussi important que les deux premiers, consiste à accepter le fait qu'on ne peut pas réussir à tous les coups. Il faut savoir ce que l'on peut attendre de son chien, sans se faire d'illusions.

Pour avoir d'autres précisions sur les détails dont il faut tenir compte avant d'opter pour la punition, consultez l'organigramme à la page suivante.

Les punitions peuvent avoir une série de conséquences imprévisibles et indésirables. Il est difficile de les doser adéquatement. Terry Ryan insère les conseils suivants sur les « répulsifs » dans toutes ses classes. (Les droits d'auteur concernant ce matériel sont placés sous l'appellation *Legacy Canine* et sont utilisés ici avec sa permission.)

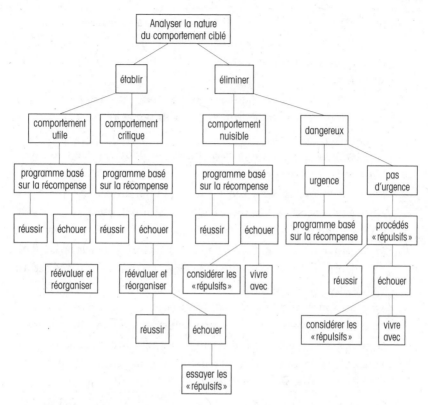

Il faut en arriver à la punition lentement et prudemment.
(Cet organigramme a été établi par Pamela Reid et est utilisé avec sa permission.)

Punition, ou *correction*, sont les termes que la plupart des gens utilisent quand ils font subir des « sévices regrettables » à leur chien sous prétexte de dressage. Les points suivants expliquent pourquoi les « répulsifs » sont loin d'être le choix idéal pour les dresseurs de chiens.

• La punition ne fait que supprimer le comportement.
• Quand un chien qui a été puni parce qu'il grogne cesse de grogner, cela ne veut pas dire qu'on a changé ses sentiments envers la personne contre laquelle il protestait. Comme il se dit qu'il ne peut

pas grogner, il peut en conclure qu'il pourra mordre lorsqu'il fera face au même défi émotionnel.

- Punir une réaction de peur ou de colère ne fait qu'aggraver la situation.
- Une correction brutale peut aggraver le comportement d'un chien peureux ou de mauvaise humeur. Sa peur peut alors se transformer en agressivité.
- Des tentatives infructueuses de punition peuvent être ressenties comme une récompense.
- Le chien se lève et vient vers vous alors qu'il est censé rester assis. Allez à sa rencontre et replacez-le en position assise. Il a obtenu ce qu'il voulait, être avec vous, car vous l'avez touché, vous lui avez parlé, vous lui avez tenu compagnie, vous ne l'avez pas laissé seul. Le chien doit apprendre que se lever et attendre sur place est un signal au maître, qui veut dire : « Viens me voir ! »
- La punition veut dire que l'apprentissage n'est pas terminé.
- La punition apprend seulement au chien ce qu'il *ne doit pas* faire. Il peut alors interrompre le comportement indésirable, pour se lancer dans un autre comportement interdit ! Exemple : un chien manifeste une joie débordante lorsqu'il entend la sonnette de la porte d'entrée. Il saute sur les visiteurs. Au lieu de le punir, profitez-en pour le faire asseoir et récompensez-le s'il obéit et se tient coi. Ce faisant, vous avez remplacé la punition par la récompense. Lorsque la sonnette de la porte d'entrée se fera entendre, il s'assiéra sur la carpette qui se trouve devant la porte. Les chiens qui s'asseyent docilement trouvent leur récompense dans le fait qu'ils peuvent, une fois qu'on leur permet de se lever, accueillir le visiteur. Il est souvent plus facile d'obtenir un comportement que l'on souhaite que d'abolir un comportement dont on ne veut pas.
- La punition peut endommager la relation entre le chien et son maître.

• Gagnez l'attention et l'obéissance de votre chien, ne l'exigez pas. Le dressage consiste à vivre harmonieusement, en société, avec votre chien. La punition est souvent cause de confusion et endommage la confiance, si importante entre vous et votre compagnon. Soyez constant, soyez juste, faites des exercices avec votre ami, sans jamais rien exiger par le biais de l'intimidation, de la force, ou des sévices physiques.

• La punition peut provoquer des problèmes de compréhension.

• Lorsque votre chien tire sur sa laisse pour aller explorer les environs ou pour sauter sur une personne qui passe, évitez de donner un coup sec sur le collier et de crier : « Méchant chien ! » Que va-t-il en conclure, selon vous ? Va-t-il se dire qu'il est méchant parce qu'il tire sur sa laisse, ou conclure que la personne sur qui il veut sauter est méchante ? Ce type de dressage ne va-t-il pas le plonger dans l'incertitude vis-à-vis des gens qu'il croise dans la rue ?

• Les punitions doivent être cohérentes.

• La punition doit être administrée au *premier* signe de comportement indésirable, et chaque fois que le comportement se reproduit. Si vous laissez passer une incartade, le chien se dira qu'il a une chance de s'en tirer et prendra le risque de recommencer.

• Les punitions peuvent conduire au syndrome d'impuissance acquise. Le chien se referme sur lui-même. Il se dit que tout ce qu'il fait est mal. En conséquence, il ne fait plus rien. Il accepte la punition. Il n'apprend rien, il ne fait qu'endurer le châtiment.

• La punition ne doit pas généraliser (soit englober d'autres circonstances). Si le chien en laisse renifle le sol alors qu'il est censé rester « au pied », et que vous tirez d'un coup sec sur la laisse pour le rappeler à l'ordre, vous espérez sans doute qu'il va comprendre qu'il ne peut pas flairer le sol quand il est au pied. Même si la communication se fait et qu'il comprend : « Ne renifle pas », il peut interpréter ce commandement de telle manière qu'il croie qu'il ne peut pas flairer à cet endroit précis mais qu'il peut, par contre, flairer ailleurs. En fait, ce qu'il doit apprendre, c'est qu'il ne peut pas flairer quand il est sur l'asphalte, mais qu'il peut le faire quand il est dans l'herbe.

- Les actions répétitives comme aboyer, creuser, ronger, mâchouiller et lécher calment le chien. C'est un peu l'équivalent du bercement pour le bébé. Vous serez peut-être capable d'interrompre cette action, mais sachez que le chien s'engagera alors dans un comportement de rechange, qui pourrait être plus dangereux, ou plus agaçant. Si vous empêchez un chien d'aboyer, il peut se mettre à creuser, à ronger le pied d'un fauteuil ou à se lécher la patte jusqu'à ce que la peau apparaisse. L'effet calmant des comportements répétitifs est une récompense naturelle pour le chien.

- La punition doit être appliquée au bon moment et de façon adéquate.

- Les «répulsifs» doivent être infligés au bon moment. C'est à cette condition que le chien associera la punition à un comportement précis. Cela veut dire qu'il faut parfois agir dans les secondes qui suivent le comportement indésirable – ce qui est très difficile parce qu'on ne vit pas dans un environnement figé. On vit dans la vraie vie, où toutes sortes de petits événements peuvent se produire. Si vous ne punissez pas le chien dans les secondes qui suivent le comportement indésirable, il pourrait associer la punition à l'un de ces événements.

- La punition doit être efficace la première ou la seconde fois où elle est infligée.

- Vos actions n'auront pas l'effet souhaité si vous devez les reproduire plus d'une ou deux fois. Après cela, la punition se transforme en mauvais traitement.

- Si c'est nécessaire, la punition doit être sévère.

- La punition doit être suffisamment sévère et intense pour mettre fin au comportement indésirable, et elle doit être donnée tout de suite. Sinon, vous serez forcé de faire de la surenchère. Elle sera alors plus dure que si vous l'aviez donnée en temps opportun et avec le niveau de sévérité nécessaire.

- Le chien peut se dire que la punition est subordonnée à la présence de son maître ou de sa maîtresse. Il faut donc, sous peine de n'obtenir des résultats positifs que si vous êtes présent, qu'il comprenne que son comportement indésirable sera puni, que vous soyez présent ou absent.
- La punition ne doit être utilisée que pour changer le comportement du chien.
- Le but d'une punition est de changer rapidement et de façon permanente le comportement indésirable du chien, et non de permettre au propriétaire de se sentir mieux parce qu'il l'a infligée.
- La punition doit être donnée par le maître ou la maîtresse.
- Peu de propriétaires savent choisir « le bon moment » pour infliger une punition, et rares sont ceux qui choisissent la punition qui convient.
- *Il y a toujours des solutions de rechange.*

Penchons-nous à présent sur une remarque très courante : lorsqu'on n'utilise que les récompenses, on ne peut avoir un contrôle total sur le chien. Cette croyance colle très bien à une théorie persistante : celle de la « meute et dominance ». Selon cette théorie, le chien doit être constamment remis à sa place car il ne cesse de chercher des moyens de dominer la maisonnée. La vérité est que la grande majorité des chiens accepte très bien le fait que quelqu'un d'autre assume les responsabilités du chef. Être le chef donne trop de soucis et de travail et compromet le repos et les jeux, mais lorsque les humains échouent dans leur mission, ils se sentent tenus de prendre la relève. Les chiens qui commandent à la maison occupent souvent une place désertée. Quelques propriétaires ne se rendent même pas compte que leur chien a pris le commandement.

(Cela dit, les chiens sont souvent des chefs beaucoup plus bienveillants que les humains ; ils ne punissent pas ces derniers au moindre signe de défaillance dans la communication.)

Karen Overall fait remarquer que les gens qui prétendent que seule la punition est efficace interprètent sans doute très mal les résultats qu'ils obtiennent. Supposons que vous infligiez un *alpha roll* à votre chien (le faire basculer sur le dos et faire le geste de le prendre à la gorge), et qu'il ne commette plus, dès lors, le péché canin que vous lui reprochez. Ce que vous ne voyez peut-être pas, c'est que le chien cesse également de faire d'autres choses tout à fait normales car il a tellement peur qu'il n'ose plus broncher. Si c'est un chien sans problème de comportement, vous allez sans doute en conclure qu'il est formidablement bien élevé, alors qu'en fait, il s'est éloigné de vous par peur. Vous devez viser à une plus large communication, pas le contraire.

Karen Overall explique également que les enseignants, ne se contentent pas de fournir un crayon et un cahier à des enfants de huit ans. Ils ne s'attendent pas à ce que ces derniers sachent qu'ils sont censés faire une rédaction. Si c'était le cas, ils entendraient des questions du genre : « Est-ce que je dois faire un dessin ? » ou « Dois-je fabriquer un avion en papier ? » ou « Dois-je mettre le feu à tout ce matériel ? » Quand la seule information consiste à savoir ce que l'on n'est pas censé faire, on apprend vraiment très peu ! Il est surprenant de penser, néanmoins, que même dans les relations conflictuelles, les chiens s'arrangent malgré tout pour apprendre quelque chose.

Lors d'une causerie s'adressant aux participants d'un camp de dressage, Bob et Marian Bailey, dresseurs chevronnés, leur ont appris que, au cours de cent années de dressage de 15 000 animaux divers, les dresseurs de leur organisation n'ont eu recours aux punitions que neuf fois ! Ils ont appris à des goélands à voler au-dessus de l'océan sur plusieurs kilomètres puis à revenir auprès d'eux, à des chats à rester couchés dans des aéroports grouillants de voyageurs… S'ils ont pu réaliser de tels exploits de dressage en ayant uniquement recours aux récompenses, vous pouvez sûrement apprendre à votre chien à s'asseoir, à se coucher, et à venir au pied.

En fait, moins on a recours à la punition, plus elle est efficace, et moins elle doit être sévère. Pamela Reid raconte que son chien de quatre ans, dressé sans corrections, s'est un jour montré agressif envers un chien plus âgé. Elle l'a alors attrapé par le cou pour l'éloigner de sa victime, en émettant une sorte de cri. Ce cri, le chien l'a trouvé extrêmement convaincant. Pourquoi? Parce qu'elle n'avait pas souvent recours à ce genre de tactique.

Il est beaucoup plus efficace de miser sur la coopération et de récompenser tout ce qui mérite de l'être. Le système social des chiens ressemble suffisamment au nôtre pour que la coopération soit relativement aisée. Si votre conjoint vous apporte une tasse de café au lit et que vous le récompensez par un baiser et un tendre « merci », vous augmentez considérablement vos chances d'être à nouveau la bénéficiaire de cette délicate attention. Il en est de même pour votre chien lorsqu'il se souvient qu'il doit attendre à la porte plutôt que de se précipiter dans la rue, et qu'il est gratifié, pour ce comportement impeccable, d'un « bon chien » et d'un jeu qu'il aime, comme par exemple, « tu lances et je rapporte ». Tout se passe merveilleusement bien dans le meilleur des mondes.

La prochaine fois que vous serez tenté d'infliger une punition à votre chien, rappelez-vous ceci: si vous l'aimez vraiment, respectez sa nature et sa personnalité, permettez-lui certaines fantaisies, soyez patient et récompensez-le quand il le mérite. Quelques personnes pourraient se demander: « Est-ce que je risque d'en faire un chien gâté si je me comporte de la sorte? » Non, je ne crois pas que l'on puisse gâter un chien. Cette croyance fait partie de notre conditionnement culturel, avec ses « tu dois » et « tu devrais ». Il faut faire confiance à l'animal. Le *besoin* de dominer un animal de compagnie peut en fait indiquer l'existence de problèmes psychologiques. Toutes les études qui ont été faites sur le sujet révèlent que les criminels les plus irréductibles – meurtriers en série, cannibales, adeptes de la torture – ont, dans leur enfance et leur jeunesse, martyrisé des animaux. Détendez-vous. Réjouissez-vous de la compagnie de votre chien et tout ira bien.

Ce chapitre nous a permis d'examiner une des facettes de la communication, en utilisant les sons. C'est le choix préféré des humains, mais pas nécessairement des chiens. Nous verrons, dans le chapitre 5, *Politique de non-intervention*, comment nous pouvons utiliser le langage corporel pour parler à nos chiens.

Chapitre 4

. . . .

Voir, c'est entendre

Pourquoi devons-nous écouter ce que dit notre chien?
Si les humains font de l'anthropomorphisme, les chiens font-ils
du caninomorphisme?

Si les chiens pouvaient parler, peut-être trouverions-nous aussi
difficile de nous entendre avec eux qu'avec les gens.

KAREL CAPEK

Un conte édifiant tiré du Mahabharata (texte ancien de l'hindouisme)
raconte l'histoire suivante. Un roi brahmane se prépare à accomplir
le périlleux voyage céleste vers le Ciel. Le long du chemin, il perd sa
famille, ses amis, puis tous les êtres qu'il aime, à l'exception de son chien
fidèle. Lorsqu'il arrive au Ciel, il voit, à travers le portail, une foule de
merveilles inconnues des hommes, mais Indra, le Dieu des Dieux,
s'avance et défend au chien d'entrer. Tandis que ce dernier regarde

son maître avec amour, le brahmane s'écrie : « Ô Toi le plus sage,
puissant dieu Indra, ce chien a eu faim avec moi, il a souffert avec moi, il
a aimé avec moi ! Me faut-il maintenant l'abandonner ? » Indra reste de
marbre et dit : « Toutes les joies du Paradis seront tiennes pour l'éternité,
mais tu dois laisser ton lévrier dehors. » Le brahmane insiste, supplie :
« Un Dieu peut-il être si dénué de pitié ? Est-il vrai que pour jouir de
toute cette gloire, je doive laisser derrière moi tout ce qui me reste du
monde que j'ai aimé ? » Indra reste inflexible. Le brahmane décide de
s'en retourner d'où il vient. « Puisqu'il en est ainsi, je refuse la gloire.
Adieu, Lord Indra. Je pars avec mon chien. » Tandis que le brahmane
tourne le dos pour s'en aller, le chien se métamorphose en Dharma, le
dieu de la Justice, et proclame : « Voici, mon fils, tu as beaucoup souffert !
Mais à présent, puisque tu ne veux pas entrer au Ciel parce que ton
pauvre chien n'y est pas accepté, sache qu'il n'y a personne au Paradis
qui se tiendra au-dessus de toi. Entre. Justice et Amour te souhaitent
la bienvenue. »

Nous en arrivons maintenant à un aspect que beaucoup de livres laissent
de côté : le langage utilisé par les chiens pour nous parler. Ce qui est
triste, c'est que, dans la mesure où les chiens sont tellement plus habiles
à s'adapter à nous que nous le sommes à nous adapter à eux, nous
oublions souvent de prêter attention à ce qu'ils nous disent. En les regardant et en les écoutant, nous pouvons cependant éviter une série de
problèmes, et notre lien avec eux devient plus profond et plus complet.

On a souvent dit que c'est le langage qui sépare les humains des
animaux, mais une série d'études et de recherches, dans lesquelles se
situe l'enseignement du langage des signes aux primates, contredit cette
affirmation. Une fois de plus, nous n'arrivons pas à utiliser le même mot
pour notre manière de communiquer et pour la façon avec laquelle les
animaux communiquent. À défaut d'un mot plus adéquat, je dirais que
les chiens ont un langage. Ils communiquent par le truchement de

l'odorat, des sons, et d'un superbe langage gestuel. Tous ces types de communication semblent être bien compris par toutes les familles canines, des loups aux coyotes en passant par les renards et les chiens. Dans la mesure où les chiens ont tendance à « parler » davantage avec leur corps qu'avec leurs cordes vocales, intéressons-nous d'abord à leur langage corporel.

VOUS POUVEZ ME CITER

Lorsqu'on lui a demandé ce que les gens pouvaient faire pour améliorer leur communication avec les chiens, Terry Ryan a répondu : « Apprenez à parler chien au lieu de harceler les chiens pour qu'ils parlent humain. »

TERRY RYAN
Présidente de Legacy Canine Behavior and Training

Le langage corporel canin

Les chiens ont une tête, des yeux et un corps remarquablement expressifs. Cette expressivité allie les mouvements subtils des oreilles, des yeux, du museau, de la queue et du corps, créant ainsi un langage très varié. Celui du corps indique que la distance entre le chien et un autre individu doit augmenter ou décroître, ou bien il envoie des messages d'alerte, de détresse, d'invitation au jeu, de satisfaction, de sollicitation, d'identification, d'appartenance à la meute, ou de besoin de s'en rapprocher.

Certaines personnes prétendent que les chiens aux oreilles tombantes ou qui ont les yeux cachés sous une frange de poils sont en position désavantageuse dès qu'ils veulent se faire comprendre de leurs congénères. Turid Rugaas, une Norvégienne qui a consacré plusieurs années à l'étude du langage corporel canin n'est pas de cet avis. Elle affirme que les chiens prennent ce genre de détails en compte et qu'ils interprètent très bien les signaux envoyés par des chiens de conformations différentes. En général, je crois qu'elle a raison. Que mes chiens aient les oreilles en position à demi repliée du greyhound ou les oreilles tout à fait tombantes du setter, je peux lire immédiatement les signaux qu'elles envoient. Quant à mes chiens, ils ne semblent pas avoir de difficultés à faire connaître leurs sentiments à d'autres chiens. Certaines enquêtes indiquent que les chows-chows ont un langage corporel tout à fait différent des autres chiens (voir chapitre 7, *Chaque race sait comment se distinguer*) et que les chiens qui ont perdu leur queue dans un accident sont traités différemment par les individus qu'ils fréquentaient avant la mutilation. Il semble donc qu'un apprentissage et une socialisation précoces jouent un grand rôle dans ce type de comportement, et que certaines races aient plus de facilité que d'autres à communiquer.

Des chercheurs de l'Anthrozoology Institute de l'Université de Southampton, en Angleterre, ont examiné dix races de chiens afin de voir s'ils utilisent tous les quinze signaux communs des loups. Les races sont les suivantes :

- Cavalier king Charles
- Terrier du Norfolk
- Bouledogue français
- Berger des Shetland
- Cocker anglais
- Épagneul de Münster
- Retriever du Labrador
- Berger allemand
- Golden retriever
- Husky sibérien

Les huskies utilisent les quinze signaux, mais le nombre de signaux décroît quand on remonte la liste, les cavaliers king Charles n'ayant recours qu'à deux des signaux les plus élémentaires des loups. Il semble que les signaux de communication se soient perdus en raison de la manipulation des races, mais il est fort possible que d'autres signaux aient été inventés. Les chiens vocalisent davantage que leurs cousins sauvages, et ils agitent plus souvent la queue. Ils semblent être plus désireux de socialiser, à la fois avec leur propre espèce (presque tous les chiens permettent à leurs congénères de les « sentir », alors que seuls les loups les plus soumis permettent à d'autres loups de le faire) et avec des espèces différentes.

Lorsqu'on veut interpréter le langage corporel canin, il est important de « lire » le chien dans sa totalité, mais il faudrait des centaines de pages pour décrire toutes les combinaisons possibles de signaux. Nous nous bornerons à examiner un signal à la fois et à étudier ce qu'il signifie lorsqu'il est combiné à d'autres éléments. Tout comme les humains, les chiens se servent surtout de leurs yeux. C'est par là que nous commencerons.

Admirez ce shiba-inu. À votre avis, que dit-il ?

Les yeux

Il n'est pas facile de « lire » ce que dit un chien lorsqu'il a les yeux recouverts d'une frange de poils, comme le lhassa apso ou le terrier du Tibet. C'est dommage, car les yeux expriment merveilleusement bien ce que les chiens veulent dire.

Dans le langage des yeux, le regard est d'une importance capitale. C'est un acte de dominance, mais pas nécessairement d'agressivité. Lorsqu'on tente de comprendre ce que les yeux veulent dire, il faut aussi tenir compte du langage corporel. Un chien qui vous regarde droit dans les yeux peut vous dire par là qu'il vous défie, mais si ce regard est accompagné d'un aplatissement des oreilles vers l'arrière et d'un « sourire » (dont nous parlerons en détail dans la section concernant la bouche et le museau), cela veut dire que le chien, individu confiant, accepte votre autorité. Si le chien vous regarde et sourit, oreilles dressées et l'avant du corps abaissé, cela veut dire qu'il vous invite à jouer. Si le chien est un sighthound, le fait qu'il vous regarde ne veut rien dire du tout. Contrairement à la plupart des chiens, cet animal a été spécialement dressé à utiliser sa vue. Le regard de dominance, muscles tendus et corps bien dressé, suffit parfois à initier une bagarre entre chiens, mais si la bête, se montrant bienveillante devant un chien de rang inférieur, détourne le regard, le problème est réglé. Éviter le contact oculaire est une marque volontaire de soumission.

Un autre signal souvent utilisé par le chien est le clignement d'yeux. C'est un comportement que Turid Rugaas qualifie d'« appel au calme ». Cligner des yeux exprime l'amitié, les bonnes intentions, et une volonté de bien s'entendre. Les chiens qui viennent de s'affronter clignent souvent des yeux lorsque le conflit est résolu. C'est en quelque sorte l'équivalent d'un « faisons la paix ». Plutôt que de garder « une dent » contre l'adversaire et de continuer à grogner, les chiens font la paix, puis clignent des yeux afin de signaler que tout est oublié. On voit souvent des chiens cligner des yeux vers leur maître lorsque celui-ci, furieux, élève la voix, se montre agressif et refuse de faire la paix.

Le degré d'ouverture des yeux indique le rang de l'animal. Les chiens dominants et sûrs d'eux ouvrent largement les yeux au cours d'interactions, alors que les chiens soumis baissent les paupières jusqu'à ce que la fente de l'œil soit très étroite. Il ne faut cependant pas oublier de tenir compte du langage du corps dans son ensemble. Lorsque la fente des yeux est étroite et que les oreilles sont couchées vers l'arrière, il y a agressivité provoquée par la crainte. Lorsque l'œil est grand ouvert, cela peut tout simplement exprimer une certaine excitation.

PENSEZ-Y

Les détails sont importants dans le langage corporel. Fermez les yeux et visualisez le degré d'ouverture des yeux de votre chien quand il est détendu. A-t-il les yeux ronds, rétrécis en amande, ou triangulaires? Comment sont les pupilles? Vous ne serez pas sensible aux changements si vous ne savez pas comment sont les yeux de votre chien lorsqu'il est calme et détendu.

Un chien qui essaie de calmer un congénère peut fermer complète-ment les yeux. Steven Lindsay appelle cela le « signal de répit », soit l'in-terruption du contact sensoriel afin de donner aux deux individus le temps nécessaire pour se calmer. Le signal semble motivé par un fort instinct de conservation. Il est souvent imité par l'autre chien, ce qui permet aux deux antagonistes d'éviter une altercation physique.

Les pupilles peuvent également véhiculer une information concer-nant l'humeur du chien, mais il faut bien garder à l'esprit que l'intensité de la lumière peut aussi les affecter. Les pupilles rétrécies signifient géné-ralement que le chien est détendu, s'ennuie ou est somnolent. Lorsqu'elles se dilatent, vous pouvez vous dire qu'un élément extérieur provoque une excitation chez l'animal. Des pupilles très dilatées signifient une forte excitation et un intérêt aigu concernant une action qui se déroule. Si les pupilles se rétrécissent jusqu'à ce que l'œil ne soit presque plus visible, puis se dilatent, vous assistez à une manifestation de colère qui pourrait être le prélude à une agression pure et simple.

Les sourcils peuvent aussi informer. Oui, les chiens ont des sourcils ! En fait, beaucoup de chiens ont les sourcils soulignés par des poils plus épais, ou d'une couleur plus claire ou plus foncée. Les signaux émis par les sourcils ont presque la même signification chez les chiens que chez les humains. Nos amis haussent les sourcils quand ils sont surpris. Lorsqu'ils les contractent au-dessus du nez, cela veut dire qu'ils sont en colère. Des sourcils froncés sont la marque d'une intense concentration. Lorsqu'ils sont baissés vers l'intérieur et relevés vers l'extérieur, ils expriment la soumission, voire la frayeur. Les chiens ont la faculté de hérisser leurs poils à des endroits précis de leur corps. Les chiens dominants accentuent l'expression de leurs sourcils en hérissant leurs poils, tandis que les chiens soumis arrivent pratiquement à les rendre invisibles.

ESSAYEZ-LE

Sans regarder votre chien – gardez la tête baissée et griffonnez dans les marges de ce livre si nécessaire – faites un croquis des yeux de votre chien quand il est détendu. Il n'est pas nécessaire d'avoir le talent de Léonard de Vinci, mais de dessiner leur forme et leur taille, et de montrer quelle place occupent les pupilles par rapport au blanc des yeux. Comparez ensuite votre œuvre à votre modèle. Votre perception était-elle bonne ?

Regardez les yeux de votre chien. Ils ont beaucoup à dire.

Les oreilles

En matière d'oreilles, il existe pas mal de variations de styles chez nos toutous. L'expression des chiens aux oreilles droites est plus facile à interpréter, mais on peut, grâce aux muscles situés à la base de cet appendice, déchiffrer les intentions des chiens aux oreilles repliées ou tombantes. Les chiens font tous les mêmes mouvements, mais le fait que les oreilles soient différentes selon les races rend parfois l'interprétation plus difficile. De longues oreilles pendantes ne bougent pas aussi rapidement que de petites oreilles bien droites. De longs poils sur les oreilles et autour empêchent de bien distinguer les signaux. Heureusement, ceux qui sont nécessaires pour déchiffrer ce que veut exprimer l'animal sont évidents. Même si certaines nuances nous échappent, nous pouvons encore communiquer.

Voyons d'abord le cas le plus facile : les oreilles droites. Si elles sont bien dressées, elles indiquent la curiosité, l'alarme, l'excitation, la dominance ou une envie de jouer. Elles peuvent aussi annoncer un bond imminent de chasseur. Il faut bien sûr être attentif au langage corporel afin d'interpréter précisément ce que l'on voit. Les oreilles qui se tendent de chaque côté en s'aplatissant, comme des ailes d'hélicoptère, expriment le malaise et l'incertitude. Une fois de plus, le langage corporel doit être pris en compte. Les oreilles à la pointe légèrement recourbée vers l'avant ou vers le bas signalent que le chien essaie d'évaluer une situation et ressent un peu d'appréhension. Le

Les oreilles tombantes bougent de la même manière que les oreilles droites. Il suffit de regarder plus attentivement.

mouvement le plus inquiétant est le changement soudain : les oreilles dressées font une rotation de côté, puis se couchent sur le crâne. Si le langage corporel concorde, on peut être sûr que le chien se protège les oreilles avant d'attaquer.

Bien entendu, les mouvements d'oreilles peuvent n'être que des réactions de l'animal aux bruits de son environnement. Il faut un peu de temps et de pratique pour faire la différence entre un signal spécifique et une réaction machinale.

Version typique du sourire canin, que l'on peut facilement prendre pour le rictus du grognement si l'on ne connaît pas ce qui les différentie.

Il ne faut surtout pas oublier que les chiens aux oreilles pendantes ne peuvent dresser celles-ci lorsqu'ils sont intéressés ou en alerte, mais on peut voir la base de leurs oreilles se soulever en formant un V. Les oreilles pendantes bougent d'avant en arrière, mais le mouvement ne se voit que si on l'observe attentivement.

La bouche

Lorsqu'on évoque les signaux canins et mentionne la bouche (ou la gueule) du chien, les gens pensent généralement aux babines retroussées et au grognement. Mais les dents découvertes ne sont pas toujours une marque d'agressivité, et bien des chiens ont appris à sourire pour imiter leurs compagnons humains. Il faut voir si la

Sculpture inuit représentant soit un loup soit un chien de traîneau.

gueule est ouverte ou fermée, si la langue est pendante ou pas, et quelles dents sont exposées. Le léchage et le «mâchouillement» sont d'autres signaux à observer. Les mouvements du museau et des lèvres, associés à ceux des oreilles et des yeux, peuvent envoyer des messages forts, qui ne trompent pas.

Tout d'abord, il faut bien examiner ces dents si impressionnantes. Les babines retroussées sur une gueule fermée laissant voir peu de dents ou aucune, sont une marque d'agacement, une sorte de «laisse-moi tranquille, tu me casses les pattes!» Les babines très retroussées découvrant les canines, associées à un froncement du haut du nez, constituent un avertissement à prendre très au sérieux. Le chien a définitivement envie de mordre. Si vous regardez attentivement, vous verrez que les coins de ses lèvres sont tirés vers l'avant. Si les coins des lèvres sont tirés vers l'arrière, et même si les dents sont découvertes, il s'agit d'un début de sourire, celui avec lequel le chien accueille ses amis humains, ou auquel il a recours pour se faire pardonner une bêtise.

Pour «sourire», le chien ouvre légèrement la gueule et passe un peu la langue. Une position similaire de la bouche peut indiquer la peur. Il faut examiner le langage corporel de l'animal pour déchiffrer exactement ce qu'il veut exprimer.

Parfois appelé «mâchouillement», le bruit de succion, combiné à un mouvement des mâchoires, ramène à cette heureuse époque ou notre compagnon tétait encore les mamelles de sa mère. Le mâchouillement a un effet calmant sur les chiens (et sur d'autres mammifères). Il indique un désir de se soumettre ou de faire la paix.

Le besoin de lécher remonte à l'étape suivante de la vie du chiot, juste après le sevrage, quand il léchait le museau du chien adulte pour l'inciter à régurgiter de la nourriture. Chez les chiens adultes, le léchage est un comportement de bienvenue souvent réservé aux humains. C'est ce qui explique pourquoi un grand nombre de chiens sautent sur les visiteurs. Le léchage peut également être une marque de respect et de soumission. Les chiens anxieux se lèchent souvent les babines, ou ils lèchent dans le vide. Regardez des photos de chiens et vous verrez parfois des langues lécher des lèvres supérieures. L'appareil photo rend les chiens nerveux !

Le bâillement dénote souvent un simple besoin d'oxygène, mais c'est aussi un signal destiné à restaurer le calme. C'est celui que Turid Rugaas conseille d'utiliser pour apaiser un chien. Dans une situation tendue, lorsque vous évitez le contact oculaire tout en clignant des yeux et en bâillant, vous envoyez un message au chien qui lui dit clairement qu'il n'a aucune raison de s'inquiéter.

Si vous voulez voir si un chien est effrayé ou en colère, examinez les coins de sa bouche. Un chien sûr de lui qui montre les dents pour signaler qu'il est en colère avance les coins de ses lèvres vers l'avant, gueule ouverte, montrant ses canines mais pas ses molaires. Un chien effrayé qui veut faire peur à son tour pour éloigner une menace étire les coins de sa bouche afin de montrer toutes ses dents.

Petit élément dans la tête du chien, les moustaches, qui sont des poils tactiles (*vibrisses*). Ils en ont au-dessus des yeux, de chaque côté du museau et sous le menton. Bien que la fonction principale des moustaches soit d'aider le chien à se diriger dans l'obscurité et dans des espaces étroits (comme l'entrée d'un terrier, par exemple), elles ont également leur importance dans le langage corporel. Quand le chien est en alerte, surtout dans une circonstance où il veut se montrer agressif, les moustaches se dressent. Lorsqu'un chien veut indiquer sa soumission, ses moustaches se couchent contre son museau. On peut, en examinant les sortes de pois d'où sortent les moustaches, savoir dans quel état d'esprit est l'animal. Quand les pois bougent ou gonflent, cela veut dire que le chien est agité. Les gens qui coupent les moustaches de leur chien les privent de ces fonctions importantes.

Le croquis du milieu représente un chien détendu. Comparez-le au chien de droite, qui est effrayé et pourrait s'enfuir, mais qui se battra néanmoins si on l'y force. Le «sourire» de bienvenue adressé à un humain est similaire, mais sans les plis sur le museau. Le chien de gauche représente un chien excité mais sûr de lui, qui n'hésitera pas à se battre si on l'y invite.

Signaux faciaux simultanés

Lorsque vous aurez appris à interpréter les signaux simultanés des yeux, des oreilles et de la bouche de votre chien, vous serez apte à interpréter de façon précise son langage corporel. Un chien détendu mais en éveil a soit la gueule fermée, soit légèrement ouverte, laissant voir la langue. Ses oreilles sont dressées (si le chien a les oreilles droites), ou détendues (s'il a les oreilles tombantes). Son regard n'est ni fixe ni fuyant. Sa posture dénote une parfaite bonne volonté. Beaucoup de gens sourient au chien qui a cette attitude. Ils le font sans savoir qu'ils ont déchiffré, sans se tromper, le langage corporel de l'animal.

Ce qui peut aussi faire naître un sourire chez l'observateur, c'est le chien détendu, queue dressée (nous en apprendrons davantage sur la position de la queue dans quelques instants), gueule ouverte, clignant des yeux, oreilles tirées vers l'arrière et collées contre le crâne. Tout dans l'attitude de ce chien invite au jeu. Il manifeste d'ailleurs son envie par un tas de signaux de sollicitation ludique.

Les oreilles tirées vers l'arrière et collées au crâne, associées aux babines retroussées et montrant toutes les dents et aux plis au-dessus du nez et sur le front indiquent que le chien est effrayé car il se sait en danger imminent et se prépare à se défendre. La prudence est de mise devant cette manifestation de crainte. Les mêmes signaux, mais sans les plis, sont le fait d'un animal soumis qui exhibe le sourire qu'il réserve à ses amis humains. Pour bien interpréter ces signaux, il est nécessaire de bien connaître *votre* chien.

Les oreilles dressées vers l'avant (chez les chiens aux oreilles tombantes, elles se soulèvent plus qu'à l'habitude), associées à un grognement et à une exposition des canines (mais pas des molaires), avec des plis sur le museau, sont le fait d'un chien détendu qui se prépare à affronter un ennemi. Ce chien est prêt à l'attaque et bien décidé à l'emporter sur son adversaire.

Enfin, les oreilles recourbées vers l'avant ou vers l'arrière, ou tendues comme des ailes d'hélicoptère, regard fixe, pupilles dilatées et bruits de succion indiquent que le chien ne sait pas comment évaluer la situation et se demande quelle réaction serait appropriée. Ces signaux peuvent basculer vers la soumission ou l'agression. Tout dépend de la décision que prendra le chien.

La queue

Les chiens « parlent » aussi grâce à la position et aux mouvements qu'ils impriment à leur queue, et lorsqu'ils hérissent les poils de cet appendice. Dans la mesure où nous avons développé des races aux formes et tailles de queue diverses, allant de la queue pendant entre les pattes à celle qui forme un point d'interrogation sur l'arrière-train, nous devons apprendre à lire la position de cet appendice dans le contexte de ce qui constitue l'attitude normale de chaque chien. Nous parlerons plus tard des toutous à queue courte ou coupée. Les chiens qui ne possèdent qu'un moignon (qu'ils soient nés sans queue, ou qu'on ait coupé celle-ci) sont privés d'une partie de leur langage, bien qu'ils puissent tout de même envoyer quelques signaux utiles en agitant leur arrière-train, ou en hérissant les poils de leur croupe. Ils compensent avec d'autres signaux corporels et

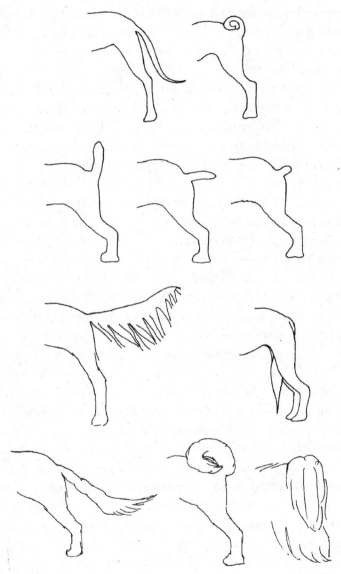

Différents ports de queue.

n'ont généralement pas de difficulté à se faire comprendre. Par contre, les chiens qui ont perdu leur queue dans un accident ou à cause d'une maladie sont très désavantagés lorsqu'ils veulent communiquer.

Le remuement de la queue, en tant que signal, est souvent mal interprété. Vous avez probablement entendu des gens dire que le chien qui remue la queue veut se montrer amical. Il est déconseillé de tirer cette conclusion trop hâtivement car il arrive que le remuement de la queue soit au contraire un sévère avertissement – souvent le dernier – par lequel le chien fait savoir qu'il est temps de s'éloigner.

Quand on observe la manière avec laquelle les chiens font connaissance, on voit habituellement une grande agitation de queues. Deux individus sûrs d'eux qui s'approchent l'un de l'autre portent la queue bien droite et l'agitent doucement, au tiers ou à la moitié de l'amplitude habituelle. Ce qui revient à dire : « Je serai ton ami si tu es le mien, mais je m'occuperai de toi si tu fais le vilain. » Après le rituel du flairage, une des queues – ou les deux –, commence à remuer plus largement, et l'accueil initial se transforme en invitation au jeu. On voit aussi parfois une des queues remuer plus vite que l'autre. Le chien à qui elle appartient se baisse légèrement, manifestant ainsi sa soumission à l'autre.

Il faut noter que la vitesse et l'ampleur du mouvement ont une grande importance dans l'interprétation des intentions du chien (de même que la position de la queue, bien entendu). Un battement ample mais lent, ressemblant au mouvement tournant que fait le chat quand il est furieux, signifie que vous n'êtes pas le bienvenu et qu'on vous demande catégoriquement de vous éloigner. Le même mouvement ample mais se déroulant à grande vitesse est la manifestation enthousiaste réservée à une personne que le chien aime beaucoup, ou la réaction joyeuse à une proposition de promenade ou de jeu (lancer-rapporter). Un remuement court mais rapide, parfois avec le bout de la queue uniquement, témoigne de tension ou de stress. Chez les terriers à queue coupée court et portée bien droite, ce remuement rapide exprime l'excitation. Il faut bien sûr tenir compte de la conformation du chien avant d'interpréter.

Le simple fait de regarder votre chien suffit à provoquer un petit remuement de queue. C'est un geste amical, un contact social, une sorte de « moi, ça va, et toi ? » Un mouvement large à vitesse moyenne est généralement un signal de plaisir. On peut observer ce comportement pendant le jeu, lorsque le chien ne cesse de rappeler à tous ceux qui sont présents que les petits grognements et les simulacres d'attaque font partie du comportement ludique. Un remuement lent de la queue dans une position neutre ou légèrement basse indique que le chien essaie de résoudre un problème. Si vous voyez ce mouvement lorsque vous travaillez avec votre compagnon, dites-vous que soit vous n'avez pas communiqué clairement votre message, soit que ce message n'a pas encore été compris. Lorsque l'animal trouve une solution (celle que vous attendiez ou une autre), sa queue s'agite avec plus de vigueur. Le chien semble vraiment content d'avoir réussi à se tirer d'affaire.

Tous les remuements doivent être observés en relation avec la position de la queue. En général, plus le chien tient haut la queue, plus dominant il se sent, mais cette considération ne s'applique pas aux races nordiques parce que ces chiens portent leur queue recourbée sur le dos. De même, plus basse est la queue, plus soumis est le chien, mais cela ne vaut pas pour les sighthounds comme les sloughis et les whippets, car leur queue pend entre leurs pattes. Lorsque vous essayez de lire le langage de la queue, rappelez-vous que toutes les positions doivent être examinées en relation avec le port normal de cet appendice. Les descriptions que je donne ont trait au port normal de la queue d'un retriever, qui flotte derrière la bête, horizontale ou un peu oblique vers le bas.

ESSAYEZ-LE

Même si vous n'avez pas d'appendice caudal, vous pouvez imiter le langage de la queue de votre chien. Lorsque vous voulez qu'il vienne vers vous, au lieu de garder la position debout, accroupissez-vous un peu et faites bouger votre postérieur. La plupart des chiens lisent ce mouvement comme s'il provenait d'un doberman ou d'un rottweiler. Ils se précipitent alors vers la personne qui, selon eux, les invite à jouer.

La queue portée dans sa position normale et de façon détendue n'est rien de plus qu'un signe d'insouciance envers le monde en général. Si elle se dresse et se tend (une position plus facile à voir qu'à décrire), cela veut dire qu'il y a un fait nouveau qui représente peut-être une menace, ou que quelqu'un vient d'entrer dans le tableau. Plus la queue se lève par rapport à sa position neutre, plus le chien est bien dans sa peau, sûr de lui, et prêt à s'affirmer si nécessaire. La queue dressée haut signifie que l'animal sait qu'il occupe une position dominante.

Une queue portée un peu plus bas que la normale, pas du tout raide et s'agitant parfois doucement, indique que l'animal est détendu. Le chien se sent si bien qu'il trouve inutile de redresser la queue un peu plus haut. Quand la queue s'abaisse en dessous de ce niveau, on a affaire à un chien déprimé, malade ou effrayé. Une queue qui pend près des pattes arrière sans se nicher entre elles signale que l'animal éprouve un sentiment d'insécurité ou qu'il ne se sent pas à la hauteur. La queue entre les pattes indique que le chien a peur ou n'est pas dans son assiette.

Enfin, les poils de la queue peuvent aussi se hérisser. Une queue touffue sur toute sa longueur est un point d'exclamation qui accentue les signes envoyés par la position et les mouvements de cet appendice.

Si les poils se hérissent uniquement au bout (le bout est souvent souligné par un changement de couleur), cela signifie que le chien se sent anxieux ou effrayé.

Le corps

Le « corps » comprend tout ce dont nous n'avons pas encore parlé jusqu'à présent, soit le tronc et les pattes. Comme il a été mentionné dans d'autres sections, il est important de lire la posture et les mouvements des pattes en relation avec ce que disent les oreilles, les yeux, la bouche et la queue.

L'invitation au jeu se manifeste par des mouvements englobant tout le corps. Qui ne connaît le salut d'invitation au jeu? Coudes au sol et arrière-train en l'air. Il y a aussi l'approche suivie d'une retraite : le chien se précipite sur son compagnon de jeu, puis fait demi-tour d'un bond, puis recommence. Les chiens qui invitent au jeu adoptent une approche

Une posture indique la dominance ; l'autre la soumission.

élastique et bondissante, secouant la tête et les épaules d'un côté à l'autre et amplifiant tous leurs mouvements. Lorsqu'ils se lèvent sur les pattes arrière ou se tiennent légèrement accroupis, une patte antérieure levée, cela veut dire qu'ils ont envie de s'amuser. Tous ces signaux peuvent se répéter pendant le jeu, surtout si ce dernier devient animé. Ils sont destinés à rassurer les participants, à leur affirmer que le jeu ne dégénérera pas, et que les soi-disant menaces comme les grognements, les coups d'épaule ou d'arrière-train, les sauts sur le dos du partenaire ne sont que des simulacres. (Nous en apprendrons davantage sur le jeu au chapitre 7, *Là, on communique!*)

Comme le langage de la queue, les signaux corporels dépendent de la posture de l'animal. Un chien confiant et alerte se tient nonchalamment debout sur ses quatre pattes, tandis qu'un chien dominant se redresse davantage; il se soulève même sur le bout des pattes, étire sa tête et son cou, hérisse les poils de ses épaules et de son arrière-train. Dans les secondes qui précèdent une attaque, il baisse la tête pour protéger sa gorge et couche ses oreilles pour qu'elles n'offrent aucune prise à l'adversaire. À ce moment précis, si c'est à vous que s'adresse ce rituel d'attaque, il ne vous reste plus qu'à vous défendre.

Un corps abaissé indique la soumission. Le chien confiant mais soumis court volontiers vers un chien de rang plus élevé. Arrivé près de lui, cependant, il ralentit et s'accroupit. Il essaie même de toucher ou de lécher le museau de l'autre. Un animal soumis mais moins confiant se montre plus circonspect. Il se baisse de façon ostentatoire, ou se roule sur le dos.

Les chiens peuvent aussi se rouler sur le dos, se tortiller et se contorsionner dans une sorte de danse, frottant leurs épaules sur le sol. Ce comportement ne fait pas partie de l'ensemble des gestes de soumission ou de dominance. C'est une marque de contentement, une célébration des joies de l'existence. Une autre variation de ce comportement consiste à se frotter la tête sur le sol. Certains chiens se servent de leurs pattes pour se frotter le visage, des yeux au nez. Mon petit chien Diamond (une petite créature d'un demi-kilo, mélange de bichon et de caniche), parcourt toute la longueur de son lit en se frottant la tête et la poitrine contre le tissu. On assiste souvent à de telles manifestations avant que le chien ne mange, ou après le repas.

Le petit coup de hanche était le mouvement préféré de mon cher Serling (qui nous a quittés pour monter au paradis des chiens). Il s'avançait vers moi, me tournait autour, puis me donnait un petit coup de hanche ou d'arrière-train.

Il s'agit là d'une démonstration d'amitié, qui rappelle la poignée de main destinée originellement à montrer une main libre de toute arme. Le chien, lui, détourne son arme, sa gueule, quand il donne son coup de hanche amical.

PENSEZ-Y

Connaissez-vous les rituels de célébration de votre chien ? Lorsque vous saisissez vos clés de voiture ou prenez son plat pour lui donner son repas, ne saute-t-il pas autour de vous en tournant en rond ? Ne vous salue-t-il pas à sa manière ? N'attrape-t-il pas un jouet pour le secouer avec frénésie ? Il est content. Jouissez de tout ce qu'il vous offre. Il y a peu de choses en ce monde qui soient empreintes d'une joie de vivre aussi authentique que celle d'un chien heureux.

Serling avait recours à un autre signal : assis, il levait une patte quand il trouvait que j'allais trop vite en besogne dans nos exercices ou lorsqu'il se sentait tendu dans l'enceinte de dressage. Il s'agit là d'un geste de pacification, que le chien accomplit quand il ne comprend pas très bien ce que l'on attend de lui et qu'il commence à être tendu, mais quand ce geste est dirigé *vers vous*, ou quand il pose une patte sur votre genou, dites-vous qu'il vous manifeste son amitié ou demande un peu d'attention.

Les propriétaires de chien connaissent très bien le petit coup de museau affectueux de leur ami. C'est un geste amical mais parfois insistant lorsqu'il a pour but de réclamer (et même d'exiger) un peu d'attention. Certains chiens, après avoir posé leur tête sur le genou de leur maître ou de leur maîtresse, la font peser de plus en plus lourdement.

Un chien qui met sa tête sur le dos d'un congénère, ou une patte sur son cou, démontre ainsi sa dominance. Le mouvement imitant celui de la copulation, qu'il s'exprime sur une personne ou sur un autre chien, est également un acte de dominance. Si vous vous sentez embarrassé quand votre chien (mâle aussi bien que femelle) attrape la jambe d'un visiteur, remaniez un peu la structure de la meute dans votre maisonnée.

Puisque nous en sommes aux comportements embarrassants, abordons à présent le fait que certains propriétaires se sentent extrêmement gênés quand leur chien en renifle un autre… à un certain endroit. Si vous faites partie de ces personnes, je vous conseille de vous débarrasser tout de suite de cette pudeur excessive. Il s'agit là d'un comportement absolument naturel. Si nous pouvions obtenir la quantité d'informations que les chiens récoltent en reniflant, nous changerions peut-être notre manière d'accueillir *nos* connaissances.

Uriner est, en soi, une sorte de message. Les loups déposent des jets d'urine tout autour de leur territoire. Les chiens qui se retrouvent dans une région éloignée de leur maison font de même. C'est une sorte de graffiti qui signifie : « Jimmy est passé par ici. » Gratter le sol après avoir déféqué peut ajouter une autre information olfactive, provenant cette fois des glandes qui se trouvent sous les pattes. Vous avez sûrement déjà vu un chien se diriger vers un tas de crottes. Les chiens veulent que leurs congénères sentent leurs excréments.

Dans la société des loups, seuls les individus de rang inférieur permettent aux autres de les flairer. Bien que les chiens soient plus libres en ce domaine, certains chiens de rang supérieur s'asseyent quand un chien de rang plus élevé s'approche d'eux. Il s'agit là d'un signal non agressif qui veut dire : « Je reconnais ton rang, mais je sais aussi que nous sommes presque égaux. » Un message similaire est envoyé quand un chien tourne le dos à un congénère. Il déclare ainsi qu'il reconnaît le rang plus élevé de l'autre, tout en affirmant qu'il ne le craint pas.

Le mordillement peut également souligner un problème de rang à l'intérieur de la maisonnée. Les chiens qui prennent leur laisse ou les mains de leur maître dans leur gueule affirment ainsi leur besoin de dominance. Ce comportement peut aussi indiquer que vous n'avez jamais appris à votre compagnon qu'il ne lui est pas permis de mettre ses canines en contact avec la chair humaine – ou que vous avez un retriever qui ne peut tout simplement pas vivre sans avoir quelque chose dans la gueule.

Si vous observez deux chiens lors d'une situation tendue, vous remarquerez sans doute des activités de substitution. Les chiens qui ne veulent pas vraiment se battre, mais qui se considèrent comme des égaux, peuvent soudainement mettre fin à un affrontement oculaire pour flairer et mâchouiller quelques brins d'herbe, ou regarder au loin, dans le vide. Ils peuvent aussi lever la patte sur un caillou ou une fleur, ou flairer les marques de l'autre, puis s'en tenir là. L'un d'eux peut même s'asseoir et commencer à se gratter. Tous ces gestes veulent dire, en fait, à l'autre chien : « Tout compte fait, je préférerais qu'on ne se batte pas, mais ne crois surtout pas que je me soumette pour autant. »

Ces activités de substitution caractérisent presque tout le règne animal. Un garde forestier du parc national Katmai, en Alaska, m'a raconté qu'il avait un jour rencontré un grizzly sur un sentier étroit. Comme cet humain se trouvait dans ce qu'il considérait comme son territoire personnel (les grizzlys s'approprient de vastes espaces), l'animal s'est dressé et a chargé. À quelques dizaines de centimètres de l'homme, il s'est arrêté net, est retombé sur ses pattes et a commencé à mâchouiller de l'herbe. Le garde forestier a reculé lentement… et a pu rentrer chez lui sain et sauf. Il m'a fait remarquer que l'herbe n'est pas un mets suffisamment délectable aux yeux de l'ours pour qu'il la charge avec une telle vigueur. Le grizzly avait tout simplement décidé de le laisser vivre pour qu'il puisse raconter son histoire.

Pour Turid Rugaas, quelques-uns de ces comportements et les activités qui leur sont associées sont des signaux pacificateurs. Steven Lindsay a fait la liste des signaux d'appels au calme : détourner la tête, fermer les yeux ou regarder ailleurs, se lécher, bâiller ou ralentir considérablement les mouvements. En désamorçant la situation par le refus de la lutte, ces comportements permettent aux individus d'éviter de se blesser mutuellement. Certains chiens ont recours à ces messages dans le seul but de calmer leur adversaire. Selon Turid Rugaas, les humains utilisent parfois les mêmes mouvements pour écarter un risque d'attaque.

Lorsque vous commencerez à comprendre le langage corporel canin, vous remarquerez que les chiens peuvent émettre plusieurs signaux à la fois. Lorsqu'un chien vous fixe de ses yeux largement ouverts (dominance), mais le corps baissé (soumission), ou qu'il est dressé sur ses pattes (confiance en soi) mais recule néanmoins (peur), quel signal devez-vous retenir comme étant le plus alarmant ? Le moyen le plus sûr, avec un chien inconnu, est de donner la priorité au signal le plus inquiétant. Beaucoup de chiens essaient de se tirer d'une situation qui les effraie par l'intimidation, mais ils n'hésitent pas à se battre s'ils le jugent nécessaire. Même les chiens les plus sûrs d'eux peuvent ressentir un malaise dans certaines circonstances, et manifester leur indécision par leur langage corporel.

Chapitre 5

. . . .

Politique de non-intervention

Pourquoi avons-nous besoin d'autre chose que d'une laisse et de notre voix?
Pourquoi les chiens savent-ils toujours ce que nous sommes sur le point
de faire?

Le chien a rarement réussi à élever l'homme à son niveau de sagacité,
mais l'homme a souvent tiré le chien à son propre niveau,
beaucoup plus bas.

JAMES THURBER

Dans la philosophie gnostique, on dit que le démiurge (un dieu, mais
pas le dieu suprême) a voulu que le centre de l'univers soit créé par l'être
suprême. Ainsi, le quatrième jour de la création, ce dernier a fait du
chien le centre de l'univers. Le démiurge s'attendait à ce que le chien,
devenu centre de l'univers, fasse preuve d'humilité, mais le chien, lui, se
considérait comme le centre de tout. Alors le démiurge a décidé que le

chien devait être puni. Après quelque réflexion, l'idée lui est venue de faire du chien le serviteur d'une race inférieure, une race qui croyait pourtant fermement qu'elle était le centre de l'univers. C'est ainsi que le chien est venu vivre avec les humains.

Avez-vous compris que le langage corporel est le moyen de communication privilégié des chiens? Dans ce chapitre, nous allons mettre ce concept en action en apprenant comment utiliser notre propre langage corporel pour communiquer avec nos amis.

Adopter une stratégie de communication non verbale avec votre chien peut s'avérer bien utile à divers égards. Les chiens déchiffrent le langage corporel beaucoup plus facilement que le langage parlé. Vous pouvez «parler» corporellement à votre chien tout en discutant avec quelqu'un d'autre (les chiens éprouvent un irrésistible besoin de se faire remarquer quand leur maître ou leur maîtresse est au téléphone) ou quand il y a trop de bruit ou de distance entre vous pour qu'il puisse entendre aisément votre voix. Ainsi, quand vous aurez vieilli tous les deux, vous serez encore capables de bien vous comprendre, même si votre toutou est devenu un peu dur d'oreille.

N'attendez pas davantage, commencez dès aujourd'hui à utiliser ce «langage silencieux» avec votre compagnon.

Le langage corporel aide le chien à apprendre

Il est évident que vous ne pouvez pas communiquer de façon oculaire avec votre chien s'il ne vous regarde pas. Un maître ou une maîtresse qui annonce gaiement qu'il est l'heure de la promenade, ou qui initie un jeu ou une séance de dressage impromptue se trouvera toujours, même si son chien semble sommeiller, devant un animal alerte et fin prêt à se lancer dans l'aventure. Les gens qui laissent leur animal dehors toute la journée suppriment toute interaction possible, et ceux dont l'activité principale se résume à remplir un bol de nourriture et à le déposer devant une niche ne méritent aucune attention.

Soyez honnête. Êtes-vous un maître attentif ou êtes-vous plutôt indifférent ?

Si vous avez l'impression que vous arrivez, la plupart du temps, à capter l'attention de l'animal, vous pouvez utiliser cet intérêt à votre avantage. J'ai toujours un bocal de biscuits sous la main, et il me suffit d'en soulever le couvercle pour avoir, immédiatement, un chien prêt à faire l'un ou l'autre exercice. Comme la leçon peut être donnée entièrement par le biais de signaux de la main, nous ne risquons même pas de déranger celui ou celle qui lit ou regarde la télé !

Vous pouvez avoir recours au langage corporel de façon très efficace lorsque vous enseignez de nouveaux comportements à votre compagnon. Lorsque vous agitez une friandise devant lui pour qu'il prenne la position assise ou couchée, il regarde non seulement la bouchée exquise mais aussi la main dans laquelle elle se trouve. Le simple mouvement que vous faites pour attirer son attention (ou une version plus raffinée de ce mouvement) devient dès lors le signal manuel qui va induire le comportement désiré. Beaucoup de gens prompts à utiliser le langage verbal ajoutent au geste un commandement parlé. Ils doivent cependant savoir que lorsqu'ils se contenteront de donner le commandement parlé *sans* le geste, le chien ne réagira pas. Il est préférable d'adopter l'autre stratégie : le geste de la main sans la parole. Ça marche quasiment toujours.

VOUS POUVEZ ME CITER

«Les chiens sont des créatures dont les postures s'accordent à l'univers du langage corporel... Nos chiens ne cessent de nous «lire» et accordent une plus grande valeur à notre langage corporel qu'aux paroles que nous prononçons.»

www.deafdogs.org
Site Web pour les propriétaires de chiens sourds

Quelques dresseurs conseillent aux propriétaires « de ne pas mettre un commandement » sur un nouveau comportement sur lequel ils travaillent parce que ce commandement ne doit concerner que le comportement *final*, obtenu lorsque tous les angles sont arrondis. Ce que ces spécialistes veulent dire, c'est qu'il faut éviter d'avoir recours à un commandement verbal tant que l'on se trouve encore dans le processus de façonnement d'un comportement. Cela dit, lorsque nous travaillons avec notre chien, nous lui donnons sans nous en rendre compte des indices par le truchement de notre langage corporel.

Le fait de bien comprendre que, pour le chien, ce que votre corps exprime est plus important que ce que dit votre bouche vous dissuadera sans doute de crier vos commandements – des commandements qu'il finirait du reste par ne plus entendre. Préparer votre signal de la main à l'avance vous aidera à vous assurer que vous l'accomplissez de manière à être bien compris de votre compagnon. Certaines personnes ont recours au langage des signes, que les chiens semblent très bien assimiler, bien qu'une partie de ces gestes soient trop restreints pour être visibles de loin. D'autres utilisent ce qui est devenu en quelque sorte un langage des signes standard, comme par exemple : paume en l'air, main se soulevant pour « assis » ; et bras soulevé sur le côté, puis coude plié pour amener la main vers la poitrine pour « viens ». Le signal, importe peu, aussi longtemps que vous vous montrez constant dans son utilisation, et que votre chien semble le comprendre.

ESSAYEZ-LE

Vous êtes tranquillement assis et vous lisez. Si votre chien est dans la même pièce que vous, ou assez près pour vous entendre, lisez d'abord ce petit texte à haute voix.

Ensuite, refermez le livre et observez votre ami. Est-il attentif à ce que vous faites ? A-t-il une oreille tournée dans votre direction ? Son corps vient-il soudainement de se matérialiser devant votre fauteuil ?

Aucune réaction ? Levez-vous. Que fait le chien ? Réagit-il à votre mouvement ? S'il réagit, vous pouvez vous dire que votre compagnon est constamment attentif et qu'aucun de vos mouvements ne lui échappe. S'il ne réagit pas, cela signifie que vous devez devenir un maître beaucoup plus intéressant, ou que vous lisez ce livre dans un lieu et à un moment où votre ami sait que rien de passionnant ne peut se produire. À vous de décider.

Voici Magic, l'un des porte-parole d'Old Navy. Magic est un chien financièrement très prospère qui répond à plusieurs dizaines de signaux de la main.

Lorsque vous aurez travaillé quelque temps en silence et avec des gestes, vous constaterez que vos mouvements corporels peuvent réellement influencer votre chien dans ses attitudes. Faire peser, de façon visible, le poids de votre corps sur une jambe induira le même mouvement chez le chien – phénomène précieux si vous voulez obtenir des mouvements accomplis sur une patte plutôt que sur une autre. Les dresseurs qui enseignent des tours d'adresse peuvent, en faisant passer leur propre poids d'une jambe à l'autre, apprendre à un chien à faire de même et à agiter leur patte libre. Le chien comprend que, pour agiter cette patte, il doit d'abord faire passer son poids sur l'autre patte. La même technique peut apprendre à un chien à adopter la position du sphinx et à se balancer d'une hanche à l'autre. Tout cela sans un mot et sans contact physique !

VOUS POUVEZ ME CITER

« Le chien apprend davantage avec les signaux de la main, et cela pour deux raisons. La première, c'est qu'il est habitué à déchiffrer le langage corporel et à y réagir. La deuxième, c'est que les humains parlent tellement que leurs mots-clés sont souvent noyés dans leur bavardage. »

MORGAN SPECTOR
Auteur et spécialiste de l'entraînement au clicker

Parfois différents, parfois pareils

La béhavioriste Patricia McConnell a découvert qu'un grand nombre de nos modes de communication sont très proches de ceux de nos cousins les chimpanzés. Nous tendons la main pour prendre les objets ; nous répétons les mêmes sons, de plus en plus fort, quand nous sommes agités ; nous sommes plus attentifs à la communication vocale qu'aux signaux visuels; nous avons tendance à dramatiser les événements; et nous devenons parfois violents quand nous sommes en proie à la frustration. Ces comportements ne servent pas très bien la communication avec nos chiens. Ce que ces derniers voient et entendent leur paraît souvent alarmant, voire menaçant. Les chiens ont davantage recours aux signaux visuels qu'aux signaux vocaux, et ils préfèrent s'employer à désamorcer les situations explosives qu'à les exacerber.

Le docteur Roger Abrantes, qui a beaucoup étudié la communication entre humains, a découvert que nous n'étions pas, au bout du compte, si différents de nos chiens. Il note que dans une conversation entre humains, «les séquences verbales (les mots) occupent 7 pour cent du temps, alors que les séquences vocales (registre, dialecte, accent) en occupent 38 pour cent. Les séquences non verbales (le langage corporel) occupent donc 55 pour cent du temps. C'est ce qui explique pourquoi certaines personnes trouvent les conversations téléphoniques si frustrantes: une grande partie de ce qui crée la communication manque.

Les humains et les chiens ont leur propre espace personnel, qu'ils essaient de préserver en utilisant leur langage corporel. Si une personne s'approche trop près d'eux, envahissant ainsi leur espace intime, les humains et les chiens se mettent en position de retraite. Lorsque cela leur est impossible, ils s'agitent. Les humains bougent nerveusement, tapent des doigts, remuent les jambes; les chiens bougent les pattes, leurs oreilles s'agitent, ils clignent des yeux ou se lèchent les babines. Si la situation se détériore, les humains baissent les épaules, rentrent le menton et ferment les yeux. Dans le pire des cas, ils peuvent attaquer. Les chiens baissent la tête et se tournent de côté; ils cessent de cligner des yeux, en rétrécissent l'ouverture jusqu'à ce que l'on ne voie plus qu'une simple fente, leurs poils se hérissent sur les épaules et une attaque peut s'ensuivre. Dans les deux cas, l'agression, que ce soit celle de l'humain ou celle du chien, ne peut être considérée comme inattendue ou non provoquée. Les deux espèces ont émis leurs signaux d'avertissement les plus clairs.

Une attention en éveil

Si, après avoir procédé à l'exercice d'attention de l'encadré *Essayez-le* de la page 125, vous découvrez que votre chien ne vous regarde pas avec suffisamment d'attention, vous devez absolument capter cette attention avant de pratiquer les signaux. Si le chien est distrait ou absent, vos signaux seront inefficaces. N'oubliez pas que les chiens ne doivent pas nécessairement nous regarder dans les yeux pour manifester leur attention, car leur vision est beaucoup plus large que la nôtre. La vue varie selon la race, la forme de l'œil et son emplacement, et la conformation de la tête. La plupart des chiens ont une vision à 240 degrés – elle va parfois jusqu'à 250 degrés –, ce qui veut dire qu'ils peuvent quasiment voir derrière eux. Un bon champ de vision, chez l'humain, est de 180 degrés, et il est à peu près pareil des deux côtés.

Dites-vous bien que, même s'il n'en a pas l'air, votre chien est probablement en train de vous regarder. Pour vous en assurer, surprenez-le. Prenez une petite poignée de friandises dans votre poche et jetez-la sur le sol, (les chiens sont équipés pour chasser, et chasser dans le salon est beaucoup plus excitant que de trouver son bol tout prêt dans la cuisine) ou secouez sa corde à nœuds et invitez-le à une séance de lutte.

Ce n'est pas le niveau d'attention que vous exigeriez lors d'un concours canin, lorsque le chien doit vous regarder dans les yeux. Il s'agit plutôt de lui faire prendre conscience qu'il a intérêt à vous regarder du coin de l'œil pour ne pas manquer la bonne surprise que vous lui réservez.

Un des tours auquel j'ai recours avec mon chien Nestle consiste à lui faire un signal de la main sans avertissement préalable. S'il obéit à l'invitation, je lui offre une grosse récompense. S'il manque le signal parce qu'il ne regarde pas, je lui dis : « Dommage ! » (c'est le B, soit « Ça ira mieux la prochaine fois » de l'ABC du chapitre 3, *Conversation avec un chien*). Je confirme ainsi à Nestle qu'il a laissé passer sa chance.

PENSEZ-Y

Vous n'êtes peut-être pas tout à fait conscient de l'importance que vous et votre chien accordez aux signaux. Lorsque vous dites à votre compagnon de se coucher, le faites-vous en restant immobile ? Non, vous vous penchez vers lui en dirigeant une de vos mains vers le sol. Faites l'expérience : restez immobile quand vous donnez votre signal vocal (sur le ton de la conversation, bien sûr, et non de la menace, du style : gare aux chiens qui n'obéissent pas !). Votre chien vous paraît-il dérouté ? Oui. Obéit-il au commandement ? Non. Eh bien, vous avez sérieusement besoin d'améliorer votre langage corporel !

VOUS POUVEZ ME CITER

«Les échanges sociaux, chez le chien et chez le loup, comportent des signaux visuels très subtils. Ces derniers sont produits, par exemple, par les mouvements des oreilles et des lèvres. Bien que nous soyons incapables de produire le même type de mouvements, nous pouvons, si nous sommes persévérants, apprendre au chien à «lire» notre langage corporel humain, soit notre mode de communication non verbale. Dans la mesure où les chiens sont des prédateurs, ils ont la capacité de détecter les plus infimes mouvements chez leurs congénères ou leurs proies, et ils sont probablement plus aptes à lire nos mouvements humains que nous ne le sommes nous-mêmes.»

The Waltham Book of Human-Animal Interaction

Parlez-lui avec votre corps

Vous pouvez, par le seul truchement de votre langage corporel, rehausser votre relation avec votre chien, renforcer vos commandements, et même éviter un désastre potentiel.

Prenons d'abord le dernier exemple : éviter un désastre potentiel. Plusieurs experts ont expliqué comment ils se comportent lorsqu'ils ont affaire à des chiens errants pris dans la circulation. N'ayant pas la moindre idée des mots que connaissent ces chiens, ils se servent du langage corporel au lieu de hurler des commandements. Lorsqu'ils veulent que l'animal reste immobile – afin de ne pas être heurté par une voiture, ou pire – ils font face à la bête, puis attendent le moment où survient une accalmie dans le trafic pour l'encourager, par de simples gestes, à se rapprocher d'eux. Pour ce faire, ils se tournent de côté, se penchent légèrement et s'éloignent d'un pas ou deux. Le chien s'immobilise lorsqu'ils lui font face, et se met en mouvement lorsqu'ils se détournent et font quelques pas. Tous les chiens se retrouvent sains et saufs sur le trottoir, tout cela à cause d'une petite démonstration de langage corporel.

Alors que je dirigeais un chien lors d'une prise de vues, on m'a demandé de faire en sorte que l'animal marche avec hésitation. C'est un mouvement que l'on voit souvent au cinéma et dans le monde des publicités télévisées, mais nous n'avions jamais fait cet exercice. Au cinéma, les dresseurs doivent obtenir un résultat dans un délai « raisonnable » (quelqu'un vous rappelle toujours, dans ces moments-là, que le temps c'est de l'argent). Ce que l'on me demandait n'était pas évident. Le chien était sur sa marque de départ, je me trouvais hors champ. J'ai fait face à notre acteur, je l'ai grondé, puis je lui ai enfin donné un petit signal de départ. Il a fait quelques pas, indécis, se demandant ce que j'attendais de lui. Pour qu'il continue à marcher, j'ai tourné légèrement les épaules et je lui ai souri. Puis, en le grondant de nouveau, je l'ai forcé à s'arrêter. L'effet était spectaculaire. Le réalisateur n'a fait qu'une seule prise, tout le monde était content – même le chien, qui a reçu la moitié d'un sandwich offert par le traiteur du tournage.

PENSEZ-Y

Comment convaincre votre chien de venir près de vous? Dans la plupart des classes, le professeur conseille la stratégie d'appel classique, le propriétaire se tenant bien droit face au chien, mais si vous n'êtes pas en compétition, pourquoi devriez-vous vous compliquer la vie? Tournez-vous de côté, accroupissez-vous légèrement, faites un pas. Servez-vous de votre voix *et* de votre corps pour dire au chien que vous voulez qu'il vienne à vous. Le jour où il s'éloignera sans permission, vous l'arrêterez plus facilement dans son élan. Cela vaut mieux que de courir après lui – la plupart des chiens adorent ce jeu, mais ils aiment tout autant faire la chasse eux-mêmes.

Dans les classes de groupe, on voit souvent des maîtres-chiens contredire ce que dit leur corps. L'un d'eux, par exemple, demande à un chien de passer de la position couchée à la position assise, alors qu'il se penche vers l'animal dans une posture qui indique au chien qu'il doit rester couché. En conséquence, le chien ne sait plus quoi faire. Il y a des gens qui se courbent lorsqu'ils demandent une augmentation à un patron avare; ils essaient d'obtenir ce qu'ils veulent par des cajoleries. Vous pouvez être sûr que votre chien n'est pas du tout prêt à répondre affirmativement à ce genre de supplications. Lorsque le maître apprend à se montrer un peu plus autoritaire (ce qui ne veut pas dire qu'il doit hurler pour se faire obéir ou se conduire comme un sergent instructeur, mais qu'il doit donner l'impression d'être sûr de lui), le chien lui obéit beaucoup plus facilement.

Dans les sports exigeant une grande agilité (course d'obstacles avec sauts, tunnels et autres épreuves que les chiens doivent exécuter rapidement et correctement selon différents parcours), les maîtres-chiens savent que le langage corporel est d'une importance capitale. Regarder dans la mauvaise direction, tourner les épaules, même de façon quasi imperceptible, se courber ou se cambrer peut envoyer un message trompeur au chien. Certaines personnes hurlent une foule de commandements différents lorsque leur chien court, mais les signaux ne doivent pas être d'égale importance. Les commandements concernant la direction sont pour la plupart efficaces (« va », pour que le chien coure droit devant lui ; « dehors », pour qu'il change de direction ; « gauche » ou « droite » pour qu'il tourne dans l'une ou l'autre direction), mais les chiens qui participent à des concours d'agilité ignorent tout simplement les commandements qui ne correspondent pas au langage corporel de leur maître. Des maîtres-chiens débutants se trompent souvent dans leurs commandements, lorsqu'ils disent : « Marche », par exemple, au chien qui court alors qu'ils veulent en fait dire : « Grimpe » (sur la palissade). Le chien ignore presque toujours le commandement « marche », et grimpe sur la palissade parce que c'est ce que le langage verbal de son maître lui dit.

VOUS POUVEZ ME CITER

« Si vous être berger ou si vous vous occupez d'animaux domestiques, vous savez que votre langage corporel est extrêmement important. Si vous êtes tout simplement le propriétaire d'un chien, les signaux corporels que vous envoyez sont moins professionnels, mais ils doivent être appropriés. Il est souhaitable que vous sachiez, par exemple, que le fait de vous étendre sur le sol est une posture apaisante. Lorsqu'un chien s'échappe ou se libère de son collier, la meilleure chose à faire est de s'asseoir sur le sol plutôt que de trépigner comme seuls le font les bipèdes. »

GARY WILKES
Chroniqueur et fondateur de Click & Treat

Le langage corporel va droit à l'esprit

Les gestes d'un chien ne mentent pas. (Ceux des humains non plus, si l'on sait interpréter les signaux les plus infimes et les plus subtils.) Un chien aux mouvements souples et détendus, dont la langue pend entre les lèvres et qui sourit, queue remuant tranquillement, n'est pas difficile à comprendre : c'est un représentant amical de la gent canine. À l'opposé, un chien aux pattes raides qui vous fixe, tête baissée et babines retroussées, devrait vous inquiéter : il ne vous invite certes pas à vous précipiter vers lui parce qu'il meurt d'envie de vous lécher les oreilles.

Vous ne devez surtout pas essayer de convaincre un chien qui grogne de se coucher et de se rouler sur le sol, mais dans des circonstances moins extrêmes, vous pouvez influencer la bête et l'amener à changer d'attitude. Des experts comme Linda Tellington-Jones (qui a mis au point un merveilleux massage canin, le TTouch, dont nous parlerons plus longuement au chapitre 8, *Un toucher touchant*) et Suzanne Clothier recommandent d'aider les chiens nerveux à adopter une posture plus détendue en soulevant doucement leur tête et leur queue. Ian Dunbar conseille d'apprendre à un animal anxieux à se rouler sur le sol et à exposer son ventre, c'est un mouvement qui l'apaise.

Les propriétaires peuvent aussi avoir recours à des signaux calmants, qui envoient un message de détente à leur chien. Turid Rugaas affirme que les signaux les plus efficaces sont l'étirement, le clignement d'yeux et le bâillement. Ces signaux se transmettent sans risque de mauvaise interprétation parmi les espèces. Essayez-les lorsque la situation commence à se détériorer. Vous verrez un changement dans l'état d'esprit de votre chien.

Utilisation particulière des signaux et du langage corporel

Votre chien peut devenir sourd à la suite d'un accident ou d'une maladie, ou en raison de son grand âge. Si vous avez eu régulièrement recours aux signaux de la main, ce type de communication peut se poursuivre avec, au besoin, de légères modifications. J'ai appris cela avec Serling, le premier de mes chiens qui est devenu sourd. Comme il était mon chien de « performance », dans tous les sens du terme, nous utilisions un grand nombre de signaux. Lorsqu'il a perdu son sens de l'ouïe, nous avons pu continuer à communiquer sans problème. La seule différence, c'est que, lorsque nous courions sur une piste, il devait se retourner pour voir de quel côté je voulais qu'il aille (avant son handicap, il suffisait que je crie : « À gauche ! », ou « À droite ! »)

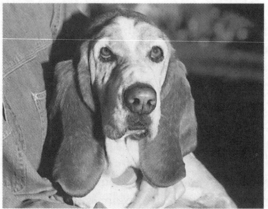

(Photo : The Iams Company)

Un grand nombre de toutous âgés perdent l'ouïe.

Les signaux de la main et autres indicateurs visuels constituaient notre répertoire de communication. Serling rendait visite à des personnes dans le cadre d'un programme de zoothérapie ; il jouait avec des groupes d'enfants et participait à des concours d'adresse. Il possédait une fabuleuse aptitude : aboyer les réponses à des additions arithmétiques. Nos signaux indicateurs étaient devenus très fins, très subtils. Dans certains cas, il s'agissait simplement d'un mouvement du doigt ou des yeux. Je ne nierai pas que Serling était un chien exceptionnel (mes autres chiens le sont aussi), mais ce dressage n'avait rien de bien compliqué. Il exigeait seulement de la pratique et un chien très attentif. Si vous avez un chien qui a la bosse des maths, apprenez-lui à compter. Le secret consiste à réduire petit à petit vos signaux. Tournez-vous légèrement, faites les signaux sans que le public voie votre main et soyez prêt à cacher toutes les erreurs de votre élève avec un petit baratin. Un faiseur de troubles a tenté un jour de déstabiliser Serling. J'étais un peu inquiète car, lorsque je me suis tournée vers lui pour lui indiquer le chiffre, il n'a pas aboyé sa réponse comme il le faisait d'habitude. Il fallait que j'intervienne. J'ai alors eu l'idée de froncer les sourcils dans une attitude de profonde concentration pour lui signaler que nous avions affaire à des circonstances quelque peu différentes. Sa réponse, elle aussi, a été différente : il a émis un petit jappement sourd au lieu d'un aboiement. J'ai alors expliqué au public qu'il fallait y entendre une réclamation devant la question douteuse du faiseur de troubles. Tout s'est merveilleusement bien terminé.

Bien entendu, les signaux peuvent aussi résoudre des problèmes pratiques. Vous avez déjà entendu ces chiens qui aboient quand leur maître ou leur maîtresse est au téléphone ? Si votre toutou fait partie de cette confrérie, gardez un bocal de biscuits près de l'appareil, et vous pourrez utiliser tous vos signaux sans interrompre votre conversation téléphonique.

Il m'arrive souvent d'utiliser des signaux de la main sans m'en rendre compte. Chez moi, près de la porte d'entrée, il y a une grande baie vitrée qui permet de voir à l'extérieur. On peut aisément deviner que l'arrivée d'un livreur provoque une certaine excitation. Nestle est autorisé à me prévenir de l'arrivée de quelqu'un, mais il doit immédiatement se taire quand, de mon bureau, je lui crie : « Merci ». Il arrive à observer ce commandement jusqu'à ce que le livreur mette le pied sur le porche. J'ouvre alors la porte de mon bureau, qui se trouve à quelques mètres de la porte d'entrée, et je lui envoie des signaux de la main. L'attention de Nestle est alors partagée entre ce que je lui dis et le livreur qui attend dehors avec les provisions. Ce double travail sollicite toute son attention : il cesse d'aboyer.

VOUS POUVEZ ME CITER

« Ayez recours à des signaux clairs, concis, cohérents. Utilisez-les au bon moment. Ne vous lancez pas dans de longs discours. Comment voulez-vous que le chien s'y retrouve dans ce flot de paroles ? Ôtez toute colère de votre voix. Rappelez-vous que les chiens sont, en quelque sorte, « des étrangers parmi nous ». Ce sont des petits personnages poilus à quatre pattes dont le cerveau fonctionne différemment du nôtre. Ils n'agissent pas par rancune ; ils ne sont pas motivés par la culpabilité. Ils vivent dans le présent. Le passé et l'avenir ne les concernent pas. Concentrez-vous, lorsque vous communiquez avec eux, sur leur comportement immédiat. »

KATHY SDAO
Dresseuse et spécialiste du comportement animal

Lorsque vous aurez habitué votre chien à réagir aux signaux de la main, vous n'aurez plus, lors de l'arrivée de visiteurs, à interrompre vos salutations pour lui demander de refréner son enthousiasme. Stress et frustrations disparaîtront, tout le monde sera content et la visite se déroulera dans le calme et la bonne humeur.

Un langage corporel qui ne plaît pas aux chiens

Nous faisons souvent des gestes avec le corps et avec les mains qui enfreignent les codes et les conventions de la société canine. Le fait que nous réussissions malgré tout à nous en tirer est une autre preuve de la tolérance dont nos compagnons font preuve devant nos comportements parfois si étranges (pour eux).

Tendre la main vers un chien que l'on ne connaît pas pour lui caresser le crâne est inapproprié et extrêmement impoli. (Les chercheurs du Wolf Park ont découvert que le meilleur moyen d'empêcher les loups de les harceler pour obtenir de l'attention était de leur donner des petites tapes sur le crâne.) Si le chien grogne un peu devant ce geste, c'est pourtant lui qu'on critique! Nous devons évaluer la portée de nos gestes et adopter un comportement qui respecte les rapports interespèces. Lorsqu'on veut sympathiser avec un chien, l'étiquette exige que l'on tende d'abord une main vers lui afin qu'il puisse la flairer. S'il semble un peu nerveux ou timide, il est conseillé de s'accroupir, visage face à l'animal, main légèrement tendue. Aussitôt que le chien a flairé cette main, on peut essayer de le caresser sous le menton ou sur la poitrine. Poser la main sur son crâne reste un geste regrettable tant qu'on ne le connaît pas intimement.

Serrer le chien contre soi est un autre geste qu'il n'apprécie pas. Dans le monde animal, toute contrainte physique est cause d'inquiétude. Selon l'étiquette canine, serrer un chien dans ses bras, en l'attrapant de côté ou de face, est un comportement inacceptable. Malgré cela, nous n'arrêtons pas de le faire… parce que ça nous fait du bien! Un grand nombre de chiens finissent par accepter ces étreintes, ce qui démontre une fois de plus leur esprit de tolérance, mais ne faites pas cela avec un animal que vous ne connaissez pas.

Les baisers ne semblent pas aussi délectables aux chiens qu'aux humains. Dans leur société, les chiens soumis accueillent un congénère de plus haut rang en lui léchant un coin de la bouche. Ce geste est un signal d'apaisement. Certains chiens essaient de faire la même chose avec leurs amis humains… qui n'apprécient pas toujours. Dites-vous bien qu'ils manifestent ainsi leur respect envers leur chef. Il y a aussi des gens qui embrassent leur chien ! Certains leur font même des bisous sonores sur les lèvres. Les chiens interprètent ce geste comme un acte de soumission. Embrasser le chien sur le crâne ne donne pas lieu à une telle interprétation, de même qu'un contact oculaire. Si vous voulez absolument embrasser votre chien, assurez-vous bien, avant d'approcher votre visage de son arme principale (sa gueule pourvue de dents), qu'il apprécie, ou du moins qu'il tolère un contact aussi intime.

Ils ne se ressemblent peut-être pas beaucoup, mais une chose est certaine : ils s'intéressent tous deux à la même chose.

Dans le langage canin, ce geste est une légère menace.

Si vous vous questionnez sur l'aspect hygiénique de ces baisers, dites-vous que les risques de transmission de maladies sont minimes. Les humains et les chiens n'ont pas les mêmes infections bactériennes et virales. Un scénario beaucoup plus probable concerne plutôt les parasites internes, comme les ascarides (vers ronds), mais leur transmission à l'humain est très rare.

Certaines personnes ont tendance à se pencher au-dessus de leur chien lorsque, par exemple, sa laisse a glissé sous son ventre. Dans la société canine, poser une patte ou le menton sur le dos d'un congénère est un acte de dominance. Ne vous penchez pas sur votre chien, ce geste le rend nerveux.

Apprendre à « penser comme un chien », du moins en partie, peut certainement faciliter et adoucir nos relations avec nos compagnons à pattes. Si vous y arrivez, le lien qui vous attachera à votre chien sera plus profond que tout ce que vous auriez jamais pu imaginer. Envoyez-lui des signaux qui correspondent à des situations précises, comme vous étirer quand vous vous levez de votre fauteuil, par exemple. Vous verrez, votre ami vous regardera avec d'autres yeux !

Chapitre 6

....

Vocalisation canine

Veulent-ils vraiment dire quelque chose quand ils émettent tous ces sons?
Comprennent-ils la langue des chiens d'autres pays?

Quand le vieux chien aboie, il est temps de regarder dehors.
Méfiez-vous des chiens silencieux et des eaux tranquilles.

PROVERBE LATIN

Tout au long de l'Histoire, les chiens ont des significations symboliques.
À l'Est, ils symbolisent la vigilance et la protection. Des statues de chiens
de races diverses gardent l'entrée d'un grand nombre de temples et de
tombes asiatiques. À l'Ouest, ils personnifient plus souvent la loyauté et
la fidélité. Sur les pierres tombales de Grande-Bretagne, on voit souvent
un chien couché aux pieds de son maître décédé. Le chien occupe une
place solide en astrologie. Lorsque Bouddha rassemble les animaux et
honore certains d'entre eux en leur offrant à chacun leur propre année,

le chien fait partie des 12 espèces choisies. Ainsi, sur le calendrier chinois, chaque 12ᵉ année est celle du chien. Les Mayas et les Aztèques ont placé le chien dans leur calendrier ; le 10ᵉ jour du mois est symbolisé par un canidé. Ceux qui naissent ce jour-là sont considérés comme des privilégiés. On croit qu'ils sont promis à des fonctions de pouvoir et de commandement.

Abordons maintenant la forme secondaire du langage canin, la vocalisation. Vous me direz sans doute que votre chien vocalise sans arrêt, mais « son » ne signifie pas nécessairement communication. Il est probable que les chiens qui aboient ou gémissent lorsqu'on les laisse seuls se consolent de cette manière, mais rien ne laisse penser qu'ils parlent.

La vocalisation est difficile à traduire avec des mots. Nous ne nous accordons même pas, nous les humains, sur les sons de base que nos chiens émettent. Dans la langue française, on pourrait traduire ces sons par « ouaf », « wouf », ou « wouah ». D'autres langues proposent différentes onomatopées, comme le « wung wung » chinois et le « jau jau » espagnol.

En raison de leur anatomie, les chiens sont limités quant aux sons qu'ils peuvent produire. Ils ne possèdent pas le larynx complexe des humains, et leurs voies respiratoires sont conçues pour renforcer leur souffle et leur sens de l'odorat lors de la course, et non pour leur permettre de vocaliser. Leur bouche, leurs lèvres et leur langue ne sont pas très mobiles. On peut parfois rencontrer un chien qui a appris à imiter un mot ou deux, mais cela se borne souvent à de simples onomatopées.

La compréhension que les chiens peuvent avoir de notre langage est une tout autre histoire. Si son maître ou sa maîtresse prend le temps de les lui enseigner, un chien peut déchiffrer plusieurs centaines de mots.

Je vais maintenant tenter de classer les vocalisations canines en catégories et examiner chacune d'elles en détail. Il faut cependant savoir que certaines catégories se chevauchent et que certains chiens combinent plusieurs sons pour former une « phrase ». J'aurais préféré, pour aborder

Mon chien Serling vient de gagner un prix à un concours, à la foire du comté, et il a bien l'intention de le faire savoir au monde entier. Le photographe l'a croqué en pleine annonce.

cette section, disposer d'un livre audiovisuel, mais ce n'est pas le cas. Je vais donc essayer d'être aussi précise que possible.

L'aboiement

Tout le monde sait de quoi il s'agit, mais vous êtes-vous déjà demandé ce que *signifie* l'aboiement pour les chiens ? Pouvez-vous différencier chaque aboiement ?

L'aboiement peut signifier un tas d'émotions différentes. Il peut être un signal d'alarme (objets et personnes peuvent provoquer cette alarme) ; il peut traduire le plaisir d'accueillir un invité humain ou un congénère ; il peut être une invitation au jeu, une proposition de compagnonnage, un cri de détresse, une demande de soins. C'est aussi l'outil des chiens de berger, de chasse, et de meute. Lorsqu'on observe un chien qui aboie, on remarque que son langage corporel correspond au message transmis par le son.

VOUS POUVEZ ME CITER

« L'aboiement de mon chien, quand elle voit que je me prépare à sortir ("Emmène-moi avec toi !") sonne différemment de celui qui accueille un ami chien ("Tu veux jouer avec moi ? J'ai plein de jouets !") Ce sont là des sons tout à fait différents de l'aboiement qui signifie : "Je suis fatiguée" ou "Vite, mon repas, je meurs de faim !" »

KATHY SDAO
Dresseuse et spécialiste du comportement animal

L'aboiement commence à trois semaines. Les loups aboient rarement, et lorsqu'ils le font, le son émis est étonnamment doux. C'est un simple « woufff » auquel ils ont généralement recours pour éloigner un intrus.

Dans notre longue relation avec les chiens, il semble que nous ayons fini par assimiler (consciemment ou inconsciemment) l'aboiement à du bruit. Faut-il s'étonner que, dans une enquête récente, deux des problèmes les plus fréquemment signalés soient l'aboiement et le grognement?

Bien entendu, le chien ne doit pas aboyer à tout bout de champ. Il faut néanmoins prêter attention à cette expression vocale. Vous serez surpris de constater ce qu'une interprétation exacte de l'aboiement peut vous apprendre sur votre compagnon.

Le son (grave ou aigu), sa durée, et le nombre des aboiements diffèrent, ainsi que l'intervalle qui sépare les aboiements. Le chien peut même changer le «mot» de son aboiement. Par exemple, on peut penser qu'il vient de dire: «Wouf», alors qu'en réalité il a dit: «Wouaf»! Je vais essayer de décrire quelques aboiements et leur signification, mais n'oubliez pas que les chiens sont des individus à part entière et que vous devrez ajuster ces descriptions aux tentatives faites par votre compagnon pour communiquer avec vous.

Des aboiements peuvent se produire lorsque le chien se retrouve seul. C'est l'angoisse de la séparation. Attendez-vous alors à des coups de fil ou des récriminations de vos voisins. Dès votre départ, vous diront-ils, le chien s'est mis à aboyer sans interruption. Si votre compagnon a un problème d'anxiété dû à la séparation, consultez le chapitre 11, *Résoudre les problèmes*. Vous y trouverez des conseils utiles et apprendrez comment habituer votre chien à rester seul sans ameuter tout le voisinage.

D'autres aboiements constituent diverses formes d'alerte ou d'alarme. Nous avons développé des races destinées à garder notre domicile ou notre troupeau. Ne soyons pas surpris quand ils s'acquittent de leur mission.

Quelques chiens sont très sensibles à toute stimulation et aboient chaque fois qu'ils distinguent un mouvement qui les met en alerte. Leurs aboiements sont aigus, presque ininterrompus. L'aboyeur accompagne généralement ces manifestations vocales de sauts. Cet animal doit être éduqué ; il doit apprendre à maîtriser ses émotions. Si votre chien aboie, détournez son attention à l'aide d'un bon dressage à l'obéissance, qui lui apprendra à se concentrer. Récompensez-le chaque fois qu'il s'assied ou se couche au commandement. C'est plus intéressant que de le gronder. Comme ce chien est souvent très observateur et très actif, il suffit de capter son attention pour obtenir des résultats. Il aime les leçons ; faire son éducation est un passe-temps très agréable. Il n'en reste pas moins que, pour lui, aboyer est un sport excitant. Il faut donc lui fournir d'autres exutoires pour canaliser son enthousiasme.

Permettre à votre chien d'aboyer lorsqu'un étranger se présente à votre porte n'est pas une si mauvaise idée, mais il faut qu'il s'arrête après quelques aboiements. Vous disposerez d'un système d'alarme beaucoup plus efficace lorsque vous saurez interpréter le sens de certains aboiements.

La manifestation d'alerte initiale peut se traduire par trois ou quatre aboiements courts, ni trop aigus ni trop sourds. Le chien a remarqué quelque chose ou quelqu'un dans son environnement et veut signaler cette présence à l'attention de la meute (vous). Il est tourné vers l'intrus, ou, s'il s'agit d'un bruit, vers la source de l'intrusion. Quand l'intrus s'approche, ou quand le chien sent que la situation peut se transformer en menace réelle, ses aboiements se multiplient. Si, à un certain moment, il sent que la menace est précise et imminente, il continue à aboyer, mais le son est plus rauque, plus étiré.

Si votre compagnon vous alerte de l'innocente présence du facteur ou de l'arrivée d'une camionnette de livraison, vous pouvez couper court à l'aboiement en lui disant « merci », tout en lui offrant une friandise. Si le chien semble déterminé à continuer à vous « alerter », ouvrez la radio pour couvrir le bruit de la camionnette ou le pas du facteur, et éloignez-le de la fenêtre ou de la porte. Avec ces chiens insistants, l'entraînement au clicker fait des miracles. Le clic les incite à accourir vers leur maître ou leur maîtresse pour recevoir une récompense, qu'il ou elle leur offre après le « merci » et l'interruption de l'aboiement. En bref, l'entraînement au clicker consiste à avoir recours à un objet qui émet un signal destiné à enclencher le comportement désiré. Le clic doit être suivi d'une gâterie afin que le chien sache bien que son obéissance va lui rapporter quelque chose. L'association est très efficace. En cliquant pour que le chien se calme (même si ce n'est, au début, que pour quelques secondes), vous le faites taire pendant tout le temps où il vient vers vous pour recevoir sa récompense. Il existe un tas de guides sur l'entraînement au clicker, dont un de mes ouvrages (voir bibliographie). Le chapitre 3, *Conversation avec un chien*, offre quelques informations sur le sujet.

Certains chiens aboient non pas pour alerter leur maître ou leur maîtresse mais pour éveiller son attention. Les chiens apprennent très vite que le fait d'aboyer provoque souvent l'apparition d'une personne, ce qui les fait aboyer davantage (lorsque vous criez après lui parce qu'il aboie, votre cri équivaut, pour lui, à un aboiement). Vous ne trouvez sûrement pas agréable que l'on vous crie après, mais pour le chien, cela vaut mieux que d'être ignoré. En fait, crier après un chien qui aboie pour obtenir de l'attention, donne à l'animal la récompense qu'il souhaite recevoir !

Un aboiement demandeur d'attention est généralement aigu. Le chien émet un aboiement, puis écoute afin de voir si son appel suscite une réponse. Si vous êtes en contact visuel avec lui, la pause peut inclure un remuement de la queue, une petite course autour de votre personne, ou même un salut d'invitation au jeu. Bref, le chien est prêt à faire tout ce qu'il faut pour obtenir votre attention. Les chiens sont souvent des individus brillants, charmants, et vous pouvez rendre votre vie beaucoup plus agréable si vous avez une bonne interaction avec le vôtre, mais surtout, ne récompensez pas son aboiement ! Si vous le faites, vous n'en sortirez plus ! Attendez qu'un moment de calme se présente pour interagir avec l'animal, et quand il vous est impossible de lui prêter attention, donnez-lui un objet qui monopolise son intérêt. Certains jouets qui peuvent contenir des gâteries (kongs et cubes, par exemple) sont efficaces, aussi bien que les chasses au trésor (voir chapitre 11, *Résoudre les problèmes*).

Quelques chiens aboient pour souhaiter la bienvenue. Dans la mesure où il s'agit d'un aboiement ou deux, brefs et modérés, destinés à saluer un invité ou un voisin, cela pose rarement problème. Certains jappements brefs peuvent exiger une réaction plus ferme. Un aboiement bref et aigu traduit le mécontentement et constitue un avertissement. Le chien veut que l'on mette fin à un comportement qui lui déplaît. Il a peut-être été réveillé trop brusquement, ou on lui a marché sur la queue, ou tiré sur les poils… Les femelles ont recours au même aboiement contre leurs chiots quand ces derniers se montrent trop turbulents.

Un autre aboiement, ni aigu ni sourd, constitue une véritable tentative de communication avec l'humain. C'est une requête canine, une sollicitation qui peut vouloir dire : « Peux-tu m'ouvrir cette porte ? » ou « Remplirais-tu mon bol d'eau ? » Les gens décrivent souvent cet aboiement comme une sorte d'éternuement. Cela veut peut-être dire, selon moi, que dans sa volonté de communiquer avec son maître ou sa maîtresse, le chien essaie d'émettre un son plus « humain », et qu'il finit par émettre un son moins « canin ».

Un seul aboiement grave et sourd, mais intense, produit généralement après un grognement, est un sérieux avertissement. En bref, il veut dire « recule ». Il est émis par un chien sûr de lui, qui vous signifie que vous avez pénétré dans son espace, qu'il n'aime pas ça du tout et souhaite vivement que vous vous éloigniez… immédiatement. Ce n'est pas une menace en l'air. Si le chien émet cet avertissement sans raison devant une personne qu'il connaît, il est temps de consulter un bon béhavioriste qui travaillera avec vous sur certains problèmes de *leadership*. Si vous tardez trop longtemps, l'aboiement pourrait se transformer en morsure.

ESSAYEZ-LE

Sortez de la maison, éloignez-vous un peu, mais en restant à portée de voix. Écoutez. Si votre chien est anxieux parce qu'il est seul, vous entendrez un simple aboiement, puis il y aura une pause, puis un autre aboiement, puis une autre pause et ainsi de suite. Les aboiements sont aigus et affolés.

D'autres chiens, qui ne souffrent pas vraiment d'angoisse de la séparation mais s'ennuient quand on les laisse seuls, émettent eux aussi un simple aboiement, avec une pause, mais cet aboiement n'a pas la même intensité ; il est plus bas et a une étrange sonorité étouffée. On ne décèle ni émotion, ni une signification quelconque dans cet aboiement. Si l'on pouvait demander au chien ce qu'il ressent, on découvrirait sans doute que son aboiement *n'a en fait aucun sens* et que l'animal essaie tout simplement de se distraire, de passer le temps. Le chien véritablement angoissé, qui ne sait pas quoi faire pour se sentir mieux, essaie de dire au monde entier : « Je me sens si seul, s'il vous plaît, revenez ! »

Il y a aussi quelques jappements ludiques qui sonnent beaucoup plus joyeusement que les autres. On perçoit généralement, dans ce type d'aboiement, un changement de tonalité, ce qui produit un son en deux syllabes, émis dans une sorte de glissando ascendant qui ressemble presque à une question en raison de son inflexion. Un chien peut aboyer sur ce ton lorsqu'il vous invite à jouer (en y ajoutant le langage corporel approprié) ou parce qu'un jeu l'excite tout particulièrement. Cet aboiement, associé à un salut d'invitation au jeu, prouve que certains aboiements n'ont d'autre but, chez le chien, que d'attirer l'attention vers son mode de communication primordial : le langage corporel. C'est une sorte de signal qui signifie : « Regarde ce que je veux te dire ».

Une invention qui nous vient du Japon est présente sur les rayons des animaleries aux États-Unis. Le *Bowlingual* a été mis au point par un vétérinaire japonais dans un laboratoire acoustique et produit par le fabricant de jouets Takara Co. Un petit microphone attaché sur le collier du chien transmet les aboiements à un « traducteur » à main, qui analyse le son et propose une traduction en langue anglaise de ce que le chien a voulu exprimer. À l'aide de deux cents modèles d'émotions puisés dans une banque de données d'empreintes vocales et d'analyse de voix, le *Bowlingual* peut déterminer si un aboiement est heureux, triste, frustré, en colère, affirmatif ou quémandeur. Les traductions proposent des expressions comme : « Comment oses-tu ? », « C'est fou ce qu'on s'amuse », « Pas touche ! », « On joue ? », etc.

VOUS POUVEZ ME CITER

« J'ai vu, dans le Sud-Ouest, des chiens, des renards et des coyotes accueillir et reconnaître mutuellement leurs vocalisations. »

KAREN OVERALL
Spécialiste du comportement animal

Il s'agit peut-être là d'une invention amusante pour les propriétaires de chiens, mais se reposer sur ces traductions pour décider du déroulement des activités d'un animal semble pour le moins hasardeux. Les traductions ne concordent pas toujours avec l'attitude du chien sur lequel je les ai testées, et elles sont parfois carrément à côté de la question. La seule application qui puisse avoir quelque pertinence, c'est le mode d'analyse de données, qui permet d'enregistrer l'aboiement des chiens en l'absence de leur maître ou de leur maîtresse. À ceux qui ont un chien aboyeur ou qui souffre d'angoisse de la séparation, cette invention peut indiquer quand l'aboiement commence et combien de temps il dure.

(Photo: The Iams Company)

Le salut d'invitation au jeu peut être accompagné d'aboiements.

L'appareil coûte un peu plus de 100 $. Ce n'est pas un gadget à acheter par caprice, mais si vous avez vraiment envie de savoir comment la petite boîte traduit les aboiements de votre toutou, c'est une acquisition qui peut être amusante, voire instructive.

Les grognements

Les gens voient généralement le grognement comme une menace. C'est souvent vrai, mais il peut avoir d'autres significations, et certains chiens grognent pour s'exprimer. Une fois de plus, il est important de « lire » le chien tout entier. Écouter la vocalisation ne suffit pas. Les grognements peuvent servir d'avertissement, ou menacer, mais ils peuvent aussi exprimer la peur, la frustration, l'insécurité, ou un simple mécontentement devant le mauvais temps.

Si le grognement vient des profondeurs de la poitrine et fait trembler le chien du bout des pattes à la tête, la prudence est de mise. Si le corps est raidi, les babines retroussées et le nez froncé, le chien vous fait savoir en termes clairs qu'il est grand temps de reculer. Ce grognement peut se terminer par un aboiement court et aigu, comme je l'ai décrit précédemment. Si vous ne reculez pas et que le grognement cesse, ne croyez pas que vous ayez convaincu le chien de voir en vous le plus agréable des compagnons. À moins que son langage corporel ne se modifie, dites-vous qu'il a compris que sa menace (le grognement) ne donne pas de résultat et qu'il ne lui reste plus qu'à utiliser la force physique. En fait, avant d'attaquer, les chiens sont presque tous silencieux. Les gens qui racontent qu'un chien les a attaqués sans prévenir ont souvent ignoré leur avertissement vocal, et mal interprété leur langage corporel. Ils l'ont énervé au point qu'il n'a plus eu qu'une solution : l'attaque. Certaines personnes punissent un chien quand il grogne, croyant ainsi régler le problème. Le problème est si peu résolu que le chien ne donnera même plus d'avertissement vocal lorsqu'il aura envie d'attaquer. Beaucoup de morsures pourraient être évitées si les gens accordaient plus d'attention à ce que les chiens essaient de leur dire.

> ### Pensez-y
>
> Les propriétaires de chiens font souvent de sérieuses erreurs en matière de grognements. Un ami, un vétérinaire ou un dresseur leur a sans doute dit qu'ils ne pouvaient pas «accepter» que leur chien grogne. Alors ils le punissent chaque fois qu'il émet ce genre de son, et ils arrivent souvent à le convaincre de ne plus grogner. Ce qui est dommage, c'est qu'ils suppriment, par la même occasion, l'avertissement verbal. À moins que ces personnes ne soient en mesure de lire correctement le langage corporel de leur compagnon, il est probable que ce dernier mordra désormais «sans avertissement».

S'éloigner lentement et posément de l'endroit critique (un pas rapide et des mouvements brusques risquent de déclencher une attaque) est conseillé. Tandis que vous battez en retraite, utilisez des signaux canins d'apaisement, ils vous aideront à désamorcer la pulsion agressive. Tournez-vous de côté, évitez tout contact oculaire avec le chien (utilisez votre vision périphérique), baissez le menton, clignez des yeux et bâillez. Tous ces comportements indiquent à l'animal que vous reconnaissez la précarité de la situation et que vous n'avez pas la moindre envie de vous battre. Si le chien cligne des yeux en retour, vous pouvez vous dire que votre message a été compris.

Des grognements plus aigus qui ne font pas « vibrer » le chien comme la menace qui accompagne le grognement sourd, un corps abaissé, des lèvres retroussées et un nez froncé constituent l'avertissement d'un chien moins sûr de lui. La situation lui fait peur, mais il est tout de même prêt à se défendre s'il l'estime nécessaire. Ce son, qui émane beaucoup plus de la bouche que de la poitrine, équivaut au ton hargneux que pourrait employer un humain.

Lorsque le ton du grognement s'élève, on a affaire à un chien encore plus effrayé. Le chien dont les grognements passent d'aigus à sourds, s'interrompent, et recommencent sur un ton plus bref et encore plus aigu, exprime ainsi sa terreur. Il se sent littéralement en danger de mort, et l'on ne peut absolument pas prévoir ce qu'il pourrait faire dans ces circonstances. S'il en a la possibilité, il s'enfuit à toutes pattes, mais il peut aussi opter pour une attaque désespérée. Pour lui, c'est une question de vie ou de mort.

En général, plus le timbre du grognement est élevé, ou plus il varie dans la modulation, moins le chien se sent sûr de lui, mais cela ne veut pas dire que l'animal ne constitue pas une menace. Tous les grognements d'avertissement doivent être pris au sérieux.

Il existe un type de grognement qui est tout simplement une invitation au jeu. Le grognement ludique peut être très bruyant, même si le son est rauque ou d'intensité moyenne. Le langage corporel de l'animal affirme clairement ses intentions : il veut jouer. Sans jamais montrer les dents, il s'engage dans une course amicale, joue au chasseur, donne des petits coups de museau ou d'arrière-train. Le grognement est d'une « qualité » différente. Si vous êtes attentif à vos réactions naturelles à la communication canine, sans qu'aucune démarche intellectuelle n'intervienne, vous découvrirez que lorsque le grognement exprime une menace sérieuse, votre estomac se serre et vous avez la chair de poule, alors que le grognement ludique vous fait sourire.

Les hurlements

Les chiens ne hurlent pas tous. Beaucoup de races nordiques hurlent pour s'exprimer. Les propriétaires de malamutes de l'Alaska et de huskies sibériens connaissent bien le « wouououh » que leur chien émet en signe de bienvenue, ou pour commenter certaines activités. Ce hurlement bref et joyeux fait partie des caractéristiques de ces bêtes magnifiques. Il n'a rien à voir avec le long hurlement utilisé par la plupart des canidés quand ils veulent communiquer.

Le hurlement typique du loup commence comme tel, puis décroît en intensité, jusqu'à une note plus basse et plus étirée. Dans une meute prête à la chasse, le hurlement d'un individu est suivi par celui des autres. Il peut aussi rappeler au groupe qu'un prédateur dangereux est entré dans leur territoire. C'est le type de hurlement qu'un chien peut émettre en réponse à une sirène, ou à certaines notes de musique. Des chercheurs ont démontré la fausseté de la théorie voulant que le tympan des chiens soit agressé par certains sons. Il s'agit plus vraisemblablement d'une réaction atavique. Le chien ressent un besoin instinctif de réagir.

Le son émis par les humains qui tentent d'imiter le hurlement d'un chien ressemble davantage à un hurlement de coyote. Les coyotes sont des animaux solitaires qui hurlent pour vérifier à quelle distance ils se trouvent du territoire de chasse d'un autre groupe, ou pour entendre d'autres voix. Dans le passé, les coyotes vivaient en communauté, mais en se rapprochant des régions peuplées par les humains, ils sont devenus plus solitaires. Leurs hurlements expriment leur solitude. Un chien enfermé loin de son foyer hurle de la même manière. Il y a, dans le son que ces bêtes émettent, de l'anxiété et de la tristesse.

Une variante plus joyeuse du hurlement est le son émis par le chien de chasse. Beaucoup de chiens courants hurlent de la sorte quand ils sont sur les traces d'une proie. Ce son aide les chasseurs qui ne peuvent pas se déplacer aussi vite que les chiens, à localiser ces derniers tout en localisant le gibier. Ce hurlement est plus mélodieux que les autres, avec un son soutenu où l'on perçoit plusieurs notes. Les propriétaires de chiens courants peuvent souvent reconnaître, dans un groupe, le son particulier d'un de leurs chiens (qu'ils trouvent souvent plus mélodieux que celui des autres!) Tous les chiens de meute ne hurlent pas nécessairement. Ce sont ceux qui sont sur les traces du gibier qui le font. Cela permet aux autres de se diriger au son et de les rejoindre.

Certains hurlements peuvent donner le frisson. Il existe un tas de légendes à leur propos. On dit alors que l'animal « hurle à la lune ». On raconte que des chiens se trouvant sur un autre continent que leur famille humaine se sont mis à hurler au moment de la mort de leur maître. (Je me demande comment on peut se souvenir d'un hurlement qui, au moment où il a été émis, n'avait pas de signification particulière.) On dit que des chiens ont hurlé sous la fenêtre de leur maîtresse lorsqu'elle a rendu le dernier soupir. (Je pense, moi, que le chien avait été mis dehors pendant que la famille veillait la personne agonisante, et qu'il a tout simplement décidé de crier sa solitude. Il a probablement hurlé à plusieurs reprises, mais un des hurlements s'est produit au moment crucial, et c'est bien sûr celui-là que les humains ont retenu.) Le hurlement est un son qui fait parfois peur, mais qui n'a pas de connotation surnaturelle. On peut trouver, dans les parcs à loups, des endroits où les visiteurs peuvent hurler avec les loups.

Gémissements et geignements

Les gémissements et les geignements sont des sons de détresse ou, occasionnellement, d'excitation. Leur origine remonte à la petite enfance, quand le chiot gémit lorsqu'il est séparé de sa mère ou de la portée. Il gémit quand il a froid, faim, ou ressent une quelconque angoisse. Lorsqu'un chien adulte gémit, ce son signifie que l'animal fait face à une menace qui l'effraie mais qu'il ne peut éviter (comme lorsqu'il se trouve sur la table d'auscultation du vétérinaire, par exemple), ou qu'il éprouve un besoin qu'il ne peut satisfaire (envie de sortir alors que la porte est fermée). Le chien est en détresse psychologique, voire physique. Son gémissement déclare qu'il a besoin d'aide.

La vocalisation de détresse pourrait être décrite avec plus de précision par le mot «geignement». Le geignement commence sur une note douce, s'élève en tremblotant vers une note plus aiguë et se répète en éructations brèves. Si le chien reste dans la situation angoissante, le geignement se fait de plus en plus sonore. Par ce son, l'animal reconnaît son impuissance ; il supplie qu'on ne le frappe pas ; il demande qu'on le

sauve d'un péril. C'est une communication très insistante. Le geignement incite certains propriétaires émotifs à s'empresser auprès de leur
petit toutou qui a si peur du vétérinaire, à roucouler des mots doux dans
son oreille… ce qui le convainc qu'il a vraiment raison de s'inquiéter
car quelque chose d'affreux se prépare! Il est nettement préférable de
détourner l'attention du chien en lui disant des mots qu'il connaît,
accompagnés d'une caresse réconfortante ou d'une friandise. Une promenade dans le terrain de stationnement est conseillée avant une séance
chez le vétérinaire.

Nestle émet un gémissement que nous avons fini par traduire par:
« Timmy est tombé dans le puits! » L'expression nous a été inspirée par
le film *Lassie la fidèle* et par la série télévisée sur le même thème. En
d'autres mots, cela veut dire que Nestle sent que quelque chose d'in-

*Diamond gémit lors de cette séquence du test de tempérament. Il n'a qu'une idée en tête:
s'éloigner de l'affreux parapluie.*

quiétant ou d'effrayant s'est produit ou va se produire dans son environnement et qu'il a besoin de notre aide pour affronter le danger potentiel. Nous avons appris qu'il était nécessaire d'enquêter, pour la simple
et bonne raison que le geignement de Nestle persiste jusqu'à ce que le

problème soit résolu. Il s'agit parfois d'un incident qui mérite vraiment que l'on s'y attarde. Soit il nous avertit que Diamond a été oublié dehors ; que les poules se sont enfuies du poulailler et sont entrées dans l'enclos des chiens ; qu'un mouton est tombé dans un fossé et ne peut plus en ressortir ; qu'une intrusion s'est produite (l'écureuil est de nouveau sur la galerie !) Nous lui sommes très reconnaissantes quand il nous avertit d'un incident qui peut porter à conséquence.

Un gémissement plus sonore, moins déchirant mais plus persistant, est émis par le chien qui veut quelque chose et sait que gémir est un moyen très efficace d'arriver à ses fins. L'animal regarde son maître, gémit, puis regarde l'objet qu'il désire, comme un jouet ou une friandise, par exemple. La requête est exprimée avec clarté. Le son n'est pas modulé de la même manière que lorsqu'il y a appel de détresse, et le chien se contorsionne et se tortille impatiemment jusqu'à ce qu'il obtienne l'objet convoité.

Un chien dont l'attention est soudainement en alerte peut geindre, mais le son est beaucoup plus bas et consiste généralement en un ou deux geignements étirés.

Enfin, plusieurs geignements brefs, saccadés, accompagnés d'une respiration plus courte, signalent l'excitation, ou sont tout simplement une invitation au jeu. Le chien a peine à contenir son ardeur, et il bave en vocalisant. Il s'agit encore d'un geignement, mais il sonne tout à fait différemment du cri de détresse.

Autres vocalisations

Les chiens émettent une demi-douzaine de sons en plus (et ceux qui sont particuliers à leur race). La plupart de ces sons n'ont pas toujours un sens très précis.

Les glapissements peuvent provenir d'un chien ou d'un groupe de chiens. L'animal qui réagit à une douleur subite produit un seul glapissement bref et aigu. Ce son est similaire au « aie ! » que nous crions quand nous nous écrasons un orteil. Une série de glapissements, par contre, comme le « kaï kaï kaï! », indique un degré élevé de peur ou de douleur. Un chien qui fuit devant un agresseur après avoir été mordu crie de cette façon.

Les sons émis par les chiens qui s'attendent à un moment agréable sont difficiles à traduire. Nestle produit un son qui ressemble à un grognement d'invitation au jeu, combiné à un geignement. La meilleure approximation à laquelle je peux faire appel pour le traduire phonétiquement est « orr orr orr rouff wow ». Le son est d'intensité moyenne, et il est accompagné d'un tas de mouvements. Certains chiens ont recours à un hurlement sourd, du genre « wouuu-houuu-wouah ».

Les chiens soupirent comme les humains. Il y a bien sûr, pour commencer, le soupir de satisfaction. Le chien qui vient de faire une bonne promenade et, une fois rentré, s'installe devant le feu de bois avec son maître ou sa maîtresse, menton entre les pattes, yeux à moitié clos et pousse un long soupir de contentement. Tout comme le convive qui, après avoir terminé un bon repas, repousse sa chaise et s'effondre dans un fauteuil.

PENSEZ-Y

Puisque les chiens rient, cela veut-il dire qu'ils ont le sens de l'humour ? Beaucoup de gens répondront que oui. Je sais que mon Serling a le sens de l'humour. Il a inventé plusieurs moyens d'agrémenter les concours d'obéissance, si ennuyeux, et il sourit quand il fait ses petites espiègleries. Et quand les spectateurs éclatent de rire, il est positivement ravi.

Pour les chiens comme pour les humains, le soupir peut aussi exprimer la déception. Si l'animal a essayé d'induire un certain comportement chez son maître ou sa maîtresse (il a envie qu'on lui lance un bâton pour qu'il puisse le rapporter, ou espère recevoir une friandise), et que la réponse attendue ne vient pas, le chien peut abandonner la partie, se coucher, placer son museau entre ses pattes et, l'œil grand ouvert, pousser un soupir découragé. C'est une manifestation de reddition. Il ne s'obstinera pas.

Certains chiens grognent en signe de bienvenue, pour solliciter l'attention de leur maître, ou pour exprimer leur contentement. Ils peuvent aussi émettre un son métallique et bref en refermant leur mâchoire. Certains font ce bruit en jouant, d'autres pour éloigner un compagnon de jeu quand les choses risquent de se gâter. Un autre son qui acquiert parfois une sonorité

On peut presque entendre le soupir découragé de ce chien à qui l'on vient de demander de poser pour le photographe.

métallique est le halètement. Le chien est très excité ou tendu, sa respiration devient plus courte, plus bruyante, il ouvre la gueule et halète. D'autres sons occasionnels incluent un grognement qui associe la plainte au grognement (sous l'effet de l'anxiété ou du contentement) ; le soufflement (lorsque les babines se gonflent de chaque côté pour indiquer la soumission) ; et enfin, plus rarement, le sifflement (qui indique la soumission).

Serling était un chien très talentueux, mais personne n'a jamais pu deviner quel était son commentaire quand il répondait au téléphone.

Un chevreuil est-il passé par ici? Quelqu'un a-t-il laissé tomber un gâteau à la cannelle? Les chiens savent, eux.

Patricia Simonet, une chercheuse du Sierra Nevada College, a identifié un son ressemblant à un halètement, mais avec une respiration plus profonde. Elle n'a remarqué ce son que durant des séances de jeu, et l'a appelé le rire du chien. Je pourrais me rapprocher phonétiquement du son émis avec la triple onomatopée « henn henn henn » (avec le *h* aspiré). Patricia a fait une analyse spectrographique des enregistrements du « rire » et a découvert qu'il était très différent d'un halètement normal. Les chiens réagissent aux enregistrements de rires par une invitation au jeu.

Beaucoup de chiens ont leurs propres sons. Vous avez certainement entendu votre compagnon émettre un son qui n'appartient qu'à lui, et vous adorez cela. Les « hum » de Serling me manquent énormément.

Il existe un troisième langage chez le chien, basé sur le flair. Vous trouvez sans doute fatigant de faire du jogging avec un toutou qui s'arrête partout pour flairer l'herbe ou le sol, mais si vous saviez quelle montagne d'informations le nez de votre compagnon lui fournit, vous vous mettriez à flairer vous aussi. L'odorat est ce qui motive le rituel de bienvenue des chiens quand ils se rencontrent ; il joue un rôle très important dans leur environnement. Nous ne sommes tout simplement pas équipés pour comprendre cette partie cruciale de leur langage.

Chapitre 7

....

Chaque race sait comment se distinguer

Comment en sommes-nous arrivés à avoir toutes ces races?
À quoi servent-elles?
La communication est-elle différente selon la race?
Le dressage est-il différent?

> Non, un chien n'est pas «presque humain». Il n'existe pas
> de pire insulte à la race canine que de la décrire de la sorte.
> Le chien peut faire beaucoup de choses que l'homme est
> incapable de faire, ne pourra jamais faire, et ne fera jamais.
>
> JOHN HOLMES

Shauna et son ami Kerry assistent aux épreuves d'obéissance qui se
déroulent dans le ring. Les chiens sautent au-dessus des obstacles,
restent au pied sans laisse, vont vers leur maître quand ce dernier
les appelle et s'aplatissent au sol au milieu du trajet si le commandement

leur en est donné. « Un jour, je ferai cela avec Barney », dit Shauna. Kerry se met à rire. Shauna est mortifiée. « Ne soit pas ridicule, dit Kerry. Barney est un beagle. D'accord, les beagles sont mignons, mais tout le monde sait qu'ils sont très têtus et pas très brillants. » Shauna se détourne afin que Kerry ne voie pas à quel point elle est blessée. Barney n'est pas stupide. Elle sait qu'il n'est pas stupide, mais une petite voix insistante lui dit que Kerry a plus d'expérience qu'elle. Quant au garçon, il ne se rend pas compte de l'effet de ses paroles, alors il continue sur le même ton : « Je vais concourir avec MacGregor. Il est vraiment brillant, mais bien sûr, on ne peut pas laisser les terriers d'Écosse s'approcher d'autres chiens. »

Est-il vrai que les beagles soient stupides et les terriers d'Écosse agressifs ? Les problèmes que nous avons avec nos chiens doivent-ils êtres associés aux caractéristiques de leur race ? Bien sûr que non. En fait, beaucoup de comportements classés comme comportements à problèmes (aboiement ; besoin de creuser ou de chasser) sont des comportements canins normaux, qui s'expriment de façon plus accentuée chez certaines races et chez certains individus. La plupart des réflexions que l'on entend à propos des races sont tout simplement erronées et dépassées. Il y a parfois un brin de vérité dans ces commentaires, mais ils sont souvent très exagérés. Examinons les groupes canins, les races, et les croisements. Nous y verrons ensuite plus clair.

Stéréotypes et singularités

Les groupes

Les stéréotypes s'installent avec la séparation par groupes, un procédé utilisé par les bureaux d'enregistrement canins, comme l'American Kennel Club, pour compartimenter les races en catégories supposément logiques. En réalité, ce procédé n'a rien de logique et varie selon l'enregistrement . L'AKC classe les chiens selon les groupes suivants :

- Sportifs
- De trait ou de travail
- Gardiens de troupeau
- Chasseurs

- Terriers
- Miniatures
- Non sportifs

Stupide, moi ? Je ne crois pas.

Vous pouvez me citer

«Les chiens ont une faculté d'adaptation supérieure à la nôtre.

«Ne faites pas de fixation sur les «comportements propres aux races». Cela ne fera que vous plonger dans la confusion. Si un des comportements de votre chien augmente en fréquence et en intensité, cela veut dire qu'il est renforcé – que ce renforcement vienne ou non de vous.»

KERRY HAYNES-LOWELL

Dans les années quatre-vingt, il n'existait que deux classifications : les chiens sportifs (chasseurs) et non sportifs (toutes les autres races). Le groupe des chiens courants s'est détaché de celui des sportifs. Puis d'autres groupes ont émergé petit à petit du groupe non sportif, laissant plusieurs races dans le vague. Malheureusement, quelques races se sont retrouvées dans des groupes qui ne leur convenaient pas. Le chien d'élan norvégien, par exemple, se trouve dans le groupe des chasseurs, alors qu'il a bien plus de caractéristiques en commun avec le husky sibérien (travailleur) et le spitz allemand (chien-loup) qu'avec le basset hound et le saluki. Quelques amoureux du caniche ont essayé de faire passer ce chien de la catégorie non sportif à sportif afin de mettre l'accent sur le passé de chasseur de cet animal.

Le United Kennel Club (UKC) reconnaît huit groupes. Quelques-uns seulement sont en accord avec la classification de l'AKC :

- Chiens de chasse
- Chiens d'arrêt
- Chiens courants
- Terriers
- Chiens de berger
- Chiens de compagnie
- Chiens de garde
- Races nordiques

L'idée de diviser les chiens de chasse en deux catégories, chiens courants et chiens d'arrêt, me paraît très valable. Tout est basé sur la personnalité, ce qui est beaucoup plus logique. Regrouper les races nordiques, qui ont une tête de renard et une queue touffue recourbée sur le dos, est tout à fait sensé. Classer un groupe, non en fonction de la taille des chiens (chiens miniatures) mais en fonction de leur utilité (chiens de compagnie) me semble également être un pas dans la bonne direction.

La Fédération Cynologique Internationale (FCI) a augmenté le nombre de groupes. Selon sa classification, il y en a dix :
- Chiens de berger et de bouvier
- Pinschers et schnauzers, chiens de montagne et bouviers suisses
- Terriers
- Teckels
- Chiens dits primitifs et chiens de type spitz
- Chiens courants, chiens de recherche au sang
- Chiens d'arrêt, setters et pointers
- Retrievers, leveurs de gibier et broussailleurs, chiens d'eau
- Chiens d'agrément et apparentés, chiens miniatures
- Lévriers

Les teckels sont autant des chiens de terre que les terriers.

Donner aux teckels leur propre groupe, et séparer les chiens de chasse en deux groupes (pointers et retrievers), c'est aller un peu loin. Les huit groupes de l'UKC offrent une classification plus fonctionnelle, mais faire des généralisations dans les races individuelles à l'intérieur d'un même groupe est risqué.

Une compagnie d'aliments pour chiens offre une formule différente pour chaque chien des groupes de l'AKC, mais donner le même aliment aux greyhounds et aux saint-hubert ne me paraît pas très indiqué.

On entend sans cesse des gens faire des généralisations à propos des groupes. Certaines personnes prétendent que les terriers ne s'entendent pas avec les autres races et que les chiens de berger « pincent ». Si l'on examine ces stéréotypes, on découvre très vite que tout cela est tiré par les cheveux. Dans les expositions canines, les maîtres-chiens qui s'occupent de terriers tiennent souvent leur bête en laisse très courte et leur font face de très près. Ils s'attendent à ce que leurs chiens adoptent « l'attitude du terrier » en se dressant sur leurs pattes arrière, en aboyant ou en grognant. Je pense que si ces chiens adoptent cette attitude, c'est parce qu'ils savent qu'elle va leur attirer l'approbation de leur maître et ils la conservent même en dehors du ring. Si on respecte leur nature, cependant, la plupart des terriers sont parfaitement heureux de se trouver avec des copains et de partager leurs jeux. Ce sont des chiens fougueux, certes — n'oublions pas qu'ils sont souvent dévorés par l'envie d'entrer dans des terriers pour y chasser rats, souris et blaireaux — mais la manière avec laquelle ils se conduisent avec les autres chiens dépend de ce qu'on leur a appris lorsqu'ils étaient chiots.

Les chiens de berger sont élevés pour garder les moutons. Qu'on ne se surprenne donc pas de constater qu'ils sont plus heureux avec leur famille caprine que partout ailleurs. « Pincer » est un comportement qu'on leur a appris. Il faut noter que dans ce groupe de chiens de berger, certains individus pincent et d'autres pas. À ceux à qui on a appris à le faire, on peut également apprendre que ce comportement est inapproprié avec les humains.

En conclusion, savoir à quel groupe appartient votre chien (les races sont divisées en groupes sur les sites de l'AKC, de l'UKC et de la FCI, dont vous trouverez les adresses électroniques à la fin de cet ouvrage) ne vous donnera rien de plus qu'une vague idée de ses caractéristiques.

Les races

Pour illustrer quelques problèmes associés au fait d'assigner délibérément des caractéristiques aux races, j'ai demandé aux participants d'une discussion concernant des livres sur les chiens de me faire parvenir par courriel les stéréotypes qu'ils ont entendu proférer à propos des races. Voici les plus outranciers :

- Les akita-inus sont des chiens de combat japonais et des tueurs potentiels.
- Les springers spaniels anglais sont hyperactifs.
- Les lévriers afghans sont stupides.
- Les bergers australiens mordent.
- Les border collies sont fous.
- Les terriers du Yorkshire sont des chiens frivoles qui ne sont bons à rien.
- Les chiens d'élan norvégiens aboient beaucoup.
- Les golden retrievers et les retrievers du Labrador sont gentils et ne mordent jamais.
- Les terriers Jack Russel sont survoltés.
- Les bergers allemands mordent quand ils ont peur.
- Les pitbulls sont agressifs, indignes de confiance. Ils déchiquettent les bébés et tuent les autres chiens. (Heureusement, des personnes mieux informées s'efforcent de démontrer que, parmi les races de chiens, ce sont les pitbulls qui ont le tempérament le plus stable.)

VOUS POUVEZ ME CITER

«Lorsque le propriétaire d'un chien de race a une préconception sur les aptitudes de cette race, son chien risque fort de ne pas réaliser son plein potentiel, qui ne peut être atteint que par le dressage et la socialisation. Nous ne partageons ni les instincts des chiens ni leur compréhension du monde. Malgré cela, un grand nombre de gens sont tentés de définir l'intelligence de leur compagnon en la comparant à celle d'un chien de même race, ou à celle d'autres animaux, ou à celle des humains. C'est une perte de temps. Ce n'est pas parce qu'un chien ne peut pas résoudre une équation algébrique qu'il est stupide. Il est préférable de s'intéresser aux réactions du chien devant son environnement, et de voir comment il négocie avec son entourage (et avec son maître).»

IAN DUNBAR
Béhavioriste canin

Quelques-uns des stéréotypes que les participants trouvaient plus acceptables étaient les suivants :

• Les chiens d'élan norvégiens perdent abondamment leurs poils. (Un éleveur affirme que lorsque l'animal possède la fourrure caractéristique de sa race, la perte de poils est inévitable.)

• Les lhassa apsos développent d'étranges comportements. Ceux qui ont un pelage plus foncé peuvent se montrer agressifs (d'après un béhavioriste canin).

• Les border collies et les bergers australiens sont hypersensibles, surtout aux sons, et ils ont besoin d'une socialisation plus poussée que les autres chiens.

• Les boxers ont une posture corporelle très ferme, que d'autres chiens peuvent interpréter comme de l'agressivité.

• Les rottweilers, les dobermans pinschers et les pitbulls ne conviennent pas toujours à une personne qui n'a jamais eu de chien (cela est peut-être dû à l'idée fausse que beaucoup de gens se font de ces chiens).

PENSEZ-Y

Si vous avez un certain âge, reportez-vous vingt ou trente ans en arrière. À cette époque, de quel chien parlait-on à la radio, à la télé ou dans les journaux comme d'une race «dangereuse»? (Non, ce n'était pas le pitbull). Pourquoi une race cesse-t-elle subitement d'être dangereuse? Pourquoi est-elle alors remplacée par une autre race? Savez-vous quelle race occupe aujourd'hui la première ou la seconde place sur la liste des chiens mordeurs? Le cocker! Les gens qu'il mord sont presque toujours des membres de la famille, mais personne ne va jusqu'à clamer que les cockers sont dangereux et à suggérer que la race soit supprimée. Pourquoi? (Comparez un cocker à un pitbull ou à un rottweiler, l'apparence peut être trompeuse.)

Des gens émettent sans arrêt ce genre de déclarations. Lorsqu'on n'est pas familier avec les races, déterminer s'il y a, ou non, une quelconque vérité dans tous ces jugements est impossible. Il est donc préférable de les prendre avec un grain de sel. Kathy Sdao, qui a une expérience énorme dans ce domaine, fait remarquer que les différences individuelles sont plus importantes que les différences entre races. Il peut même y avoir davantage de variations de comportement entre deux chiens de même race qu'entre deux individus de races différentes.

Il existe cependant des particularités de race. L'arrière-train des chows-chows, par exemple, est d'une structure différente de celle des autres races, ce qui leur donne une démarche un tantinet guindée.

Les bergers allemands ont toujours été respectés. On a souvent utilisé leur apparence pour fabriquer des objets utilitaires.

D'autres chiens interprètent parfois cette particularité comme un comportement arrogant. Il est vrai que les chows-chows n'ont pas la réputation de socialiser volontiers avec leurs congénères. La meilleure chose à faire, si vous voulez acquérir un chien d'une certaine race, est de l'acheter chez un bon éleveur et de discuter de ses caractéristiques avec lui. Il vous dira à quoi vous pouvez vous attendre.

Karen Overall se montre assez véhémente lorsqu'elle remet en question l'affirmation suivante de l'AKC : « Avec un chien de race pure, on sait à quel animal on aura affaire. » Elle ne nie pas que l'examen d'une race spécifique puisse donner une idée générale de ce à quoi le chien va ressembler en grandissant, et de ce dont il aura l'air lorsqu'il sera adulte (ce qui n'est pas négligeable, dans certains cas), de même qu'une idée des comportements de base induits par les décisions prises au cours de l'élevage. Mais tout cela est loin de la soi-disant connaissance profonde sous-entendue par : « On sait à quel animal on aura affaire. »

Karen fait également remarquer que les caractéristiques générales concernant une race peuvent changer au cours des années et selon les circonstances. Les baby-boomers et leurs parents se souviennent des dobermans pinschers comme des chiens tueurs des camps nazis. Ces chiens, après la guerre, ont bien sûr souffert de cette réputation et sont restés, dans l'esprit du public, des chiens agressifs et mordeurs. Pour contrer cette réputation, les efforts des éleveurs se sont concentrés sur le tempérament des dobermans, mais ils sont peut-être allés trop loin dans l'autre direction. Les dobermans d'aujourd'hui sont généralement très doux, mais ils sont parfois peureux. Lorsque les traits caractéristiques des races changent, le sentiment du public ne change pas toujours avec eux.

Une enquête dirigée par la béhavioriste Bonnie Beaver (et documentée dans *Canine Behavior : A Guide for Veterinarians*) révèle que les considérations concernant la race importent peu lorsqu'une personne choisit un chien. Lorsqu'elle demande à ses clients pourquoi ils ont choisi tel chien plutôt qu'un autre, les explications sont les suivantes :
- 24 pour cent basent leur choix sur le sexe de la bête ;
- 17 pour cent choisissent un animal amical et affectueux ;
- 15 pour cent adoptent un chien parce qu'ils éprouvent de la compassion pour lui ;
- 14 pour cent optent pour un toutou parce qu'il est « mignon » ;
- 12 pour cent choisissent le chien en fonction de la couleur de son pelage ;
- 12 pour cent le choisissent en fonction de sa taille ;
- 14 pour cent sont influencés par l'aspect général de l'animal ou par d'autres caractéristiques physiques.

Les caractéristiques de race ne semblent donc pas aussi importantes que le dit l'AKC — au moins pour la majorité des gens. S'il n'en était pas ainsi, comment expliquer la popularité de notre sujet suivant : le bâtard.

Les bâtards

Ce sont les chiens d'origine incertaine (corniauds) ou issus du croisement de deux chiens dont l'un au moins est de race (bâtards) qui sont les plus populaires aux États-Unis. Je suis personnellement amateure de bâtards, en particulier de ceux que l'on trouve dans les refuges. J'aime éduquer ce type de chien sans être encombrée de toutes ces préconceptions associées aux races pures. J'adore apprendre à connaître les caractéristiques de l'animal en apprenant d'abord à le considérer comme un individu à part entière, mais même avec les bâtards, on entend parfois des généralisations du genre :

- les bâtards sont plus intelligents que les chiens de race ;
- les bâtards jouissent d'une « vigueur hybride » et ont une meilleure santé que les chiens de race ;
- avec un bâtard, on ne sait jamais sur quelle sorte de chien on va tomber ;
- on ne peut pas faire de compétitions avec un bâtard ;
- les chiens de refuge sont dans des refuges parce qu'ils sont inadaptés.

Examinons ces préjugés un par un, en commençant par les bêtes les plus jeunes. Tout d'abord, on ne peut pas accuser des chiots d'avoir des problèmes de comportement, à moins que l'on ne se mette en tête que des comportements normaux de petits chiens, comme faire numéro 1 et numéro 2 dans la maison, et pleurer la nuit, sont des « problèmes ». Il y a des chiots qui finissent dans des refuges pour un tas de raisons fallacieuses. Certaines personnes ne font pas stériliser leur chienne, puis ils s'étonnent de se retrouver avec des chiots dont ils ne veulent pas. Alors ils les abandonnent. Il y a même des parents qui, parce qu'ils veulent que leurs enfants assistent au « miracle de la naissance », laissent leur chienne avoir des petits. Le problème, c'est qu'ils n'ont pas du tout envie de soigner et d'éduquer des petits chiens. Conclusion : ils s'en débarrassent ! Des chiots se retrouvent dans des refuges parce que des gens sans scrupule, se disant que faire de l'élevage est un moyen rapide et facile de gagner de l'argent, n'ont pas réussi à « placer » leur « produit ». Et on s'étonne que ces petites bêtes aient des problèmes de comportement !

Certains chiens plus âgés ne sont pas plus responsables de comportements provoqués par les actions humaines (jetez un coup d'œil sur les annonces classées et voyez, par exemple, combien de « Nous déménageons et nous ne pouvons emmener notre chien » vous allez dénombrer). Croyez-le ou pas, il y a des gens *qui ne veulent que des chiots*, et qui se débarrassent des pauvres bêtes aussitôt qu'elles deviennent adolescentes. D'autres refusent de faire un quelconque effort pour les éduquer, ensuite ils blâment le chien quand il se conduit mal. À moins que le personnel d'un refuge ne classe un chien comme « potentiellement agressif » ou vous signale qu'il est un « mordeur impénitent », ne présumez jamais qu'un chien a atterri au refuge parce qu'il avait de telles dispositions.

VOUS POUVEZ ME CITER

« Si les gens pouvaient comprendre une fois pour toutes que les retrievers sont enclins à rapporter, les terriers à creuser et à aboyer, les beagles à s'éloigner de leur propriétaire si ce dernier est trop bruyant, il leur serait plus facile de supporter ces particularités et de les utiliser. J'ai vu des comportements typiques aux races à de nombreuses reprises, mais on peut toujours les exploiter utilement, à condition d'y consacrer le temps nécessaire. Il faut beaucoup de travail pour apprendre à un terrier à rapporter, mais *c'est possible.* »

MANDY BOOK
Auteur, dresseuse et entraîneuse de chiens

La plupart des comportements des chiens de refuge ne « collent » absolument pas à leur personnalité. L'enfermement, la proximité d'autres chiens et les interactions sporadiques avec les humains créent chez eux un niveau élevé de stress. Certains chiens réagissent en aboyant sans arrêt et en sautant avec frénésie dès qu'ils aperçoivent quelqu'un, d'autres sont déprimés et ne manifestent aucun intérêt pour ce qui se passe autour d'eux. Ces attitudes n'ont strictement rien à voir avec leur caractère.

Nestle (à droite), moitié kelpie australien, moitié mystère (bien que lévrier d'Ibiza soit une possibilité) et Diamond, identifié par le refuge où je l'ai trouvé comme bichon maltais croisé.

Dans un nombre de plus en plus élevé de refuges, le personnel promène les bêtes et joue avec elles sur une base régulière. Les employés notent même comment les chiens se comportent lorsqu'ils sont en laisse, leurs réactions quand ils rencontrent d'autres chiens, et toutes autres informations utiles. La plupart des refuges disposent d'une cour ou d'une pièce spéciale où la personne qui désire adopter peut rester seule avec un chien et se faire ainsi une bonne idée de sa personnalité. Il faut garder à l'esprit qu'un tas de gens qui ont opté pour ce qu'ils croyaient être un individu tout à fait calme et réservé se sont retrouvés avec une dynamo canine aussitôt arrivés à la maison. Le choix a été trop rapide. Plus de temps on passe avec le chien dans la cour ou la pièce du refuge réservée à cet effet, plus on a de chances de se faire une idée appréciable de sa personnalité.

ESSAYEZ-LE

Lorsque vous vous promenez, observez le comportement des chiens bâtards que vous rencontrez. Chaque fois que vous en apercevez un, essayez de voir quelles races se sont «mêlées» pour créer cet aspect et cette personnalité. N'oubliez pas qu'il peut y avoir plus de deux races mêlées et que l'une de ces races a eu une influence plus marquante que les autres sur le résultat final. Les labradors noirs peuvent généralement produire des chiens noirs de type retriever à poil lisse. Les bergers allemands ont tendance à doter leurs rejetons d'un dos plus allongé, ainsi que des couleurs caractéristiques du pelage du berger. Si vous en avez la possibilité, demandez au propriétaire du chien s'il connaît la race des parents de son compagnon. Cela vous permettra de confirmer ce que vous avez remarqué.

Ne prenez pas trop au sérieux la description affichée sur l'enclos du chien, à moins que le responsable du refuge ne puisse vous assurer qu'il a, parmi ses employés, des experts en croisement qui pourront vous aider à faire votre choix. Comme cela se passe dans de nombreux refuges, vous trouverez un tas de chiens identifiés comme étant des bêtes croisées avec un berger allemand, un retriever du Labrador, un beagle, un caniche ou un pitbull. Quelques-unes de ces étiquettes sont peut-être justes, mais beaucoup d'autres ne le sont pas.

Si vous connaissez une personne qui a l'expérience des chiens, demandez-lui de vous accompagner au refuge. Il ou elle pourra vous aider à voir les différentes races qui se sont mélangées pour produire le chien qui vous plaît, et déterminer quelle est sa personnalité.

Revenons à la liste des préconceptions sur les bâtards. Une des erreurs habituelles est de dire que les bâtards ne peuvent pas se présenter dans des concours. C'est faux. Les compétitions et les concours pour races croisées ne sont peut-être pas aussi nombreux que ceux réservés aux races pures, mais ils existent. Il y a quelques années, le United Kennel Club a commencé à enregistrer des bâtards stérilisés et à les accueillir dans des concours d'obéissance et d'agilité. Ils ont récemment ajouté aux présentations le tirage de poids. D'autres exercices sont en préparation. L'UKC répertorie les bâtards dans une section appelée AMBOR (Mixed Breed Obedience Registry), car cet organisme a travaillé avec l'UKC à l'élaboration du programme. Mon chien Serling est l'un des premiers bâtards à avoir été enregistré par l'UKC. AMBOR aide des bâtards à obtenir des qualifications dans d'autres domaines, comme la course, par exemple. La United States Dog Agility Association (USDAA) ne s'est jamais préoccupée du pedigree des chiens participant à ses épreuves, et l'American Herding Breeds Association (AHBA) autorise les races croisées avec des chiens de berger à concourir lors de leurs événements canins. Clever Canine Companions récompense tous les chiens, qu'ils soient de race ou bâtards, lorsqu'ils se distinguent dans tout un éventail de performances, allant de la zoothérapie à la randonnée. Wet Dogs fait de même pour les épreuves se déroulant dans l'eau. Mixed Breed Dogs Clubs of America offre une exposition canine traditionnelle, mais ses clubs sont malheureusement peu nombreux, et ils sont éloignés les uns des autres. Si vous avez un bâtard que vous voulez présenter lors d'un concours, c'est grâce à l'un de ces organismes que vous pourrez le faire.

On dit que les bâtards sont plus intelligents que les races pures. C'est faux. Il y a des bâtards brillants et des chiens de race stupides, mais le contraire est aussi vrai. L'intelligence est une caractéristique individuelle.

Il nous est parfois difficile de la remarquer chez nos compagnons humains, laissons donc les autres espèces en paix (nous reviendrons sur le sujet).

Le concept de « vigueur hybride » possède au moins un aspect scientifique. Chez les humains, l'inceste est tabou en raison de motifs très sérieux. Vous ne pouvez pas épouser votre frère — ni votre sœur. Chez les animaux, mélanger les gènes provenant de plusieurs pools génétiques permet de réduire les risques de voir des rejetons souffrir en raison de certaines combinaisons de gènes néfastes ou même létales, qui sont à la base de maladies comme l'épilepsie, le cancer, la dysplasie de la hanche et la plupart des autres maladies canines. Certaines maladies sont de nos jours si répandues parmi les races pures que les risques ne sont pas tellement moindres chez les bâtards. Ainsi, même s'il y a un brin de vérité dans le concept de « vigueur hybride », le fait d'opter pour un bâtard n'écarte pas vraiment le risque d'imperfections génétiques.

Enfin, examinons l'idée selon laquelle on ne sait jamais sur quelle sorte de chien on va tomber quand on acquiert un bâtard. Personnellement, j'aime l'incertitude. Je pense qu'elle aide à prêter une plus grande attention aux facultés personnelles et aux singularités d'un chien. Il est néanmoins important de savoir quelle taille le chien aura lorsqu'il sera adulte, si vous avez un tant soit peu d'expérience, vous pourrez évaluer cela facilement. Choisissez un chien dont l'aspect vous plaît, et dont le besoin d'activité – élevé, moyen, ou presque nul – convient à votre mode de vie. Même si vous voulez adopter un bâtard, ne négligez pas les refuges pour chiens de race.

Jeux de communication à l'usage des races

Presque tous les dresseurs que je connais ont adopté des stratégies de dressage positives. Ils utilisent soit des méthodes de séduction et de récompense, ou le clicker. Il y a malheureusement encore trop de colliers étrangleurs en fonction. Ma propre expérience et celle d'autres dresseurs m'ont convaincue que les méthodes positives sont les meilleures. Si, pour une raison ou une autre vous n'êtes pas satisfait de leurs résultats, vous pouvez toujours revenir à une méthode plus coercitive. Vous n'avez rien perdu à essayer.

Morgan Spector, dresseur au clicker, a fait sien le vieux serment de « ne jamais faire mal » à la bête. C'est sa première directive en matière de dressage. Bien sûr, pour *savoir* si l'on fait mal à un chien, il faut être en mesure de « lire » ce qu'il exprime et de comprendre ses réactions aux commandements. N'oubliez pas que la communication est une rue à deux sens. Vous devez faire de votre mieux, non seulement pour rendre votre langage le plus clair et le plus précis possible, mais pour voir ce que le chien vous répond. Il vous dira si ce que vous faites est bon ou mauvais. Réparer vos erreurs peut vouloir dire que vous devez d'abord sortir le chien d'une situation très stressante, le laisser tranquille pendant une journée, et ensuite changer radicalement votre stratégie de dressage.

Beaucoup de dresseurs avec lesquels j'ai discuté ont une nette préférence pour l'entraînement au clicker (qui fait partie de ce que l'on appelle, dans le langage scientifique, le conditionnement instrumental). Morgan Spector fait remarquer que les chiens de refuge au tempérament doux répondent bien à ce type de dressage car il ne s'agit pas d'une méthode stressante. Quant aux terriers têtus, ils s'en accommodent également car il met au défi leur intelligence et leur ténacité. Kathy Sdao a commencé sa carrière avec des dauphins, des baleines et des morses, avec lesquels elle utilisait le conditionnement instrumental. Lorsqu'elle s'est lancée dans le dressage de chiens, elle n'a vu aucune raison de changer de méthodologie. Elle cite parfois Karen Pryor, une adepte précoce de l'entraînement au clicker, qui affirme que la technique fonctionne avec « toutes les espèces qui mangent et ont un tronc cérébral ». « Si la méthode se montre efficace avec les oiseaux, les poissons, les chats, les lamas et les éléphants, ajoute Kathy, pourquoi ne le serait-elle pas avec les caniches *et* les pitbulls ? » Quant à Mandy Book, elle est convaincue que le clicker est une méthode que tout le monde peut utiliser. Ce type d'entraînement empêche la relation entre le chien et son maître de devenir conflictuelle, et elle oblige les propriétaires à avoir une meilleure compréhension de leur compagnon. En outre, les chiens aiment ça.

VOUS POUVEZ ME CITER

«Dans la mesure où chaque race réagit avec sa propre sensibilité à la motivation et à l'apprentissage, l'application de toute technique de dressage doit absolument tenir compte de ces différences. Adapter une stratégie de dressage à une race particulière ne suffit cependant pas. Tous les groupes de chiens comprennent des individus très sensibles et des individus parfaitement insensibles, qui répondent à leur manière aux méthodes coercitives – le premier se couche sur le dos, le second n'a pas l'air de s'inquiéter. Ces réactions opposées se produisent aussi bien avec des chiens très sensibles au renforcement positif qu'avec des chiens indifférents aux récompenses alimentaires et aux gestes d'affection – soit parce qu'ils ont été négligés lorsqu'ils étaient chiots, soit en raison de leur race. Bien que les chiens de race puissent nous fournir des principes de base pour le dressage, on ne peut se reposer automatiquement sur cette considération. En fin de compte, nous devons constamment nous efforcer d'aller plus loin et de créer une forme de communication dans laquelle le chien est considéré comme un individu à part entière.»

GARY WILKES
Chroniqueur et fondateur de Click & Treat

Il y a cependant des problèmes potentiels à envisager avant d'adopter l'entraînement au clicker. Les chiens sensibles aux sons (rappelez-vous mes réflexions au sujet des border collies et des bergers australiens) peuvent trouver agressif le son en deux temps du clicker. Dans ce cas, il est conseillé d'avoir tout simplement recours à une indication verbale («oui»), ou à un stylo à bille rétractable – beaucoup moins bruyant que le clicker. Avec les chiens sourds, on peut utiliser une lampe de poche, (l'allumer et l'éteindre), ou un collier à vibrations (mais *pas* un collier étrangleur). Le collier à vibrations, comme son nom l'indique, se contente de vibrer, comme un téléphone cellulaire.

La plupart des gens qui utilisent le clicker y associent, en guise de récompense, de la nourriture. Cette méthode soulève deux questions, qu'il importe d'examiner. Tout d'abord, le moment où l'on donne la récompense est important. Si vous voulez que le chien se tienne à votre gauche et que vous tendez la récompense en face de vous, vous avez beaucoup de chances de trébucher sur l'animal qui veut se placer là où la récompense va tomber. Servez-vous de la position du chien à votre avantage et donnez-lui sa friandise lorsqu'il se trouve là où vous voulez qu'il se trouve. Si votre chien est petit, vous devrez évidemment faire un exercice d'assouplissement ! Ensuite, il ne faut pas oublier qu'un grand nombre de friandises ne sont pas bonnes pour la santé de votre compagnon. Un aliment trop riche en gras peut provoquer une pancréatite, maladie très grave, surtout chez les chiens miniatures. De plus, vous ne voulez pas que votre chien devienne obèse, n'est-ce pas ? Prenez une portion de sa nourriture quotidienne, mélangez-y quelques petits morceaux de fromage, et servez-vous de ce mélange pendant votre session de dressage.

N'oubliez pas que la nourriture n'est pas la seule récompense. Bien que la majorité des chiens soient gourmands, il y a d'autres choix. Beaucoup de chiens travaillent avec enthousiasme s'ils savent qu'ils vont pouvoir s'amuser avec leur jouet favori. Nous parlerons bientôt des jeux.

VOUS POUVEZ ME CITER

«Les chiens ne sont ni stupides, ni presque humains. L'évolution a fait en sorte qu'ils soient aussi intelligents qu'ils doivent l'être pour survivre et se défendre. Les gens qui me disent que leur chien est stupide l'ont généralement éduqué, souvent sans le vouloir, de telle sorte qu'il est devenu entêté et réagit mal aux commandements. La responsabilité de cet état de choses incombe au maître ou à la maîtresse. Elle ne découle pas du code génétique de l'animal.»

KATHY SDAO
Dresseuse et spécialiste du comportement animal

L'intelligence et la controverse entre «inné» et «acquis»

Les auteurs d'ouvrages qui prétendent avoir évalué l'intelligence des chiens ont rendu un très mauvais service à ces derniers. Classer une race avant une autre sur la base d'épreuves d'obéissance est erroné : les tests d'obéissance ne constituent pas un élément clé permettant de juger de la véritable intelligence d'un animal. Les chiens qui font ce qu'on leur dit lors du dressage sont certainement dociles – soit attentifs à comprendre ce que veut leur maître et désireux de faire, de façon répétée parfois, ce que ce dernier leur demande – mais ils ne sont pas nécessairement intelligents. En fait, selon Ian Dunbar : «Les chiens pourraient dire que leurs congénères qui obéissent au doigt et à l'œil sont passablement stupides, et que le chien intelligent est celui qui dresse son maître !»

Au fil du temps, certaines races se sont adaptées pour se débrouiller seules et non pour obéir à des commandements. Les chiens de terre ne sortaient pas des terriers lorsqu'un humain les appelait – il fallait les en tirer, souvent par leur petite queue robuste si caractéristique ! Les lévriers repéraient la proie eux-mêmes et la prenaient en chasse ; ce sont les humains qui ont dû s'adapter à eux (pour rester à leur hauteur, ils devaient parfois les suivre à cheval). Les chevaux arabes ont du reste été développés pour travailler avec les lévriers.

Selon des chercheurs, il y a trois types d'intelligence chez le chien :
- l'intelligence instinctive (tendances comportementales, aptitudes déterminées génétiquement) ;
- l'obéissance, ou l'intelligence de travail ;
- l'intelligence d'adaptation.

Les terriers du Tibet ne sont terriers que par le nom. S'attendre à ce qu'ils se conduisent comme des terriers est peine perdue.

L'intelligence instinctive peut faire d'un chien un génie dans un certain domaine (la garde de moutons, par exemple) et le handicaper dans un autre (il est difficile, pour un chien de berger, de rester couché tranquillement quand des enfants courent et jouent autour de lui). Mais comment peut-on évaluer l'intelligence d'un chien ?

Selon Ian Dunbar, c'est l'intelligence d'adaptation que nous devons examiner, en nous concentrant particulièrement sur l'apprentissage, qui comprend la résolution de problèmes, l'observation et l'intuition. Un chien peut-il apprendre grâce à l'observation, soit en regardant d'autres chiens agir ? Les maîtres-chiens qui participent à des épreuves sur le terrain dressent des jeunes chiens en faisant appel à des chiens expérimentés, qui leur servent d'exemples. Certains scientifiques ont fait des recherches très pointues pour évaluer cette aptitude chez les chiens. On peut voir l'intelligence d'adaptation en action si l'on a plusieurs chiens dans la maison. Comment ? Si vous avez appris à l'un d'eux à s'asseoir et à demander, et s'il attire ainsi l'attention d'un membre de la famille et reçoit une récompense, vous verrez les autres chiens s'efforcer de développer le même comportement. Avant sa promenade, je demande à Diamond de « chanter » en allant vers la porte d'entrée. Je n'ai jamais appris à Nestle à parler. Pourtant, lorsque Diamond tardait à faire ses vocalises, Nestle nous faisait entendre sa propre version du chant du départ !

La résolution de problèmes et l'intuition donnent souvent du fil à retordre aux chiens. Dans *Canine Behavior: A Guide for Veterinarians*, Bonnie Beaver raconte l'histoire d'un chien qui s'était échappé de sa cour en grimpant sur un tas de bois. Ses maîtres ont alors déplacé ce tas de bois loin de la clôture, se disant qu'ils avaient ainsi résolu le problème. Mais le chien avait lui aussi un problème à résoudre. Il l'a fait en ramenant, bûche par bûche, le tas de bois devant la clôture, puis il a de nouveau joué la fille de l'air. Il y a des chiens qui doivent vraiment avoir des maîtres pleins de ressources, doués d'un bon sens de l'humour, et décidés à garder une mesure d'avance sur leur chien.

D'où vient l'intelligence canine ? Est-elle associée à des aptitudes innées (naturelles) ou à l'environnement dans lequel l'animal est élevé (aptitudes acquises) ? La réponse, nous dit Karen Overall, c'est que l'inné et l'acquis sont inextricablement liés : « La génétique fournit la base sur laquelle peuvent se former les réactions à l'environnement. Chaque individu est doté d'une certaine capacité d'adaptation. Son environnement détermine alors comment ce pouvoir d'adaptation peut être maximisé. »

Votre chien ne peut pas être plus intelligent que son code génétique lui permet de l'être, mais vous pouvez avoir un impact extrêmement positif sur son comportement en lui procurant, tout au long de son existence, un environnement sécuritaire dans lequel il doit résoudre des problèmes. Cet environnement doit inclure des jeux et des activités que vous partagerez avec lui.

DE BONS JEUX POUR DES CHIENS FORMIDABLES

Si vous écoutez ce que disent certains dresseurs et comportementalistes, vous vous rendrez compte qu'ils ne partagent pas le même avis que les propriétaires de chiens sur les jeux qui leur conviennent. Celui qu'ils déconseillent le plus consiste à tirer sur une corde à nœuds ou sur tout jouet qui s'y prête. Certains prétendent que ce jeu rend les chiens plus agressifs, et les encourage à mordre. D'autres affirment au contraire que ce jeu est parfait. Terry Ryan met le doigt sur la raison profonde de ce désaccord lorsqu'elle dit : « Tirer sur une corde à nœuds (ou sur un autre jouet) est bon pour le chien si le maître connaît et met en pratique les règles nécessaires, mais ce n'est pas toujours le cas. »

Kathy Sdao, elle, est une partisane acharnée de ce jeu : « *J'insiste* auprès de mes clients pour qu'ils jouent à tirer sur la corde à nœuds. Il ne s'agit pas d'une bataille entre le maître et le chien, il s'agit d'une bataille entre le maître, le chien *et* le jouet. »

Selon Kathy, les bienfaits de ce type de jeu sont les suivants :
- tirer sur une corde à nœuds ou sur un jouet qui s'y prête procure un renforcement extrêmement efficace pour la bonne conduite (surtout quand le chien vient sur appel) ;
- tirer sur une corde à nœuds permet au chien de brûler son trop-plein d'énergie ;
- tirer sur une corde à nœuds permet au chien de satisfaire sans danger son instinct de prédateur ;

- tirer sur une corde à nœuds apprend au chien à contrôler sa mâchoire en présence de chair humaine ;
- tirer sur une corde à nœuds crée un lien entre le maître et le chien.

Des recherches faites par Nicola Rooney à l'Université de Southampton s'inscrivent en faux contre l'idée voulant que le fait de tirer sur une corde à nœuds augmente l'agressivité. Elle n'a trouvé aucun lien entre le jeu et ce problème de comportement.

La solution, c'est que le jeu soit assorti d'une série de règles très strictes. Les bienfaits de la corde à nœuds ne se feront sentir que si les règles suivantes sont respectées.

- Après le jeu, le maître doit ranger la corde à nœuds dans un endroit sûr et inaccessible au chien.
- C'est le maître qui initie le jeu. Le chien ne peut pas lancer un jouet à un membre de la famille pour l'inviter à jouer.
- C'est le maître qui met fin au jeu.
- Le chien doit immédiatement donner le jouet à son maître lorsque celui-ci le lui demande.
- Si les dents du chien entrent en contact avec la peau du maître, le jeu doit cesser tout de suite. Idem si le chien refuse de lâcher le jouet.
- Pendant le jeu, le maître doit demander fréquemment au chien d'obéir à des commandements – « assis » ou « couché », par exemple. Ceci pour garder le contrôle et calmer le chien s'il est trop excité.
- Des enfants d'un certain âge peuvent jouer à ce jeu avec le chien, mais uniquement sous la supervision d'un adulte. Il ne doit pas être permis aux jeunes enfants.
- Les grognements sont acceptables.

Pour Jean Donaldson, directrice du dressage à la SPCA de San Francisco, les jeux basés sur «la séquence prédatrice» – repérer, poursuivre, attraper, tuer, disséquer et manger – sont des exutoires valables pour l'énergie et les instincts canins. Un des arguments douteux contre la corde à nœuds sous-entend que le chien ne désire se livrer à cette activité que lorsque son maître l'invite à le faire. Ce qui est faux, puisque le chien éprouve le besoin de mâchouiller, d'attraper et de tirer. En lui permettant de jouer à des jeux qui satisfont ses instincts, on peut canaliser son énergie, mais il faut utiliser des jeux sur lesquels on peut exercer un contrôle. Si vous ne canalisez pas l'énergie de votre chien, il improvisera, et vous n'apprécierez sans doute pas les résultats. L'argument de la dominance – si vous laissez le chien «gagner», il volera votre rang dans la hiérarchie – est tout aussi infondé. La prédation (qui est la base même de ces jeux) n'a rien à voir avec la hiérarchie. Les loups qui essaient de tuer un bison ou un orignal ne se préoccupent pas de savoir qui prendra la cuisse ou l'épaule. Ils se contentent de collaborer pour que la chasse soit fructueuse.

Jean Donaldson fait écho à Terry Ryan lorsqu'elle dit qu'il y a certains risques de problèmes : «S'ils sont pratiqués par un irresponsable, tous les jeux un peu brutaux peuvent mal tourner.» Elle ajoute que la corde à nœuds, en particulier, offre la possibilité de conserver le contrôle sur le chien lorsqu'il est trop excité.

Outre la corde à nœuds, elle recommande quatre jeux, qui ont trait chacun à une étape du comportement prédateur. Pour l'étape de la recherche de nourriture, elle conseille la chasse au trésor, ce qu'elle appelle aussi «chercher et trouver». Pour apprendre ce jeu à votre compagnon, cachez un jouet ou un animal en peluche dans un endroit facilement repérable, puis encouragez le chien à le trouver, en l'aidant un peu si c'est nécessaire. Lorsque le chien trouve le trésor, initiez une petite bagarre avec le jouet en question, comme vous le faites avec la corde à nœuds. L'animal va probablement devenir de plus en plus habile à ce jeu, et vous l'aiderez de moins en moins afin qu'il apprenne à se fier à son odorat. Ce jeu peut constituer une activité interactive, mais vous pouvez aussi cacher des trésors avant de quitter la maison.

Pour l'étape de la prédation, le chien doit rapporter. Jean Donaldson affirme que *tous* les chiens peuvent apprendre à rapporter. Elle qualifie cette étape de contre-conditionnement parfait à l'égard d'un problème courant : la garde d'objet (le chien refuse de donner). Lorsque le chien rapporte un objet à son maître, ce dernier peut permettre à cet objet de « s'enfuir » à nouveau.

Un autre jeu convient également à l'étape de la chasse. Les chiens essaient souvent d'inciter leur maître ou leur maîtresse à courir après eux. C'est la motivation qui sous-tend le jeu consistant à attraper un objet puis, en courant autour du maître en faisant toute une série de feintes, à se mettre hors de portée afin qu'il n'arrive pas à le reprendre. Il y a des règles à respecter dans ce jeu, tout comme avec la corde à nœuds. C'est le maître qui initie le jeu, qui ne doit se pratiquer qu'avec des objets « permis » (ceux permis par l'humain, ou un des jouets du chien). Ensuite, le maître alterne : tantôt le chien doit rapporter, tantôt le maître fait semblant de vouloir lui prendre l'objet (jeux de coopération). Une des règles importantes des feintes autour du maître doit comprendre l'obéissance à un signal d'arrêt. Pour que cette activité reste sécuritaire, c'est le maître qui doit courir après le chien plutôt que le contraire.

La corde à nœuds, ou le jouet sur lequel le chien tire pour s'en emparer, représente l'étape « attraper et garder » de la séquence prédatrice. Nous avons déjà abordé les règles de base de ce jeu.

Enfin, et toujours avec son maître ou sa maîtresse, le chien peut se lancer dans la « dissection », qui équivaut au déchiquetage de la proie une fois qu'elle a été tuée, en sacrifiant un animal en peluche (ou un jouet qui s'y prête). Vous pouvez aussi placer des friandises dans des nœuds faits dans un bout de tissu quelconque, et abandonner le tout au chien. À ceux qui disent que cela encourage les chiens à déchiqueter tout ce qui se trouve dans la maison, Jean précise que ces derniers se concentrent sur certains objets et qu'ils peuvent certainement faire la différence entre un bout de tissu et un divan. En fait, mes chiens ont leurs propres jouets – que Nestle adore mettre en pièces – mais ils se gardent bien de toucher aux ours qui se trouvent dans un panier ou aux chiens en peluche qui sont sur le fauteuil. Ils savent très bien que ces objets ne leur appartiennent pas.

Offrir aux chiens leur dose quotidienne d'activité prédatrice leur permet de libérer leur instinct de chasseur. Ce défoulement réduit les comportements à problèmes.

La promenade quotidienne est bénéfique aux chiens et aux humains.

Il y a cependant quelques considérations concernant la race ou le groupe à garder présentes à l'esprit. Tout d'abord, les chiens miniatures ont souvent des problèmes dentaires, et tirer sur une corde à nœuds n'est pas ce qui peut leur arriver de plus agréable. Si vous avez des doutes, posez la question à votre vétérinaire. En général, les terriers aiment déchiqueter et creuser (voir chapitre 11, *Résoudre les problèmes*, afin d'y trouver des compromis possibles avec l'animal). Les chiens courants ne pensent qu'à utiliser leur odorat. Pister et traquer avec leur maître leur convient donc parfaitement (voir chapitre 12, *Là, on communique!*) Les lévriers répondent au mouvement et apprécient toujours le frisbee ou une guenille attachée au bout d'une longe (sorte de fouet utilisé au manège équestre, que l'on peut trouver dans des boutiques d'alimentation et d'équipement pour les chevaux). Les retrievers aiment rapporter, inutile de le préciser, et il existe un tas de balles ou autres objets à lancer. Les chiens de berger adorent mener le troupeau, bien sûr, mais s'ils n'ont pas de troupeau de moutons à leur disposition, ils se contentent du frisbee ou de tours faisant appel à leur agilité. Les chiens de travail ont leurs tâches respectives. Les uns sont nés pour tirer des charrettes, les autres des traîneaux, et d'autres préfèrent travailler en partenariat avec les humains et participer à des compétitions mettant à l'épreuve leur obéissance, leur agilité et leur endurance. Les chiens sans qualification particulière n'ont pas grand-chose en commun, mais ils aiment presque tous se promener, humer les odeurs, et gambader dans l'herbe. (Le chapitre 12, *Là, on communique!* vous aidera à trouver des activités à pratiquer avec votre compagnon.)

Lorsqu'un chien a un surplus de poids ou un autre problème de santé, la chasse au trésor ne doit se faire qu'avec des jouets. Si l'animal a des problèmes de comportement, faites appel à un professionnel et résolvez ces problèmes avant de jouer. Les jeux vous aideront à resserrer votre lien avec l'animal et vous permettront d'évaluer constamment votre degré de contrôle. Les chiens ont besoin d'être stimulés mentalement, non seulement par le biais des commandements de base du dressage, mais également grâce à des jeux conçus pour les faire penser. Ils ont aussi besoin d'exercices quotidiens et d'interactions sociales. Donaldson fait remarquer qui si les animaux de zoo devaient vivre dans les mêmes conditions ennuyeuses que la plupart de nos chiens, ce traitement serait qualifié d'inhumain.

Même les poules peuvent être dressées

Toutes les personnes à qui l'on a dit, ou qui ont lu quelque part, ou qui se sont mises en tête que certaines races sont trop stupides, trop entêtées ou trop débiles pour apprendre quoi que ce soit devraient penser à ceci : des dresseurs de chiens chevronnés se rassemblent parfois pour affûter leur talent en dressant des poules. Des poules ! Votre chien est plus intelligent qu'une poule, n'est-ce pas ?

Une poule apprenant à tresser des brins de paille dans un camp d'entraînement.

En fait, les poules sont d'excellents sujets de dressage. Elles adoptent très vite un tas de comportements et répondent remarquablement bien aux récompenses de nourriture. La vivacité de leurs mouvements oblige les dresseurs à être constamment au sommet de leur talent. S'ils actionnent le clicker trop tard, ils ne suscitent pas le comportement désiré. Le *timing* est donc un élément crucial.

Dites-vous bien qu'il est plus facile de travailler avec votre chien, une créature que non seulement vous connaissez (ou que vous devriez connaître) mais qui est en symbiose avec les espèces sociales. Si vous échouez, sachez que vous n'avez aucune excuse.

Que vous vouliez faire de votre chien un modèle d'obéissance et d'agilité ou tout simplement un compagnon bien élevé importe peu. L'essentiel est de comprendre votre chien, de vous débarrasser de tout stéréotype sur les races, et de mêler jeux, dressage et entraînement.

Cet équilibre vous comblera l'un et l'autre.

Chapitre 8

....

Un toucher touchant

Le toucher est-il une forme de communication?
Les bienfaits du toucher sont-ils réciproques?

Les preuves de l'impact bénéfique des animaux de compagnie
sur la santé des humains sont si éclatantes que si la zoothérapie
était un médicament, nous ne serions pas en mesure
de le fabriquer assez rapidement pour répondre à la demande.

Dʳ Larry Dossey

Une légende klamath explique comment le chien a été domestiqué
(elle a un petit air de vérité). Deux loups, des frères, tuent un chevreuil
dans les montagnes. Ils veulent le faire cuire mais ils n'ont pas de feu.
L'aîné dit à son frère d'aller au campement indien de la vallée et d'y
voler du feu. Le jeune se rend au campement pour faire ce que son frère
lui a ordonné, mais il aperçoit des os et des restes de viande autour des

tipis et, comme il a faim, il commence à manger. Les Indiens voient le jeune loup, mais ils se gardent bien de l'effrayer. Au lieu de cela, ils lui envoient d'autres os à ronger. Lorsqu'il est rassasié, le loup retourne chez son frère dans la montagne. « Je n'ai pas pu voler de feu, lui dit-il, il y avait trop de gens au campement. »

Le vieux loup renvoie à nouveau son frère au campement, et le jeune loup recommence à manger des os et de la viande, et revient sans feu dans la montagne. Un troisième voyage se passe de la même manière, mais cette fois le vieux loup est furieux. Il dit à son frère : « Ou bien tu rapportes du feu, ou bien tu ne reviens pas ! » Le jeune loup s'en va et décide de rester au village. Bientôt, les Indiens le laissent entrer dans les tipis, où il fait chaud et accueillant. Une nuit, le vieux loup vient au campement et appelle son frère, qui ne répond pas. Comme les Indiens le caressent, le nourrissent et le gardent bien au chaud, il devient le chien des Indiens.

Avant d'aborder en détail les effets merveilleux que peut avoir, sur vous et votre chien, le simple fait de le caresser, il est important de tenir compte de plusieurs facteurs. En premier lieu, tous les chiens n'apprécient pas les caresses. Pour quelques-uns d'entre eux, le geste est par trop déroutant, mais avec un peu de pratique, vous pouvez changer leur état d'esprit. Avec d'autres chiens, c'est peine perdue : ils ne veulent tout simplement pas que leur espace personnel soit envahi, même par une caresse. En deuxième lieu, toutes les caresses ne sont pas bienfaisantes, et appuyer aux mauvais endroits peut être risqué. Comme le fait remarquer le vétérinaire Dennis Wilcox, les points utilisés en shiatsu et en acupuncture sont précisément ceux auxquels on fait référence dans les arts martiaux. Ils peuvent être utilisés autant pour guérir que pour blesser. C'est la raison pour laquelle je ne recommande pas aux débutants d'avoir recours aux techniques de shiatsu. Il vaut mieux qu'ils s'en tiennent au bon vieux massage classique. En troisième lieu, il faut bien se dire que si le massage peut être formidable pour de vieux chiens ou des toutous en convalescence, il faut néanmoins prendre des précautions particulières quand on le leur donne.

Nous examinerons toutes ces précautions en détail, mais ne vous découragez pas, et dites-vous que les chiens qui sont habitués à être caressés font de bien meilleurs compagnons.

Bienfaits psychologiques des caresses

Dans une enquête sur le mode de vie américain, faite au cours des années 2000, on apprend avec stupéfaction qu'il existe plus de foyers avec des animaux qu'avec des enfants. Le docteur Jonica Newby donne une explication lumineuse de ce phénomène dans son livre, *The Animal*

La zoothérapie place parfois certains chiens dans l'environnement stérile de centres de soins. Elle permet aux patients de caresser des petits corps chauds et soyeux.

Attraction. « Un des contacts sociaux les plus fondamentaux est le toucher. Privés de toucher, les petits enfants ne se développent pas normalement. Notre culture a presque détruit notre aptitude au toucher, excepté avec nos animaux domestiques. Les chats et les chiens sont merveilleusement tactiles. Le problème est le suivant : pour éviter les diverses calamités que l'on nous prédit, nous *devons* réduire la poussée démographique. Dans la mesure où l'instinct paternel et maternel est si fortement ancré chez l'être humain, comment réagirons-nous si on nous demande de ne pas avoir autant d'enfants ? Le rôle que joueront les animaux dans ce vide désespéré est évident. »

Des chercheurs de Waltham ont révélé que le fait de parler à d'autres personnes, même à des personnes aimées, fait monter la tension artérielle, alors que parler à un chien la fait baisser. L'effet est encore plus net lorsqu'on parle avec son propre chien et qu'on le caresse. Des gens âgés qui partagent leur foyer avec un chien ou un chat se rendent moins souvent chez le médecin et affirment être plus heureux que les gens qui ne possèdent pas d'animal domestique. Selon un rapport du *Journal of the American Veterinary Association*, les gens âgés qui ont un chien ou un chat sont moins susceptibles de développer un cancer.

VOUS POUVEZ ME CITER

« Les chiens possèdent une remarquable capacité d'absorption des caresses et des câlins, et leur appétit pour tout ce qui est chaud et douillet est insatiable. Leur fourrure soyeuse rend les caresses et le toilettage encore plus agréables. En outre, caresser un chien est apaisant. La caresse réduit le stress, calme les nerfs et permet aux vieux rythmes alpha du cerveau de bien fonctionner. Les chiens semblent absorber l'affection qu'on leur donne pour la rendre au centuple. Ils nous donnent l'impression d'être désirés. Le chien est un petit compagnon, doublé d'un psychologue doux et bienveillant qui ne veut que notre bien. »

IAN DUNBAR
Spécialiste du comportement canin

Cette femme maître-chien fait une caresse rassurante à un boxer qui s'inquiète de son équilibre sur des planches, dans la cour de récréation.

Dans une enquête sur les directeurs des compagnies classées dans Fortune 500, la majorité des titulaires déclarent que le fait d'avoir eu un animal domestique pendant leur enfance leur a permis d'acquérir le sens de la discipline et des responsabilités et, par-dessus tout, de l'empathie. Plus de 90 pour cent de ces personnes ont un chien.

Dans une étude de longue durée réalisée par l'Université de Pennsylvanie, des victimes de crise cardiaque expliquent que leur premier indice de survie repose, bien évidemment, sur l'état de leur cœur, mais ils ajoutent que le deuxième facteur le plus important est la possession d'un animal domestique, dont les effets bénéfiques sont largement supérieurs, selon eux, à une bonne situation sociale, physique et économique. Les victimes de crise cardiaque qui possèdent un chien sont moins déprimées; elles assument mieux leur condition physique, sont plus actives et ont une vie sociale mieux remplie.

Dans leur vidéo, *Bodywork for Dogs*, Lynn Vaughan et Deborah Jones soulignent que le temps que nous passons à masser un chien nous donne l'occasion de réfléchir. Nous avons tous besoin de nous détendre, de nous recentrer. En outre, le massage peut consolider notre lien avec notre compagnon. Il renforce notre confiance mutuelle et approfondit la connaissance que nous avons l'un de l'autre. Notre relation n'en devient que plus profonde. Un bon massage soulage le stress et toutes les tensions du chien ; il l'aide à se détendre et à éclaircir ses idées.

Bienfaits physiques du toucher

Des études faites en laboratoire démontrent qu'un toucher doux et détendu augmente le taux d'endorphines (ces substances neurochimiques qui permettent de se sentir bien) et provoque certains changements neurochimiques bénéfiques. Il est hors de doute que ce type de toucher donne d'excellents résultats.

Masser votre chien avant une activité exigeante peut réchauffer ses muscles et les assouplir. Le massage prépare son corps à agir. Il faut par contre, bien connaître l'animal et savoir combien de temps peut durer le massage. Certains chiens se détendent tellement sous la main du masseur qu'ils tombent dans une sorte de stupeur qui ne leur permet pas de « performer » activement. Il faut donc évaluer sagement la durée du massage afin d'obtenir le résultat souhaité. Après l'exercice, une petite friction aide à l'élimination de l'acide lactique qui s'est accumulé dans les muscles, ce qui prévient la raideur et les crampes.

Le massage peut également aider un chien à se remettre d'une blessure physique ou d'une intervention chirurgicale, mais il faut bien sûr procéder avec la plus grande circonspection. Les chiens dont la santé est déjà compromise par une maladie ou une blessure risquent d'être affectés négativement par un massage. Il faut donc savoir comment procéder. Un chien fiévreux, par exemple, *ne doit pas être massé* parce que l'accélération du flot sanguin induite par le frottement peut faire monter sa température. Par contre, un léger massage peut accélérer la disparition d'une cicatrice, voire éviter l'accumulation de tissus scarifiés. Consultez le vétérinaire. Il vous donnera les instructions nécessaires afin que vos soins aient un effet bienfaisant sur votre compagnon.

Pensez-y

Dans certains États, les seules personnes qui peuvent demander des honoraires pour un massage sur un animal sont les vétérinaires ou les techniciens vétérinaires diplômés. Le massage est considéré comme une forme de médecine vétérinaire, il ne peut être donné à un animal par un thérapeute accrédité pour fournir ce soin à des humains, pas plus que par des personnes qui ne possèdent pas le diplôme nécessaire. On pourrait penser que cette disposition est par trop restrictive, mais il faut se dire qu'elle donne l'assurance que le masseur ou la masseuse connaît l'anatomie et la psychologie des chiens, ainsi que les maladies qui peuvent les affliger.

Quelques réflexions sur le massage

L'*intention* est un facteur important dans le massage. Les médecins disent qu'ils doivent « se centrer » avant de pratiquer un massage. D'autres conseillent certains exercices respiratoires. Comme le dit Bonnie Wilcox : « Que le monde occidental le reconnaisse ou pas, il y a connexion énergétique (lors d'un massage). Lorsqu'on donne un massage, il est tout à fait hors de question de penser à la dispute de la veille avec son ou sa conjointe. »

Avant d'avoir ne fût-ce que l'idée de poser les mains sur votre chien, il est nécessaire que vous fassiez d'abord un petit travail sur vous-même. Si vous avez déjà pratiqué la méditation, cette discipline peut vous être très utile pour apaiser votre esprit. Le simple fait de vous asseoir confortablement et de ralentir et approfondir votre respiration peut avoir un effet très salutaire. Les exercices respiratoires ont du reste toujours un effet salutaire. Peu de gens savent comment respirer ; ils n'utilisent pas leur capacité pulmonaire. Vous serez surpris par le bien-être qu'une bonne respiration peut vous procurer.

Beaucoup de méthodes de massage s'enracinent dans la pensée orientale, pour laquelle le corps est un système énergétique. L'énergie du corps circule plus librement lorsque le corps est en bonne santé ; elle est bloquée lorsqu'il est malade. Il s'agit là d'un concept que l'esprit occidental assimile difficilement.

ESSAYEZ-LE

Voici un petit exercice qui pourrait vous convaincre. Demandez à un ami ou à une amie de vous seconder.

En station debout, levez un bras de manière à ce qu'il soit parallèle au sol. Demandez à cette personne de placer une main sur le dos de votre poignet et de pousser vers le bas. Résistez à la pression en réagissant en sens contraire. Soyez attentifs, l'un et l'autre, à la force que vous apportez à cette pression.

Demandez maintenant à votre aide de vous critiquer — vous êtes pingre ; vous n'avez aucun goût ; vous avez pris du poids ; ou un autre compliment du genre — et répétez immédiatement l'épreuve de la pression.

Que se passe-t-il ?

L'autre personne arrive à vous faire baisser le bras, même si vous résistez de toutes vos forces ? Rien d'étonnant à cela. L'énergie négative véhiculée par des paroles désagréables suffit généralement à saper force et énergie.

Pensez à ce que l'on vous a sûrement dit lorsque vous étiez enfant : « Si tu n'as rien de gentil à dire, tais-toi. »

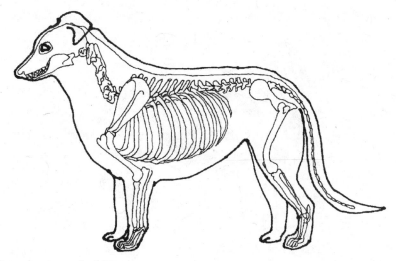

Structure osseuse du chien.

Debra Potts donne cet excellent conseil : « N'oubliez jamais que vous faites cela *avec* le chien, et non pas *au* chien. » En observant attentivement les réactions de votre compagnon, vous saurez si ce que vous faites lui convient ou si vous devez adopter une autre approche.

Massage de base

Si vous disposez d'un peu de temps, êtes de bonne humeur, et que vous avez un chien en bonne santé, c'est peut-être le moment idéal pour lui donner un massage. Soyez attentif à ses réactions. Ne perdez jamais de vue qu'un massage ne peut *en aucun cas* être imposé. Un toucher léger est toujours préférable, c'est-à-dire une pression juste assez forte pour séparer les poils ou pour faire bouger la peau au-dessus du muscle. Tout dépend de l'endroit que vous massez et du type de massage utilisé.

Si votre chien vient de manger, attendez au moins une heure avant de commencer. N'utilisez ni lotion ni huile. Vos mains doivent être propres ; lavez-les avec soin. Puis, frottez vos paumes l'une contre l'autre

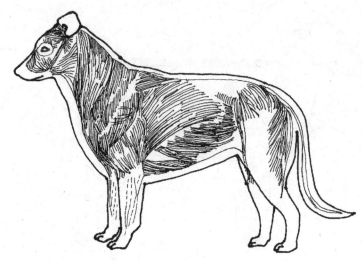

Structure musculaire du chien.

pour les réchauffer, jusqu'à ce que vous perceviez un petit chatouille-
ment. Cela signifie que l'énergie circule bien.

Quelques techniques de massage

Vous caressez probablement votre chien, mais avez-vous remarqué que
la vigueur et la direction de vos mouvements influencent son état d'esprit ? La caresse doit se faire avec la main entière, sur tout le corps,
paume bien à plat et doigts rassemblés, dans un mouvement lent et
continu. Vous avez certainement déjà entendu dire qu'il faut caresser
dans le sens du poil. Sachez pourtant ceci : alors que des caresses lentes
et douces apaisent et calment le chien, des caresses plus rapides et plus
fermes, données à contre-poil, le réveillent et le stimulent.

Vous avez sans doute également entendu parler d'une technique
appelée *effleurage*, qui consiste à effleurer le corps avec la paume de la
main. Dans *Canine Massage*, Jean-Pierre Hourdebaigt et Shari L.
Seymour expliquent que la caresse faite avec les coussinets des doigts

ou avec les paumes peut se faire tout au long des muscles et dans chaque direction, alors que l'effleurage ne se fait qu'avec la main tout entière, dans un mouvement qui doit toujours remonter en direction du cœur, «pour stimuler le flux naturel du sang dans les artères».

Le *pétrissage* est une autre technique de massage. Il comprend diverses manipulations au cours desquelles le masseur ou la masseuse soulève et pince la peau et la fait rouler entre les doigts et le pouce. Le *malaxage* est une technique similaire, bien que les thérapeutes aient une description différente de chaque méthode. Dans le vidéo *Bodywork for Dogs,* on peut voir une thérapeute placer ses mains en haut de la patte du chien, l'une devant et l'autre derrière, puis serrer le muscle alternativement avec chaque main. Hourdebaigt et Seymour décrivent ce massage comme une caresse rythmée faite avec les pouces ou le bout des trois premiers doigts, en petits cercles continus. Expérimentez l'une ou l'autre approche. Vous trouverez celle qui convient le mieux à votre chien.

Rouler la peau exige un toucher léger. S'il ne l'est pas, la technique devient facilement agaçante. Saisissez la peau et faites la rouler doucement entre le pouce et les doigts. La direction du mouvement n'est pas importante. La nuque, juste au-dessus des épaules, est un bon endroit pour commencer : la plupart des chiens ont une bonne quantité de peau lâche dans cette région.

Pour le *massage en cercles*, servez-vous du bout de deux ou de trois doigts. Faites bouger la peau doucement en formant de petits cercles. Nous parlerons plus longuement des cercles un peu plus loin, lorsque nous aborderons une technique différente : le TTouch (le toucher Tellington).

Les *vibrations* sont des mouvements brefs et très rapides, la main posée sur une articulation. La meilleure description que je puisse en faire est celle-ci : imaginez que votre coude commence à trembler, puis laissez la vibration gagner les muscles de votre avant-bras, puis votre main. Faites alterner les vibrations avec l'effleurage. Ne les faites pas sur la tête du chien.

Une autre forme de thérapie du toucher est le shiatsu, technique qui consiste à faire pression avec le pouce sur des points précis qui, selon la médecine orientale, se trouvent tout au long de la voie traditionnelle de l'énergie. Certaines personnes vous diront peut-être qu'il n'est pas nécessaire d'être formé au shiatsu pour localiser les points qui doivent être pressés. C'est une erreur, et je vous déconseille de faire du shiatsu sur votre chien si vous n'avez pas reçu de formation en la matière. Les points sont très précis, ils varient chez chaque individu, et ont le potentiel nécessaire pour faire des dégâts.

Une méthode instinctive souvent utilisée par les propriétaires de chiens consiste à leur *frotter les oreilles*. L'envie de caresser de longues oreilles soyeuses est souvent irrésistible. Prendre l'oreille entre le pouce et les doigts et faire glisser ces derniers de la base de l'oreille à sa pointe est à la fois stimulant et sans danger, à condition que le toucher soit léger. Les oreilles sont remplies de points de shiatsu, et la majorité des chiens adorent ce type de caresses. (Vous en saurez davantage dans la section : le TTouch.)

Vous pouvez me citer

« Le toucher est essentiel si l'on veut construire un lien plus fort avec un animal. Le meilleur exemple que je puisse donner est une comparaison avec le soin aux oiseaux. Les gens qui s'occupent d'oiseaux sur une base régulière, les laissent sortir de leur cage, les nourrissent bien et leur font de petites caresses, ne peuvent que se féliciter de leur attitude : leurs oiseaux ne leur posent aucun problème. Par contre, les chats qu'on laisse quasiment à l'abandon ne sont pas faciles à examiner car, lorsqu'on les touche, ils sont immédiatement atteints du syndrome « Fuir ou combattre », et il risque fort d'y avoir du sang dans la pièce... et ce ne sera pas celui du chat. »

DENNIS WILCOX

Le *tapotement* est une approche moins courante, bien que l'une de ses formes soit celle que beaucoup de gens imaginent quand ils pensent au massage. Le tapotement consiste en petits coups rythmés sur le corps. Les *hachures,* qui se font avec le côté externe de la main, sont une technique que l'on montre souvent dans les films ou à la télévision. Il y a deux versions du tapotement : soit *taper* avec les mains bien à plat, soit *en coupe,* mains repliées formant une sorte de sphère lorsqu'elles sont rassemblées.

Enfin, l'*étirement*, exercice passif, peut être utile si votre chien coopère, et à condition d'être très prudent. Faites coucher le chien sur le flanc, empoignez gentiment les pattes exposées et tirez-les avec douceur. Maintenez-les de la sorte pendant quelques secondes, puis ramenez-les à leur position initiale. Faites rouler le chien sur l'autre flanc et répétez l'exercice. Si vous sentez la moindre résistance, cessez de tirer. Cet exercice ne doit pas être désagréable pour votre compagnon.

Il y a d'autres variantes du massage canin, mais les techniques que je viens de vous décrire sont bien suffisantes. En outre, elles ne présentent aucun danger et sont faciles à apprendre.

Le massage quotidien

Il existe sans doute autant de possibilités de combiner les techniques que je viens de décrire qu'il y a de personnes pour les pratiquer. Une bonne stratégie consiste à vous détendre, vous et votre chien, surtout si vous êtes débutants l'un et l'autre.

En ce qui vous concerne, faites quelques étirements afin de vous débarrasser de vos tensions. Puis asseyez-vous sur le sol, près de votre chien, et respirez profondément. Lorsque vous vous sentirez calme et bien centré, vous serez prêt à commencer le massage.

Faites coucher le chien devant vous. S'il accepte de se coucher sur le flanc, c'est très bien, mais s'il préfère rester debout, ne le contrariez pas. Vous n'allez tout de même pas commencer ce massage par une bagarre !

Faites-lui d'abord quelques caresses avec le plat de la main, puis promenez lentement cette main sur tout son corps en vous efforçant de sentir tous les endroits qui semblent plus chauds ou plus froids, ainsi que les tensions. Soyez attentif à toutes les réactions de l'animal. Aidez-le à se détendre, tout en repérant ses points sensibles. Si votre chien est robuste, concentrez-vous tout particulièrement sur les nœuds présents dans ses muscles. Ces nœuds peuvent être particulièrement sensibles. Un massage attentif peut aider les muscles à se détendre. Continuez à respirer lentement et de façon détendue tout au long de l'opération.

Vos mains posées légèrement sur le chien, remontez vers sa nuque. Pétrissez, faites rouler la peau entre vos doigts ou massez doucement en formant des cercles. Massez ensuite doucement la base des oreilles (les deux si votre chien est debout) et descendez jusqu'en haut de l'épaule. Il est possible que votre ami ferme les yeux, qu'il soupire ou prenne une profonde respiration. S'il vous donne quasiment l'impression de fondre sous vos doigts, cela veut dire qu'il est parfaitement détendu.

Beaucoup de thérapeutes recommandent de masser ensuite le dos de l'animal. Rappelez-vous qu'il ne faut pas masser les vertèbres, mais de chaque côté des vertèbres, de manière à masser la peau et les muscles et non la peau et les os. Les cercles, le roulement et les caresses conviennent très bien à cette région du corps. Si votre compagnon ne semble pas apprécier ce que vous faites, cela veut sans doute dire que vous appuyez trop fort. Que votre main se fasse alors plus légère.

Lorsque vous arrivez au bas du dos, massez autour de la base de la queue, puis descendez lentement tout au long de l'appendice, avec les deux mains, en pliant très doucement chacune des articulations, jusqu'au bout de la queue. Remontez le long de la queue et massez alors la région des hanches. Essayez de repérer les tensions, les chiens en ont très souvent dans les hanches et le cou. Essayez plusieurs techniques sur les hanches et adoptez celle que le chien préfère.

Promenez les mains jusqu'aux oreilles, mais allez au-delà, cette fois, pour rejoindre la tête. Caressez la tête, les yeux et le museau. Pétrissez doucement les côtés de la tête en descendant vers la bouche.

Massez le devant du cou et le poitrail en veillant bien à ne pas presser trop fort sur la trachée. Un grand nombre de chiens se calment merveilleusement lorsqu'on caresse l'un ou l'autre côté de leur poitrail, mais la caresse doit être douce. Si votre chien ne vous paraît pas encore tout à fait détendu, travaillez cette région pendant un moment. Descendez le long de la patte antérieure, jusqu'en bas. Il ne faut pas négliger cette région.

Rejoignez la région de l'épaule et massez l'attache des muscles qui recouvrent le gros os de l'épaule. La main doit se faire plus ferme quand on passe sur le muscle, et plus douce sur l'os. Alternez pétrissage et caresses, et veillez à couvrir toute la région : plusieurs muscles se trouvent dans cette partie du corps de l'animal. Lorsque l'épaule est chaude et détendue, descendez lentement vers la patte. Placez les mains autour de la patte, l'une devant, l'autre derrière, aussi haut que possible. Serrez avec une main, puis avec l'autre. Descendez lentement vers le coude, en réduisant la pression sur l'articulation. Imaginez que l'articulation du coude est une charnière, faites bouger la patte de manière à ouvrir et à refermer cette charnière à plusieurs reprises. Continuez à masser en descendant vers le jarret, ouvrez et refermez. Couvrez le pied entier de la main et serrez doucement. Caressez le dessus et le dessous de la patte. Veillez à garder constamment au moins une main en contact avec l'animal.

Vous en êtes maintenant à la cage thoracique. Caressez, en descendant, la colonne vertébrale, en laissant vos doigts entrer légèrement dans les sillons entre les côtes. En commençant juste derrière l'épaule, descendez jusqu'à la dernière côte. Pétrissez, faites des cercles, ou caressez le ventre du chien jusqu'à la poitrine, sous la patte antérieure. Revenez aux côtes, massez-les légèrement jusqu'à la dernière, puis massez la

Cet ingénieux porte-clés est orné d'un peigne tout juste assez grand pour un petit grattement agréable.

région du bas-ventre. Réchauffer et détendre le bas-ventre du chien peut raffermir ses pattes arrière ; cette opération est particulièrement efficace pour les vieux chiens qui souffrent d'arthrite, pour les chiots de grandes races qui ont parfois des douleurs consécutives à leur développement, et pour les chiens atteints de dysplasie de la hanche. En partant du bas-ventre, progressez vers une des pattes postérieures et encerclez-la de vos mains. Répétez le massage que vous avez déjà fait avec la patte antérieure, la pétrissant tandis que vous descendez tout au long, ouvrant et fermant les articulations (charnières), pour finir par un serrement du jarret.

Lorsque vous en avez terminé avec la patte postérieure, remontez les mains jusqu'à la tête. Terminez le massage par une sorte de balayage presque continu du corps de votre chien, en partant du bout du museau jusqu'au cou, puis du cou jusqu'à la poitrine, en remontant ensuite vers l'épaule, puis en descendant le long de la patte antérieure et des côtes. Ensuite, balayez le bas-ventre, puis la patte postérieure, et tout le long de la queue. Vous pouvez alors retourner le chien et recommencer l'opération.

Ceci n'était qu'une introduction superficielle destinée à vous donner quelques éléments de départ. Si vous voulez en apprendre davantage à propos du massage, consultez l'annexe *Ressources*. Bien entendu, si vous avez l'occasion d'apprendre avec un thérapeute expérimenté, c'est la solution idéale. Souvenez-vous qu'un toucher léger peut être très efficace, et qu'un toucher trop lourd peut être dommageable. Avant toute chose, soyez à l'écoute de votre chien.

Le toucher Tellington

Linda Tellington-Jones, experte en toucher animal et cavalière émérite et enthousiaste, a développé une méthode différente et tout à fait spécifique de massage canin. Linda et Wentworth Tellington, son époux à cette époque, ont publié le premier article sur l'utilisation du massage sur les chevaux afin de les aider à récupérer plus vite après les efforts déployés pendant les courses d'endurance.

Dans les années soixante-dix, Linda dirigeait des cliniques en Allemagne dans lesquelles on soignait les problèmes chevalins, tout en étudiant la méthode Feldenkrais. Cette méthode apprend aux humains la conscientisation par l'intermédiaire du mouvement (avec un instructeur qui guide verbalement le sujet tout au long d'une séquence de mouvements), et l'intégration fonctionnelle (où les mouvements sont interactifs). La personne qui est à l'origine de ce toucher est un Russe, à la fois physicien, ingénieur en mécanique et judoka. Trouvant la méthode Feldenkrais trop difficile à assimiler, même après quatre années d'études, Linda Tellington-Jones a développé le toucher circulaire qui porte aujourd'hui son nom. Elle a d'abord dévoilé cette méthode en 1978 (elle l'a alors appelée TTEAM) puis, a publié un ouvrage sur le sujet. TTEAM sont les initiales de Tellington-Jones Equine Awareness Method, mais Linda a fini par changer le nom pour Tellington-Jones Every Animal Method, puisqu'elle pouvait désormais être utilisée en dehors du monde équestre. La technique est également connue sous le nom de Tellington Touch, ou TTouch.

Tandis qu'elle peaufinait cette technique, Linda y a ajouté la respiration rythmée propre à ce massage, ainsi qu'une série de pressions différentes pour les touchers, numérotées de 1 à 9. Elle souligne que le TTouch *n'est pas* une forme de massage. Dans *The Tellington Touch for Cats and Kittens*, elle explique : « L'intention, dans le massage, est d'avoir un effet sur le système musculaire de l'animal. Dans le TTouch, l'intention est de réorganiser le système nerveux et d'activer le fonctionnement des cellules. » Linda Tellington-Jones affirme que le TTouch augmente la conscience de soi de l'animal et améliore sa santé. Elle ajoute qu'il n'est pas nécessaire de connaître son anatomie parce que le TTouch se fait sur tout son corps. Pour elle, le TTouch permet une communication non verbale tout à fait particulière entre espèces.

Un des postulats de Linda Tellington-Jones est que les problèmes entre humains et animaux découlent d'un manque de compréhension, ou de réactions machinales ou instinctives devant la douleur ou la peur de la douleur. La méthode Tellington tente de supprimer ces réactions automatiques et d'enseigner de nouvelles stratégies. Que cette méthode porte ou non ses fruits, il n'en reste pas moins que le toucher doux et léger est généralement bénéfique à la relation entre le chien et l'humain, et que le Toucher Tellington est agréable et délassant.

(Photo : The Iams Company)

Les chiens invitent au toucher.

La technique du TTouch

L'élément le plus souvent discuté de la technique du TTouch est le toucher circulaire – soit le mouvement qui débute, disons, à six heures et, dans le sens des aiguilles d'une montre, accomplit un tour complet, qui se prolonge jusqu'à approximativement huit heures. Les mains peuvent adopter différentes positions. La technique de la main bien à plat se moulant à la forme du corps de la partie touchée s'appelle l'*Abalone* (ormeau). Un toucher plus léger, doigts légèrement recourbés, pouce servant en quelque sorte d'ancre tandis que les coussinets des doigts forment des cercles, s'appelle le *Clouded Leopard* (léopard à taches noires). Le toucher le moins souvent utilisé n'a recours qu'au bout des doigts. C'est le *Raccoon* (raton laveur).

Debra Potts, qui pratique le TTouch depuis longtemps, explique : « Les cercles doivent être bien ronds. Si vos mains sont crispées, vous ne ferez pas de bons cercles. Si vous ressentez une douleur dans les poignets ou dans les bras, c'est parce que vous faites le geste de travers. » Les doigts ou la main doivent faire bouger la peau, et non glisser dessus. Si votre main glisse, c'est sans doute parce que vos cercles sont trop larges. Pour sentir quelle pression il convient d'exercer, faites d'abord les cercles sur votre bras ou votre jambe. Vous connaîtrez ainsi la sensation ressentie lorsque le mouvement est doux et régulier. Utilisez une main pour faire les cercles et laissez reposer l'autre sur le corps de l'animal, de manière à établir un lien physique avec la bête.

Le TTouch comprend des mouvements autres que le cercle. Pour le *Python Lift* (soulever le python), il faut se servir du plat de la main ou des bourrelets des doigts pour soulever la peau. Maintenez cette position pendant quelques secondes, puis lâchez la peau afin qu'elle reprenne sa place. Le soulèvement de la peau peut être fait séparément, ou après un cercle. Le glissement, qui concerne surtout les oreilles, se fait en partant de la base de l'oreille, que l'on tient entre le pouce et les doigts. On glisse alors doucement vers la pointe en relâchant la pression.

Dans la mesure où un être humain est capable d'exprimer verbalement ce qu'il ressent, vous trouverez sans doute utile de pratiquer ces techniques sur quelqu'un avant de les essayer sur votre chien. Bien que les sensations d'un être humain soient différentes de celles d'un animal, il ou elle pourra néanmoins vous dire si la pression de votre main est trop forte et si vos cercles sont imparfaits. Proposez à cette personne d'inverser les rôles. Vous saurez ainsi ce que l'on ressent quand on reçoit ce genre de soins.

Commencez avec la main bien à plat. Faites de longues caresses, celles que le TTouch appelle *Noah's March* (la marche de Noé). Ces caresses vous permettront de créer un lien avec votre sujet et de repérer les régions chaudes ou froides de son corps (et, chez le chien, les variations dans l'épaisseur de la robe), ainsi que tous les endroits où il n'aime pas être touché.

Commencez par faire des petits cercles à un endroit propice — le dos d'une personne ou les épaules du chien, de préférence. Orientez votre point de départ (à six heures) soit vers les pieds du chien, soit vers sa queue. Faites un mouvement circulaire, puis laissez glisser votre main vers un autre endroit et recommencez le mouvement. Les endroits où vous faites les cercles sont de peu d'importance, dans la mesure où le toucher Tellington ne nécessite pas une connaissance, même élémentaire, de l'anatomie. Les thérapeutes de TTouch conseillent de laisser la main tracer instinctivement les cercles. Ils recommandent également d'être attentif aux réactions et de modifier le mouvement si l'animal semble mal à l'aise ou manifeste le désir d'échapper à une séance qui ne lui plaît pas. Ne lui ordonnez pas de rester couché lorsque vous pratiquez le TTouch. Il faut qu'il se sente libre de bouger, ce qui permet de voir s'il reçoit les soins avec plaisir.

Le toucher de l'oreille est souvent recommandé. Les thérapeutes de TTouch ne font pas de shiatsu, mais ils savent que les oreilles sont remplies de points de pression et que, en conséquence, les touchers sur l'oreille peuvent être extrêmement bénéfiques à l'organisme. Utilisez le glissement et les petits cercles ; vous pouvez même faire bouger toute l'oreille. Selon les spécialistes de TTouch, le toucher de l'oreille contribue à l'équilibre physique et émotionnel de l'animal.

Un des endroits recommandé par les thérapeutes de TTouch – parfois sujet à controverse –, est la bouche. Ils affirment que le toucher de la bouche est idéal contre le stress, la nervosité, l'hyperactivité, le déséquilibre émotionnel, l'aboiement chronique, le « mâchouillement » compulsif et l'agressivité. Certains béhavioristes ont eux aussi provoqué une controverse lorsqu'ils ont conseillé à des propriétaires de chiens agressifs ou mordeurs de mettre le poing dans la gueule de leur chien.

Si vous pensez que votre chien pourrait l'apprécier, essayez la technique suivante : asseyez-vous derrière l'animal et maintenez son menton dans une main. *N'entourez pas* le museau du chien de votre main, il n'apprécierait pas. Caressez les côtés de sa bouche avec votre main libre, en faisant de petits cercles et avec une pression similaire à celle que vous feriez peser sur vos paupières. Observez attentivement les réactions du chien.

La caresse sur les oreilles est délicieuse pour le chien comme pour celui ou celle qui la lui donne.

Selon les théoriciens de TTouch, le siège de la peur, chez les chiens, est souvent l'arrière-train ou la queue. Toucher ces deux régions peut donc être bénéfique. Faites des petits cercles sur l'arrière-train, soulevez la peau, puis faites des cercles sur les pattes. Le travail sur la queue doit être différent. Pliez doucement chaque articulation de cet appendice, en descendant. Ensuite, pliez des sections plus larges, dans tous les sens. La manière de procéder dépend bien entendu de l'épaisseur et de la longueur de la queue. Lorsque le chien a la queue coupée, Potts conseille de travailler au-delà du bout restant, là où la queue se trouverait si elle n'avait pas été raccourcie. Tirez doucement le bout de queue existant, en le soulevant, maintenez-le une seconde dans cette position, puis relâchez lentement. Si la queue est longue, vous pouvez faire des cercles sur toute sa longueur.

Pendant tout le travail du toucher, il est important de se souvenir qu'il faut bien respirer. Les gens qui abordent cette technique pour la première fois ont tendance à retenir leur souffle parce qu'ils se concentrent sur leurs mouvements. N'oubliez pas que le fait de retenir la respiration provoque une contraction des muscles. Une respiration lente et régulière vous aidera dans votre travail. Si vous n'arrivez à faire, au début, que deux ou trois cercles avant de vous contracter, c'est mieux que rien. Potts affirme que la technique TTouch a un effet sur le système nerveux du sujet, et que son corps continue à traiter l'information envoyée par le toucher pendant les 24 heures qui suivent. Les bienfaits du toucher se font donc sentir à long terme. À ceux qui ont des doutes concernant certaines parties du corps, Potts répond que la règle à observer est « moins = plus », soit moins de pression, moins de répétitions, et éviter les endroits trop sensibles.

Après le TTouch, de longues caresses très légères sur tout le corps de l'animal achèvent le traitement.

D'autres touchers

J'ai attiré l'attention, dans ce chapitre, sur les points sensibles du corps. Les nœuds durcis dans les muscles peuvent bénéficier d'un vigoureux travail de massage, mais il faut se montrer très prudent dans l'identification des gonflements et des protubérances. Masser trop vigoureusement un kyste ou un abcès peut être dommageable et ne soulage aucunement l'animal.

Enfin, quelques béhavioristes (notamment Suzanne Clothier et Ian Dunbar) recommandent de changer la position du chien pendant les massages. Selon eux, les émotions de l'animal changent lorsqu'on modifie sa posture...

Suzanne Clothier décrit son travail sur un chien peureux. Elle explique qu'elle l'a d'abord caressé doucement sur le ventre pour l'encourager à rester debout, puis qu'elle lui a massé les oreilles pour les aider à se détendre. Nous examinerons la connexion entre le corps et le cerveau dans le chapitre 10, *Extrasensoriel*. Pour l'instant, gardez bien présent à l'esprit que le toucher est essentiel pour la plupart des animaux (y compris nous-mêmes), et que *la manière avec laquelle* nous touchons notre chien a un impact sur lui, et sur nous. Si vous êtes attentif, vous constaterez, quand vous massez votre chien, que votre respiration se ralentit et que votre corps se détend

Les bienfaits du massage se manifestent dans les deux directions.

Chapitre 9

....

Ces enfants qui parlent chien

Que doivent savoir les enfants sur leurs interactions avec les chiens ?
Que doivent savoir les chiens sur leurs interactions avec les enfants ?

> Quelque chose en nous fait que nous sommes authentiquement attirés
> par eux (les chiens). Un chien ne donne jamais moins que
> cent pour cent de lui-même. Que se passerait-il si les humains en
> faisaient autant ? Le monde serait radicalement transformé.

J. ALLEN BOONE

Cette histoire de coyote, racontée dans plusieurs tribus indiennes dans
des versions différentes, explique pourquoi les chiens se flairent quand ils
se rencontrent. Il y a bien longtemps, lorsque le monde a été créé, le
Peuple Chien s'est rassemblé pour une célébration. Les chiens ont dansé,
couru, chanté et joué toute la journée et une partie de la nuit.
Coyote a voulu se joindre à la fête, mais le Peuple Chien ne l'a pas

accepté, disant qu'il était trop galeux et trop sournois pour être considéré comme un vrai chien.

Après la célébration, les chiens sont rentrés dans leur abri, ont accroché leur queue sur une paroi, puis se sont couchés pour dormir. Furieux d'avoir été exclu, Coyote a voulu leur jouer un tour. Il a placé des bûches fumantes près de l'abri afin que les chiens sentent l'odeur de la fumée, puis il a crié : «Au feu! Au feu!»

Les chiens se sont réveillés dans l'obscurité de leur tanière. Quand ils ont senti l'odeur de la fumée et entendu les cris, ils se sont dit qu'ils étaient en danger de brûler vifs. Ils ont bondi, attrapant une queue au passage, et se sont enfuis dans la nuit. Quand ils ont compris la ruse de Coyote, ils se sont mis à sa poursuite. Certains se sont arrêtés après un moment, les autres ont continué leur poursuite. C'est ainsi qu'ils se sont répandus à travers le monde. Quand les chiens se sont rendus compte qu'ils n'avaient pas emporté leur appendice personnel, ils étaient déjà trop loin les uns des autres pour se rassembler et faire les échanges. Depuis, chaque fois que des chiens se rencontrent, ils se flairent mutuellement dans l'espoir de retrouver la queue qu'ils ont perdue.

Tôt ou tard, un grand nombre de parents doivent faire face à la même interrogation : «Pouvons-nous avoir un chien?» et pourtant, qu'y a-t-il de plus naturel que des enfants et des chiens vivant sous le même toit? Dans son livre, *Canine Behavior : A Guide for veterinarians*, Bonnie Beaver indique que la raison pour laquelle des gens décident d'avoir un chien est le fait qu'ils ont un ou des enfants. Cependant, dans la mesure où 60 pour cent des humains qui sont mordus par un chien sont des enfants, il est indispensable de prendre les mesures nécessaires pour que les chiens soient dressés et les enfants informés. Ensuite, il faudra surveiller les uns et les autres afin que chacun soit heureux et en sécurité.

Les avantages pour l'enfant

Pour l'enfant, le fait de posséder un chien apporte des avantages immédiats. Avec leurs petits camarades d'abord. Les enfants sont généralement séduits par les chiens, et ceux qui n'en ont pas sont irrésistiblement attirés par leurs copains qui ont la chance d'en posséder un. Dans le monde de l'enfance parfois si cruel, le chien permet souvent de briser la glace. Les personnes qui travaillent auprès de handicapés physiques savent que les enfants en chaise roulante font un peu peur aux autres ; ils leur paraissent « différents », difficiles à approcher. Par contre, un enfant en chaise roulante accompagné d'un chien, même s'il reste un enfant « différent », possède un atout de taille : il a un chien. Cela change toute la donne. Les possibilités d'interactions avec ses pairs augmentent, et encore plus quand ces chiens ne sont pas des chiens de travail dans le sens habituel du terme : ils ne ramassent pas les objets qui sont tombés et ne tirent pas le fauteuil roulant. Le rôle de ces chiens est, d'abord et avant tout, de rendre l'enfant « différent » plus acceptable, socialement parlant, aux yeux de ses pairs.

Le phénomène ne s'applique pas seulement aux petits handicapés. En général, les enfants qui vivent avec un chien sont plus populaires et leurs copains d'école adorent venir chez eux. Il arrive même qu'on trouve un chien dans une classe ; il y fait office de mascotte et appartient souvent à l'instituteur. L'une des conclusions d'une étude sur le sujet est que l'estime de soi des enfants augmente quand un chien fait partie de la classe. Plus encourageant encore, des élèves qui, au début de l'année scolaire, ont des notes peu satisfaisantes, travaillent de mieux en mieux, et leurs résultats s'en ressentent.

Un chien offre aussi à l'enfant une écoute compatissante et neutre. Il est toujours prêt à l'entendre raconter ses problèmes, ses chagrins, et ne le juge jamais. Il lui procure une fourrure chaude dans laquelle il peut se blottir. Les avantages dispensés par un chien à un enfant rendent non seulement les années turbulentes de la jeunesse plus agréables, mais ils se prolongent tout au long de l'adolescence. Vous vous souvenez des titulaires de Fortune 500 mentionnés plus tôt dans cet ouvrage ? Ils ont tous déclaré que leurs animaux de compagnie leur ont appris le sens des responsabilités et de la discipline, ces qualités qui leur sont éminemment nécessaires dans leur vie d'hommes et de femmes d'affaires de haut vol. Une partie de leur assurance dérive aussi de leur compagnonnage avec un chien. À cet égard, la majorité de ces personnes n'ont pas changé de mode de vie : elles possèdent toujours un chien.

PENSEZ-Y

Rappelez-vous ces moments de déprime ou de mécontentement, où vous avez eu besoin de confier vos problèmes à votre meilleur ami ou meilleure amie, à qui vous dites tout. Cette personne vous a-t-elle donné un conseil sage ou surprenant qui vous a réconcilié avec le monde ? Probablement pas. Ce qu'elle a sans doute fait, c'est vous écouter en émettant des onomatopées pleines de sympathie, ou vous serrer dans ses bras. Toutes ces manifestations amicales entrent parfaitement dans le cadre des aptitudes canines. Les yeux du chien expriment sympathie et compréhension ; son poil tiède et soyeux est doux au toucher, et il ne répète *jamais* à d'autres ce qu'on lui dit. Le psychologue Boris Levinson n'a pas tardé à remarquer que son chien, qui l'accompagnait toujours au bureau, pouvait être un thérapeute aussi efficace que lui : en acceptant de sympathiser avec un client, il l'encourageait à confier ses problèmes et il ne demandait pas d'honoraires pour ses services !

En fait, les bienfaits découlant de la possession d'un chien s'étendent à toute la famille. Selon les résultats d'une enquête, 70 pour cent des membres de foyers avec chien estiment qu'ils doivent une grande partie de leur bonheur et de leur joie de vivre à leur compagnon à pattes. Les interactions positives entre les membres adultes sont plus nombreuses et toutes les personnes de la famille sont convaincues que le chien est aussi sensible à leur bien-être émotionnel qu'à leurs sautes d'humeur.

Un chien a rarement une tâche plus importante que celle de jouer avec un ou des enfants. Dans ce monde survolté, il est souvent un cadeau du ciel, mais il peut aussi être un problème. Tout dépend de l'âge et de la maturité de l'enfant ou des enfants. Il ne faut jamais perdre de vue les statistiques en matière de morsures. La grande majorité de ces morsures sont faites par le chien de la maison ou par celui des voisins, non par des chiens errants.

La sécurité des enfants avant tout

En dépit de tous les aspects positifs résultant de la présence d'un chien dans la maison, les parents ne doivent pas en acquérir un à la légère, même si les enfants se font pressants. Toutes les conséquences possibles doivent être envisagées. Lorsque des enfants se débarrassent d'un jeu ou d'un jouet quelques mois après l'avoir reçu, les conséquences de ce geste ne sont que monétaires. Il n'en est pas de même avec un animal. Même si votre enfant vous jure qu'il va prendre la responsabilité entière du chien, sachez que cela est impossible. Ce sont les parents qui doivent se rendre chez le vétérinaire avec l'animal, ce sont eux qui doivent l'enregistrer, l'éduquer, le dresser et, bien souvent, lui faire prendre de l'exercice et jouer avec lui. Il arrive souvent qu'une tâche légère, comme nourrir le chien ou le promener, perde rapidement tout intérêt pour l'enfant. Il est donc essentiel que *toute* la famille désire ce chien. Tout manquement en ce domaine pourrait se solder par des bagarres concernant les corvées que la possession d'un animal entraîne. Le chien est alors relégué dans la cour arrière, où il se sent seul, négligé, et misérable.

Le fait d'avoir un enfant *et* un chien représente sans aucun doute une plus grande somme de travail. Mandy Brook, dresseuse de chiens, illustre la responsabilité des parents en ces termes insistants : « Contrôle, contrôle, contrôle. À propos, ai-je assez insisté sur le contrôle ? Et surtout, n'oubliez pas que le contrôle est essentiel ! Faites des exercices, notamment sur la protection du bol de nourriture. Apprenez au chien à aimer être bousculé, secoué ; apprenez-lui à aimer les cris, il faut qu'il aime *vraiment* tout cela. Montrez-lui cependant un endroit où il pourra se réfugier pour se mettre à l'abri, un endroit où l'enfant ne pourra pas le rejoindre. N'essayez pas de vous convaincre qu'il n'y aura jamais de problèmes, ne vous dites surtout pas que le chien va régler les problèmes qui se posent et n'oubliez pas : CONTRÔLE ! »

Le discours de Mandy est amusant, mais le but de son livre est sérieux : prévenir les parents de tout ce qui peut arriver s'ils se montrent négligents. Un manque de surveillance peut se solder par une morsure. Presque tous les témoignages au sujet de chiens qui ont « mordu sans avertissement » proviennent de foyers qui, justement, n'ont pas observé les signaux envoyés par l'animal. En bref, la première mesure de sécurité, c'est la certitude que toute la famille *est prête* à avoir un chien et *à assumer* les responsabilités qui découleront de sa présence. La seconde repose sur la volonté de prendre le temps nécessaire pour faire de ce chien un membre de la famille sur qui l'on peut compter.

Le choix de l'animal est important et devrait peut-être se faire en fonction de l'âge de l'enfant. Il faut éviter les généralisations : quelles que soient les caractéristiques d'une race dont vous avez pu prendre connaissance dans un ouvrage sur les canidés, il ne faut jamais oublier que le chien est *aussi* un individu. Une race reconnue pour son humeur égale et sa gentillesse peut abriter en son sein des individus agressifs, tout comme une race de réputation bagarreuse et susceptible peut inclure des individus calmes et très soumis. Les observations qui suivent sont d'ordre général et ne devraient absolument pas vous amener à condamner ou à idéaliser une race.

Bien que les cockers aient été les chiens préférés des familles pendant très longtemps, une foule d'études démontrent qu'ils tiennent le haut du pavé en matière de morsures et qu'ils mordent aussi les membres de leur famille humaine. D'autres recherches placent les chihuahuas au premier rang des mordeurs. Les terriers, très actifs, s'excitent très vite et peuvent mordre sans intention agressive. Les chiens de berger peuvent pincer lorsqu'ils s'efforcent de rassembler les enfants. C'est une tactique que les caractéristiques innées de leur race les poussent à adopter quand ils gardent des moutons.

Un grand nombre de races recommandées pour les familles font partie des groupes de chiens sportifs et de chiens courants. Les golden retrievers sont souvent considérés comme les chiens idéaux pour les enfants, mais les incidents agressifs ont augmenté, chez ces chiens, en raison de leur grande popularité. Les retrievers du Labrador ont la réputation d'être de bons chiens de famille, mais ceux qui connaissent bien la race conseillent d'éviter la variété chocolat, tandis que d'autres mettent en garde contre ceux qui chassent. Les terre-neuve et les bobtails sont devenus très populaires en tant que nounous et on peut les considérer comme des chiens très fiables (mais ils sont si grands et si forts qu'ils peuvent renverser un petit enfant rien qu'en se retournant !) Les saint-hubert, les bassets hounds et les bouledogues sont réputés pour leur égalité d'humeur. Il ne faut surtout pas non plus écarter les bâtards. Il est peut-être difficile de prévoir leur taille et leur poids à l'âge adulte, mais on peut faire, avec ces chiens, la même étude de tempérament qu'avec un chien de race.

Quel que soit le toutou que vous ramenez à la maison (nous parlerons de la façon de le choisir en fin de chapitre), vous devez tout mettre en œuvre pour qu'il s'habitue aux attentions parfois un peu insistantes des enfants.

Il peut y avoir des problèmes à propos du bol de nourriture. Efforcez-vous de les éviter. Laissez tomber des petites bouchées savoureuses dans le récipient pendant que le chien mange. Si le fait de prendre le bol ne suscite aucune réaction négative, prenez-le, ajoutez-y quelques bons morceaux et rendez-le au chien. Après avoir fait quelques exercices d'obéissance, veillez à ce que le chien reste assis sans bouger jusqu'à ce que vous ayez déposé son bol à terre. Les enfants ne doivent pas importuner l'animal quand il mange. S'ils le font, veillez à ce que le chien ne se transforme pas en bête féroce qui défend sa pitance.

Les maisonnées pleines d'enfants peuvent parfois devenir très

(Photo : The Waltham Centre for Pet Nutrition)

Le chien et l'enfant doivent apprendre à se conduire de façon appropriée dès qu'il est question de nourriture.

bruyantes. Il est compréhensible que le chien réagisse à des bruits soudains et forts, mais il ne doit pas pour autant s'en prendre à l'auteur de ces bruits, ni à celui ou celle qui se trouve près de lui à ce moment-là. Les bons chiens de famille continuent à dormir sans se faire de bile au milieu des bruits habituels de la maison. Si on a l'habitude de crier chez vous, habituez tout de suite le chien à ces éclats sonores en demandant aux membres de votre famille de crier les uns après les autres pendant que vous lui donnez des biscuits.

Les enfants ont parfois des mouvements brusques et agitent souvent les bras. Les chiens doivent apprendre à supporter ces gestes. Les mouvements désordonnés réveillent leur instinct de prédateur et les incitent à chasser et à attraper. Il est hors de question de permettre à l'animal de réagir à ce genre de pulsions. Vous pouvez apprendre à vos enfants à éviter de faire de grands gestes quand ils sont près du chien, mais leurs amis ne le feront sans doute pas. Il est donc nécessaire que vous appreniez au chien à bien se comporter en de telles circonstances.

Le besoin de chasser peut être très pressant, et vous ne serez sans doute pas capable de le neutraliser complètement. Ce que vous pouvez faire, c'est procurer au chien un exutoire qui lui permette d'obéir à ses pulsions prédatrices. Apprenez-lui à s'emparer d'une balle de tennis et à la rapporter, par exemple. Exercez un contrôle sur son accès à ce type de jouets ; ne les lui donnez que pour le jeu de la chasse. Faites en sorte que vos enfants soient auprès de vous quand vous vous préparez à jouer avec le chien. Lorsqu'ils commencent à courir et à bondir autour de la balle, encouragez le chien à l'attraper. L'association entre enfants, balle et jeu deviendra automatique : chaque fois que les enfants se mettront à jouer de façon un peu turbulente, le chien essaiera immédiatement de trouver un jouet. Un chien qui a un jouet dans la bouche ne peut mordre… que le jouet. Assurez-vous que ce jouet ou cette balle soit à sa portée chaque fois que son instinct de chasseur se réveille.

VOUS POUVEZ ME CITER

« Le fait d'exercer un «contrôle» est, d'abord, une attitude mentale, mais ceux qui vous entourent doivent savoir ce que vous entendez par là. Cela veut dire que vous ne laissez pas votre gamin seul au rez-de-chaussée avec le chien pendant que vous vous trouvez à l'étage devant votre ordinateur. Tout cela doit être très clair. Même avec une surveillance étroite, des incidents peuvent survenir. Je me trouvais un jour dans mon salon avec une de mes meilleures amies et son petit garçon de dix-huit mois, un enfant qui avait été élevé dans un environnement peuplé de chevaux, d'akitas-inus et de chats. Le gamin se trouvait sur le sofa, près de ma Maggie, la meilleure chienne au monde. Il la brossait gentiment. Sa mère était assise d'un côté, moi de l'autre ; nous les regardions, attendries. Tout à coup, l'enfant a retourné la brosse et a frappé Maggie sur la tête. Ce geste nous a prises entièrement au dépourvu. Comment aurions-nous pu le prévoir ? Cet incident m'a confirmé que Maggie était un chien extraordinaire, mais il m'a aussi amenée à prendre une irrévocable décision : jamais je ne laisserais, dans ma maison, un enfant de cet âge seul avec un chien, même sous surveillance. »

KAREN OVERALL

À la fin d'une recherche de drogue ou après l'arrestation d'un criminel, les chiens policiers sont récompensés. On leur permet de jouer avec une balle ou avec une serviette de toilette roulée sur laquelle ils peuvent tirer. Cette récompense les motive et permet souvent d'éviter de graves problèmes.

Apprenez à vos enfants à se conduire adéquatement lorsqu'ils rencontrent un chien (nous y reviendrons dans une autre section de ce chapitre). Emmenez-les dans des endroits où ils peuvent voir un grand nombre de chiens, dans des concours d'obéissance, par exemple. Observez comment vos enfants se conforment aux règles que vous leur avez apprises. Cela vous donnera une bonne idée du degré de contrôle qu'ils sont en mesure d'exercer sur eux-mêmes, mais la proximité de tous ces chiens est très excitante. Ne soyez donc pas surpris de constater que tout ce que vous leur avez inculqué est très vite oublié. Conclusion : ils ne sont pas encore prêts à aborder un chien, et il vous reste pas mal de travail à faire.

Si vous avez déjà un chien avant la naissance d'un enfant, il vous appartient de faire en sorte que l'animal soit aussi « armé » que possible (autrement dit, il doit être capable, dans les limites de la raison, de supporter une foule de choses). C'est aussi à vous d'avoir la situation bien en main, en toutes circonstances et à tout moment, afin que, lorsque l'enfant sera plus grand, ni lui ni le chien ne se trouvent jamais dans une situation dans laquelle ils pourraient perdre la tête.

Programme de formation pour les enfants

Si votre enfant se sent frustré parce que vous ne voulez pas de chien à la maison, il est d'autant plus désireux de rencontrer ceux qui se trouvent à l'extérieur et ceux-ci ne manquent pas. Apprendre à votre fils ou à votre fille comment il convient d'aborder un chien est essentiel pour sa sécurité. Son comportement peut en outre vous indiquer dans quelle mesure il est capable de se contrôler.

Si un chien se trouve en compagnie de son maître ou de sa maîtresse, l'enfant doit d'abord demander poliment la permission de caresser l'animal. Si la réponse est négative – quelle que soit la raison invoquée – il ne doit pas insister. (Il se peut que le chien n'apprécie pas la compagnie d'un enfant, ou que le propriétaire craigne d'avoir des problèmes de responsabilités légales, ou que le chien vienne tout juste d'être brossé avant d'entrer dans le ring.)

Si la personne répond par l'affirmative, l'enfant doit d'abord tendre une main vers le chien afin qu'il puisse la flairer. Pour l'animal, une main tendue est un geste amical, pareil à la poignée de main entre deux humains. L'enfant doit éviter de le surprendre en avançant la main trop brusquement pour lui caresser la tête.

Lorsque le chien a flairé la main, l'enfant peut le caresser sur le devant de la poitrine ou sur le flanc. En général, les chiens aiment qu'on les caresse à ces endroits. Certains chiens se montrent un peu inquiets lorsqu'une main se promène sur leur tête, il vaut donc mieux éviter de le faire. (Les enfants ont tendance à donner des bourrades amicales plutôt que des caresses. C'est une autre bonne raison pour leur dire de ne pas toucher la tête du chien.)

Un enfant ne doit pas serrer un chien inconnu dans ses bras. Il est difficile de convaincre son propre chien d'accepter ce genre de manifestation de tendresse, mais on peut y arriver, et même l'amener à apprécier ce geste, mais un autre chien ne le tolérera pas. Le fait de se sentir maintenu, prisonnier, peut déclencher chez lui le syndrome « fuir ou combattre ».

L'enfant ne doit pas fixer le chien dans les yeux. C'est un comportement naturel, certes, que l'enfant adopte avec ses parents ou ses proches, mais dans le langage verbal du chien, il s'agit là d'un comportement impoli qu'il peut, en outre, assimiler à une menace potentielle. Un chien équilibré et bien élevé n'y verra pas une mauvaise intention, mais d'autres chiens pourraient mal réagir. Apprenez à vos enfants à regarder le chien du coin de l'œil.

Dites-leur qu'ils doivent se déplacer plus lentement et parler plus calmement lorsqu'ils se trouvent en présence d'un chien. Expliquez-leur que pour les chiens sauvages, qui doivent chasser pour se nourrir, les proies les plus faciles à saisir sont les animaux blessés – ce à quoi ils ressemblent quand ils agitent les bras et se roulent par terre. L'enfant doit aider le chien à voir en lui un petit être humain.

Lorsqu'il rencontre un chien non accompagné, le comportement de l'enfant doit être encore plus prudent. Il ne doit *jamais* initier un contact avec un chien de son propre chef, même si c'est le chien du voisin. Un chien qui se promène gentiment dans la rue avec un membre de sa

Un enfant ne doit jamais s'approcher d'un chien non accompagné, même quand il est aussi mignon que celui-ci.

famille humaine se conduit de façon radicalement différente quand il se trouve derrière la clôture de son jardin. Les chiens qui souffrent d'une infection des oreilles due aux mites ont une réaction très vive lorsqu'on leur touche la tête, et pour une foule de raisons qui n'appartiennent qu'à eux, les chiens solitaires préfèrent le rester.

Lorsqu'un chien sans surveillance s'approche d'un enfant, ce dernier doit rester immobile et éviter tout contact oculaire. Puis, tout bas, comme s'il confiait un secret à un ami, il doit chanter une berceuse ou une chanson ou comptine qui lui vient à l'esprit. Le rythme des mots a un effet apaisant sur l'animal et sur l'enfant. Comme ce n'est pas une réaction naturelle pour un adulte se trouvant dans une telle situation, et qu'elle l'est encore moins pour un jeune, il faut donc le persuader que c'est vraiment l'attitude à adopter. Vous pouvez pratiquer l'exercice lorsque vous vous promenez avec votre fils ou votre fille et que vous rencontrez un chien. Faites en sorte que l'enfant fasse la démonstration de cette stratégie sécuritaire face à un chien étranger, puis récompensez-le en lui permettant de caresser le chien (avec la permission du maître ou de la maîtresse, bien entendu).

Si l'enfant n'est pas accompagné d'un adulte, il doit rester dans la posture sécuritaire indiquée plus haut. Si le chien sans surveillance ne s'approche pas, il peut reculer lentement, puis s'éloigner. Il ne faut jamais se mettre à courir lorsqu'on rencontre un chien que l'on ne connaît pas et que l'on trouve inquiétant. J'ai été mordue par un chien lorsque j'avais sept ans. C'était un très gentil toutou, mais cela ne l'a pas empêché de planter ses petits crocs dans le bas de mon mollet, tout simplement parce que je courais et qu'il ne pouvait résister à l'envie de m'attraper.

Si le chien s'approche de façon agressive, s'il grogne ou aboie, le simple fait de vouloir lui échapper peut déclencher une attaque. Si un adulte se trouve à proximité, l'enfant doit l'appeler. Cette personne pourra alors intervenir afin de calmer l'animal. Crier est cependant risqué, et il ne faut recourir à cette solution que lorsque la situation semble périlleuse. Menacer le chien avec un objet aussi anodin qu'un journal ou un cahier peut distraire l'animal. Il faut alors reculer en maintenant l'objet devant soi.

Les enfants doivent comprendre qu'ils ne doivent pas s'approcher d'un chien qui mange ou qui ronge un os, ou qui possède un objet auquel il semble tenir tout particulièrement. Le règlement de la maisonnée (voir section suivante) stipulant qu'il est permis de toucher aux objets appartenant au chien, y compris son bol de nourriture, n'est pas valable pour les chiens qui vivent à l'extérieur. La phrase « Ne réveillez pas le chien qui dort » est très sensée : un chien que l'on réveille brusquement peut se mettre immédiatement sur la défensive.

L'enfant ne doit, *sous aucun prétexte*, frapper, menacer d'un bâton ou bousculer brutalement un chien. Ceux qui se livrent à de tels comportements prennent un sérieux risque.

En expliquant à l'enfant, posément et de façon réaliste, que toutes ces dispositions sont les moyens les plus sûrs de dialoguer avec un chien, vous ferez non seulement œuvre éducative, mais vous lui enlèverez la peur qu'il peut éventuellement ressentir lorsqu'il rencontre un chien.

Programme de dressage et d'entraînement pour le chien

Tout comme chaque membre de la famille, le chien doit disposer d'un endroit où il peut trouver la paix. Que cet endroit soit une niche, une caisse en carton ou un tapis dans la salle de lavage, les enfants doivent comprendre que lorsque le chien est dans son « domaine », ils ne doivent pas le déranger. Comparez l'espace appartenant au chien à la chambre de l'enfant, et rappelez à ce dernier qu'il n'aime pas beaucoup que l'on pénètre sans prévenir dans son royaume personnel. Si vous remarquez que le chien commence à donner des signes de frustration parce qu'il a été obligé de quitter l'endroit qui est le sien, ramenez-le à cet endroit, et offrez-lui un jouet ou un os à mâchouiller. Il retrouvera sa sérénité. (Bien sûr, il ne faut pas l'obliger à y rester s'il n'en a pas envie.)

Si le chien a accès au jardin, assurez-vous qu'il n'y est pas à la merci d'enfants qui passent. Les chiens qui se trouvent derrière une barrière ont, plus que d'autres, tendance à vouloir garder leur territoire et celui de leurs maîtres. Il arrive souvent que des enfants, en particulier des garçons, ne résistent pas à l'envie de les agacer pour les faire aboyer ou sauter contre la barrière. En aménageant, à l'intérieur du jardin, un endroit clôturé pour le chien, vous lui procurez une zone tampon et vous empêchez les enfants turbulents de s'approcher de lui.

N'attachez pas votre chien dans une cour non clôturée. Il n'apprécie pas du tout cela. En outre, comme je viens de le dire, il n'y est pas protégé contre des agaceries éventuelles. Si vous devez néanmoins le faire, utilisez au moins un câble aérien afin qu'il puisse courir (assez) librement. N'oubliez jamais que la plupart des morsures infligées à des enfants le sont par des chiens attachés.

Que vous adoptiez un chien adulte ou un chiot, habituez-le gentiment et graduellement à la présence de plusieurs personnes à la fois, et placez-le dans différentes situations afin qu'il puisse s'y habituer. Le fait de s'accoutumer à la présence d'un ou plusieurs enfants, est pour le chien, un fait de socialisation extrêmement important. Même si vous n'avez pas d'enfant, prenez quand même le temps d'en présenter quelques-uns à votre chien. Les parents n'apprennent pas toujours à leurs rejetons à s'approcher calmement et lentement d'un chien, ni à demander la permission de le caresser. Tôt ou tard, vous verrez un gamin accourir vers vous et votre compagnon en criant : « Le beau toutou, le beau toutou ! », en agitant tous ses membres et avec la ferme intention de le prendre dans ses bras. Si votre compagnon n'est pas habitué à de tels débordements, il vous est difficile de prévoir sa réaction. Tous les chiens devraient, petit à petit, s'accoutumer aux comportements enfantins typiques – bras autour du cou, tirage d'oreilles et de queue – et à la vue et aux sons produits par les enfants.

Quelques jours après l'installation de votre nouvel ami dans sa nouvelle demeure, invitez quelques connaissances. Il ne s'agit pas de donner une soirée pour une centaine d'invités, mais de recevoir sept ou huit personnes. Essayez d'avoir un éventail d'individus aussi varié que possible – hommes, femmes, enfants ; grands, petits, bruyants, calmes ; portant barbe, chapeau, lunettes… Présentez le facteur à votre gardien. Si celui-ci prend le temps de l'aborder gentiment, ou même de lui offrir une friandise ou une caresse, il cessera d'aboyer… pendant dix à quinze jours au moins ! Cette tactique lui permettra aussi de s'habituer à l'intrusion de personnes en uniforme – raffinement vestimentaire que les chiens n'apprécient pas particulièrement.

Il est préférable de ne pas forcer vos amis à sympathiser avec votre chien. Contentez-vous de le garder dans la pièce où vous les recevez et laissez-le faire. S'il suscite de lui-même un contact amical, autorisez-les à lui donner un biscuit. Quant aux enfants, permettez-leur petit à petit de se conduire selon leur âge et leur tempérament, de manière à ce que votre compagnon s'habitue à leurs voix aiguës et à leurs mouvements saccadés.

Si vous voyez que votre chien réagit avec méfiance devant des enfants, et si vous constatez que ses dispositions ne s'améliorent pas avec le temps, organisez de nouvelles rencontres. Quand j'ai adopté Nestle et que je l'ai ramené du refuge où il se trouvait, il m'a immédiatement fait comprendre que les jeunes garçons le rendaient très nerveux. Le simple fait de voir des gamins courir au loin suffisait à le faire bondir et aboyer. J'ai alors embauché mes neveux pour m'aider à le désensibiliser, et nous avons fini par le calmer, mais il continue néanmoins à se méfier des garçons et refuse d'accepter leurs avances s'il ne les connaît pas. Quand un gamin s'approche, il vient vers moi (je le lui ai appris) et me laisse régler le problème. Une partie de nos visites thérapeutiques consiste à nous rendre auprès d'enfants convalescents. Nestle leur montre ce qu'il a appris au dressage, tandis que les enfants l'admirent, installés derrière une barrière.

Nestle n'aimera probablement jamais les jeunes garçons. Peut-être a-t-il ses raisons : ses moustaches ont été coupées et une de ses oreilles porte la marque d'une morsure faite par des dents humaines. Tant que je suis avec lui, ses réactions sont posées, mais je ne le laisserai jamais seul en présence d'enfants.

Ces problèmes peuvent être résolus, mais il est préférable de veiller à ce qu'ils ne se présentent pas.

Les chiots doivent rester avec leur mère et la portée pendant au moins huit semaines. Idéalement, ce devrait être douze semaines. C'est durant cette période qu'ils acquièrent presque toutes leurs stratégies de communication avec leurs congénères. Des dresseurs font le lien entre des chiots qui ont quitté la portée trop tôt et une série de problèmes de comportement lorsqu'ils sont adultes. L'éleveur ou le responsable de la portée doit être attentif à cette première socialisation. S'il le fait adéquatement, les chiots seront plus désireux d'explorer leur univers quand ils arriveront dans leur nouveau foyer.

Il s'agit là d'une situation idéale. Malheureusement, ce n'est pas toujours le cas et il arrive que l'on doive affronter certains problèmes. Même lorsqu'un chien n'a pas bénéficié de cet excellent départ dans la vie, on peut toujours l'aider à assimiler les trois éléments fondamentaux qui l'aideront à faire son chemin : réagir posément ; se remettre rapidement d'un incident ; refréner une éventuelle envie de mordre.

Réagir posément

Un chien, et même un chien particulièrement sensible, peut apprendre à ne plus se laisser impressionner par des incidents ou des bruits qui le font sauter au plafond ou le poussent à aboyer comme un fou. Pour désensibiliser un chien hypersensible, on peut lui faire écouter des cassettes d'enregistrement de certains sons, comme le tonnerre ou les sirènes, par exemple. À force de les entendre, il s'habituera à ces bruits. Commencez en mettant le volume au plus bas. Il ne réagira sans doute pas. Puis, les jours suivants, augmentez graduellement le volume.

Les chiens hypersensibles peuvent également s'adapter à certaines situations. Si votre compagnon déteste être caressé à certains endroits (certains chiens n'aiment pas qu'on leur saisisse les pattes ou qu'on brosse les longs poils de leurs pattes arrière), caressez-le à un endroit où il apprécie ce toucher, aventurez-vous un instant vers le lieu « interdit », et revenez immédiatement à la case départ. Après quelques tentatives adroites, il vous permettra de toucher un peu plus longtemps l'endroit prohibé. Terry Ryan suggère d'avoir recours à ce qu'elle appelle la « thérapie du beurre d'arachide » avec les chiens qui refusent d'être brossés à certains endroits. Étendez un peu de beurre d'arachide à hauteur de chien sur la porte du réfrigérateur et invitez-le à le lécher pendant que vous brossez la région problématique. Au début, ne dépassez pas les quelques secondes, puis prolongez. Si vous vous apercevez que le chien déteste cela au point de ne pas lécher le beurre d'arachide, c'est qu'il a une bonne raison. Dans ce cas, tout ce que vous obtiendrez comme résultat, c'est un chien qui n'aime ni être brossé, ni le beurre d'arachide! La plupart du temps, cette hypersensibilité résulte du fait que l'animal n'a pas connu de touchers gentils et délicats. Avec de la patience et de la gentillesse, vous pourrez surmonter ses réticences.

Les chiens axés sur le mouvement, comme les lévriers, les terriers et les chiens de berger doivent apprendre à ne pas réagir instinctivement aux mouvements. Il est arrivé que des lévriers tuent des petits animaux avec lesquels ils vivaient, non parce qu'ils ne les aimaient pas, mais parce que leur instinct de chasseur avait été déclenché par les mouvements rapides de ces petites bêtes. Beaucoup de terriers, élevés pour chasser les animaux nuisibles, entrent dans une sorte de frénésie quand ils voient des écureuils ou d'autres créatures de ce genre. Les chiens de berger sont, eux, plus susceptibles de pincer que de mordre, mais ils peuvent aussi devenir extrêmement fébriles à la vue d'une petite bête apparemment égarée, qu'ils se font un devoir de remettre dans le rang. Plus d'un propriétaire de border collie, arrivant de la cuisine avec un plateau d'amuse-gueule, a retrouvé ses invités groupés serré au milieu du salon, son chien tournant consciencieusement autour d'eux pour les garder rassemblés. Il est conseillé de proposer à ces chiens la solution de rechange qui va leur permettre de libérer leurs pulsions, comme attraper un jouet aussitôt qu'ils repèrent un mouvement qui éveille leur intérêt de manière irrésistible – jouet qu'ils vous apportent pour vous inviter à vous amuser avec eux – ou de venir s'asseoir près de vous pour recevoir une petite bouchée ou entendre un discours apaisant.

Ce chien et cet enfant ne semblent pas s'inquiéter outre mesure de ce qui se passe au concours canin auquel ils participent.

Se remettre rapidement d'un incident

Cette nécessité a un lien étroit avec la section précédente, dans la mesure où une partie de désensibilisation signifie que l'on doit apprendre au chien à récupérer après un choc quelconque. Sans le vouloir, certaines personnes commettent des erreurs dans ce domaine quand elles consolent un chien en détresse. À première vue, caresser un chien et lui parler de façon apaisante semble être la meilleure chose à faire, mais le chien, lui, interprète cette attitude comme une récompense ! En bref, caresser votre chien après un coup de tonnerre qui le terrise peut en fait l'encourager à trembler encore plus et plus longtemps. Rappelez-vous que votre compagnon «lit» vos actions, pas vos intentions.

Une réaction plus adéquate et plus efficace consiste à trouver un moyen de neutraliser la peur du chien. Si vous l'occupez à un passe-temps quelconque, il sera distrait de ses préoccupations et pensera à autre chose. Adoptez une attitude calme et optimiste ; ignorez son émotion et ses tremblements. Des personnes qui s'occupent essentiellement de chiots appellent cette stratégie « le joyeux petit train-train ». Au lieu d'embarquer dans la peur du chien et de lui laisser croire que vous êtes persuadé, tout comme lui, que le ciel va vous tomber sur la tête, faites comme si vous vouliez fêter quelque chose. Dites-lui n'importe quoi, c'est le ton qui compte. Par exemple : « Ça alors, ce qu'on a eu peur ! » Lorsque le chien sursaute à cause d'un bruit quelconque, répétez cette phrase tout en faisant quelque chose d'amusant. Il associera alors cette phrase à votre assurance et votre bonne humeur et sera persuadé que vous avez les choses en main et que la vie continue en dépit des petits (et des grands) chocs qui peuvent survenir. (Il ne faudrait cependant pas que quelque chose de grave arrive après que vous l'ayez assuré que tout va bien.)

Jouez de façon très animée avec votre chien, puis invitez-le à se coucher. C'est un exercice épatant qui vous permettra d'ajouter une nouvelle expression à votre répertoire de communication : *on se calme !*

Mettez-lui sa laisse (pour éviter qu'il devienne incontrôlable ou décide de jouer à vous échapper) puis jouez à tirer sur la corde à nœuds, ou à un autre jeu tout aussi excitant. Cela vous permet de garder votre compagnon auprès de vous, de caresser son sternum du bout des doigts et de lui dire : « On se calme ! » sur un ton apaisant. Faites en sorte de ralentir vos mouvements, qu'ils soient presque hypnotiques. Certains chiens sont difficiles à calmer, mais en général, on peut les apaiser sans problème. À la longue, le simple fait de prononcer le mot « calme » suffira.

Apprendre à apaiser votre chien est une démarche essentielle, mais il faut d'abord que vous appreniez à vous calmer vous-même. Prononcer le mot « calme » lorsque vous êtes anxieux et agité n'a pas le même effet sur votre chien.

Inhiber une éventuelle envie de mordre

Lorsqu'un chiot reste suffisamment longtemps avec la portée, ses frères, ses sœurs et sa mère ont le temps d'accomplir le travail préparatoire à l'inhibition de l'envie de mordre. Lorsqu'un chiot mord son frère ou sa sœur en jouant, cela provoque des couinements et des protestations de la part des petites victimes (et une réprimande de sa mère). Les chiots apprennent ainsi à devenir plus doux et à maîtriser leur envie de mordre, même lorsque certains ébats tournent à la bagarre.

Le chiot « enfant unique » et celui qui a été soustrait trop tôt à sa mère ne bénéficient pas de ces expériences formatrices. Il est plus difficile de les éduquer. Persévérez, et vous vous féliciterez des résultats.

La majorité des chiens réagissent comme leurs frères et sœurs le leur ont enseigné. Si votre chiot presse son museau contre vous de façon insistante et semble avoir envie de mordre, n'hésitez pas, émettez un jappement aigu. Tournez-lui ensuite le dos, comme si vous vouliez l'ignorer. Ce comportement ne doit être utilisé que pour les petites velléités timides. Il faut que le chien comprenne que l'humain est très délicat et ne peut accepter une morsure, fut-elle minime. Si vous arrivez à l'en convaincre, cela vous donnera une garantie supplémentaire de protection et lorsque le chien ressentira une forte envie de mordre, pendant un jeu particulièrement exubérant, par exemple, (et non dans une situation au cours de laquelle l'animal peut croire que sa vie est en danger), il se maîtrisera et la morsure sera évitée, ou négligeable.

Il y a des chiens qui ne réagissent pas adéquatement au jappement aigu dont je viens de parler. Certains semblent même se dire qu'il s'agit d'un jeu. Il y a tout lieu de penser que ces bêtes ont été privées de socialisation canine. Si c'est le cas de votre chien, et que vous voulez lui apprendre les bonnes manières, sachez que cela vous demandera quelques efforts et de la patience. Essayez ceci : mettez-lui sa laisse ; s'il presse son museau contre vous avec insistance, attachez la laisse à une poignée de porte et laissez-le réfléchir un certain temps. Ne faites jamais cela sous le coup de la colère, n'oubliez pas que vous êtes en train de dresser l'animal, pas de vous venger d'une grave offense. Le chien se mettra sans doute à gémir. Attendez un moment avant de lui permettre de rejoindre la famille (si vous le lâchez trop tôt, il interprétera cela comme une récompense pour ses gémissements). Le chien doit bien comprendre que son envie de mordre est immédiatement sanctionnée, et qu'avant d'être autorisé à reprendre ses jeux, il doit d'abord refréner ses pulsions.

PENSEZ-Y

Les humains sont souvent stupéfaits quand leur compagnon insouciant à queue frétillante se transforme soudain en petit monstre qui grogne et montre les dents pour la simple raison qu'il veut protéger un bout de viande crue ou un fond de bol. Pourquoi? Parce que, pour les chiens, la possession n'occupe pas seulement les neuf dixièmes de la loi, elle occupe les dix dixièmes de la survie. Certains chiens sont à l'aise dans leur environnement civilisé: ils arrivent même à poser un œil bienveillant sur celui ou celle qui touche à leur morceau de gigot. D'autres ont été dressés de telle sorte qu'ils ont fini par trouver cela normal, mais certains pensent que la loi de la jungle est toujours en vigueur.

Enfants et chiens bons camarades

Il ne fait aucun doute que le fait d'introduire un chien dans une mai-sonnée ajoute une foule de corvées aux taches habituelles, et nécessite un autre type de contrôle et de surveillance. Des chercheurs ont cepen-dant découvert que les familles qui possèdent un chien sont plus heu-reuses que celles qui en sont privées. Un chien est toujours prêt à don-ner son amour et son affection, et c'est valable pour tous les membres de la famille. Le chien fournit en outre un large éventail de sujets de conversation. En fait, raconter une histoire de chien, même en dehors de la famille, est un moyen quasi instantané d'agrémenter une soirée. Des gens qui se parlent rarement se racontent avec enthousiasme les derniers exploits de leur Jimmy ou de leur Daisy.

L'enfant est-il prêt à avoir un chien ?

Si vous n'avez pas encore de chien, il convient, avant d'en adopter un, de ne le faire qu'en connaissance de cause et au bon moment. Ceci afin qu'aucun des membres de la maisonnée ne coure de risque. Les petits d'âge préscolaire supplient souvent papa et maman de leur acheter un chien, mais il faut savoir que ces jeunes enfants sont rarement des compagnons appropriés pour l'animal. Les petits ne contrôlent pas leurs gestes, qui sont souvent désordonnés. Ils peuvent blesser un chiot en le laissant tomber par terre ou en le saisissant maladroitement par l'oreille ou la queue, ce qui provoque parfois des représailles. Ils n'ont pas encore appris à contrôler leurs mouvements, et leurs gestes sont souvent imprévisibles. Il vaut mieux, lorsqu'ils insistent pour avoir un chien, ignorer leurs supplications, ou leur donner la chance de prouver qu'ils ont déjà le sens des responsabilités en leur offrant un animal qui exige moins d'attention, comme un oiseau ou un poisson, par exemple.

Les enfants en âge d'aller à l'école – de six à dix ans – sont censés être capables de prendre des responsabilités vis-à-vis d'un chien, et même de s'acquitter de certaines corvées relatives à la possession de cet animal. Ils sont évidemment trop jeunes pour le promener, mais ils peuvent aider à préparer ses repas, utiliser le ramasse-crottes, et jouer avec lui pour lui faire prendre de l'exercice (voir les suggestions offertes dans la dernière section de ce chapitre). Si possible, les enfants doivent assister à un cours de formation. Celui-ci leur permettra de partir d'un bon pied et de comprendre les éléments de base indispensables pour avoir une bonne communication avec les chiens en général et le leur en particulier. Quoi qu'il en soit, la majeure partie des responsabilités incombe à l'adulte. Si votre enfant est présent lorsque vous perdez votre sang-froid avec le chien, vous lui envoyez un mauvais message. Ce n'est pas en s'impatientant que l'on résout des problèmes.

Les enfants de plus de dix ans devraient être en mesure de se conduire de façon appropriée avec un chien, et même de s'acquitter de toutes les corvées qui le concernent. Certains peuvent même le promener. Tout dépend de la taille de l'animal et de son tempérament. Certains dresseurs et béhavioristes pensent qu'un enfant de dix ans est suffisamment responsable pour interagir adéquatement avec un chien, mais ce sont les parents qui savent si leur rejeton est suffisamment mûr pour prendre de telles responsabilités. Certains garçons de huit ans sont parfois plus responsables et plus conscients de la portée de leurs actes que des garnements de douze ans qui ne semblent pas comprendre l'importance de leurs réactions. En ce qui concerne tous les aspects de la vie, une formation précoce et continue est essentielle. Il a été maintes fois prouvé que la cruauté de certains enfants envers des animaux se transforme, lorsqu'ils deviennent adultes, en comportement extrêmement antisocial.

Un avertissement à garder soigneusement présent à l'esprit : bien qu'un grand nombre de livres et de dresseurs prétendent qu'il faut établir, dans la maison, une hiérarchie dans laquelle tous les humains doivent se placer avant le chien, il faut savoir que cette théorie s'élève en faux contre les structures sociales canines. Les chiens sont des experts dans l'interprétation d'événements et d'interactions, et ils savent très bien que les enfants ne sont que des enfants. Dans la meute, les enfants (ou les chiots, si vous préférez) ne sont jamais placés avant les adultes. Les chiens adultes font preuve d'une grande tolérance envers les chiots et veillent à ce qu'ils restent à l'abri de tout danger. Ils ne les considèrent jamais comme des chefs de meute, et il est stupide d'essayer de les convaincre que les enfants le sont. Ce qui ne veut pas dire qu'un enfant ne peut pas dresser un chien et le présenter lui-même à un concours.

Cela signifie tout simplement que le chien ne voit jamais en l'enfant un adulte.

Chien de race ou bâtard ?

L'AKC liste à l'heure actuelle environ 150 races de chiens, et près de 400 races sont reconnues à travers le monde, mais il ne faut pas oublier les bâtards, issus du croisement de deux chiens dont l'un au moins est de race. Ces chiens offrent un éventail infini de « modèles » différents. Comment choisir ? Les réponses à une série de questions de base pourront vous aider à faire le tri.

- *Quel est l'âge des enfants de la maison ?*

  Les enfants d'âge préscolaire et beaucoup d'enfants de moins de dix ans ne sont pas de bons candidats pour les chiens miniatures ou les chiots. Un chien plus âgé ou de plus grande taille leur conviendra davantage. Ne croyez surtout pas qu'un chien qui a plus de huit semaines ne pourra pas s'attacher aux membres de votre famille. La vaste majorité des chiens transfèrent aisément leur amour et leur fidélité. En fait, les chiots plus âgés – de cinq mois environ – sont généralement plus faciles à éduquer et à dresser (ils ont un pouvoir d'attention plus développé et contrôlent mieux leur vessie).

- *Combien de temps sera consacré aux exercices quotidiens du chien ?*

  Soyez sérieux. Ne faites pas entrer un chien dans vos bonnes résolutions du Nouvel An, comme marcher davantage et faire plus de conditionnement physique. Vous savez très bien que ces résolutions risquent fort de ne pas tenir. Si vous optez pour un berger australien ou un épagneul breton, des chiens qui ont besoin de se dépenser, et que vous n'êtes pas capable de le suivre, vous allez au-devant de problèmes. Par contre, vous pouvez faire de l'exercice à l'intérieur avec un chien miniature, même s'il déborde d'énergie.

- *Avez-vous les moyens d'acheter et de prendre soin du chien de vos rêves?*

  Tous les chiens peuvent devenir sources de dépenses en cas d'accident ou de problèmes de santé, et les grands chiens sont plus chers à nourrir que les autres. Les traitements contre les puces et les médicaments leur sont administrés à plus forte dose, et leurs rations alimentaires sont plus conséquentes; leurs colliers, paniers et jouets sont plus larges et plus gros, donc plus coûteux. En raison de leur code génétique, certaines races sont plus susceptibles de souffrir de problèmes de santé, ce qui augmente considérablement les coûts qu'ils peuvent occasionner.

- *Êtes-vous un propriétaire de chien expérimenté ou débutant?*

  Certaines races sont plus difficiles à éduquer et à dresser que d'autres. Les spécialistes ont l'habitude de voir dans les classes de dressage des propriétaires de terriers Jack Russell désespérés parce qu'ils n'arrivent tout simplement pas à s'imposer à leur petit monstre. Si vous avez l'intention d'acquérir un premier chien, il est préférable d'éviter de vous attaquer à une race qui a la réputation d'être «difficile».

- *Avez-vous l'intention de toiletter votre chien, ou de le confier régulièrement à un toiletteur?*

  Les races à poil long exigent plus de soins que les chiens à poil ras. Vous aimez peut-être énormément les bergers des Shetland et les cockers anglais, mais il faut que vous sachiez que ces chiens ne restent pas longtemps bien coiffés. Au minimum, la robe d'un chien à poil long demande un brossage quotidien. Sans cela, le poil devient impossible à démêler. Si vous avez l'intention de confier votre chien à un toiletteur, n'oubliez pas d'ajouter cette dépense au coût annuel du chien.

- *Êtes-vous maniaque de l'ordre et de la propreté?*

  Les chiots ont de petits accidents. Ils rentrent souvent dans la maison avec les pattes pleines de boue. Queues enthousiastes et corps turbulents balaient tout sur leur passage. Si la visualisation de ce tableau vous paraît insoutenable, il est préférable que vous achetiez un hamster ou, tout au plus, un chat.

• *Vivez-vous dans une ville, une banlieue, ou à la campagne ?*

Vous pouvez, à la rigueur, vivre dans un appartement avec un border collie bien élevé, mais il vous serait beaucoup plus difficile d'habiter avec lui en pleine campagne (surtout là où paissent des troupeaux de moutons !) Certains chiens conviennent mieux à la ville, mais ce ne sont pas toujours les races que l'on préfère. Les greyhounds aiment la ville. Ce sont de grands paresseux, toujours heureux de flemmarder devant un bon feu.

• *Quel est le climat de votre région ?*

Les chiens minces à poil court, sans un atome de graisse, comme les whippets et les greyhounds, et la plupart des chiens miniatures sont très frileux et n'aiment pas s'aventurer à l'extérieur par temps froid et venteux. Cela peut compliquer considérablement leur éducation et leurs exercices. Les chiens à poil long aiment le froid et la neige, mais quand ils rentrent dans votre salon, c'est pour y fondre comme des bonshommes de neige au soleil – surtout les cockers, qui amassent une collection de boules de neige sous leur ventre. Les chiens à fourrure épaisse comme les malamutes de l'Alaska et les spitz allemands souffrent dans les climats chauds. Ne vous compliquez pas la vie : choisissez un chien qui aimera le climat de votre région.

• *Et qu'en est-il du tempérament ?*

Bien sûr, lorsqu'on doit faire cohabiter des enfants avec un chien, le tempérament de ce dernier est de première importance. On lit parfois que certains chiens « s'entendent bien avec les enfants », et que d'autres « sont déconseillés s'il y a des enfants ». Ce sont là des généralités, mais il faut néanmoins éviter les chiens « déconseillés ». Choisir une race dont on dit que ses représentants « s'entendent bien avec les enfants » ne garantit cependant pas que tout se passera pour le mieux. Il faut d'abord évaluer l'animal, puis l'éduquer, puis exercer un contrôle sur lui et le surveiller.

• *Mâle ou femelle?*

Vous avez certainement déjà entendu une foule de généralisations concernant le sexe des chiens, comme par exemple, cette idée voulant que les femelles soient plus faciles à éduquer, et que les mâles soient plus agressifs. Je n'ai jamais pu vérifier ces affirmations, que je crois fausses. Des différences relatives au sexe existent cependant. Les mâles sont plus enclins à marquer leur territoire, et ils considèrent souvent les promenades comme un sport d'endurance (on peut néanmoins leur apprendre à ralentir le pas). Faire stériliser une femelle coûte cher. Les femelles ont tendance, plus que les mâles, à avoir des problèmes d'incontinence quand elles vieillissent. Celles qui ne sont pas stérilisées ont des chaleurs, ce qui crée pas mal de désordre et provoque la visite de prétendants. Les mâles qui ne sont pas castrés ont une plus grande tendance à vagabonder. À part cela, les caractéristiques comportementales ont davantage à voir avec l'individu qu'avec le sexe.

• *Bâtard ou chien de race?*

Je ne le nierai pas, je suis une fanatique des bâtards, chez qui les caractéristiques un peu excessives des chiens de race sont atténuées. Un border collie qui a un peu de sang de labrador est beaucoup moins hyperactif.

Où le trouver?

On vous dira souvent d'acheter votre chien chez un éleveur réputé, et c'est certainement une bonne idée, mais avant d'examiner ce qu'est un « bon » éleveur et de voir où vous pouvez en trouver un, j'aimerais explorer d'autres possibilités.

Certains chiens de refuge ont souvent atterri dans ces endroits à cause de « problèmes de comportement ». Bien d'autres s'y trouvent parce que leur maître ou leur maîtresse est décédé ou décédée, ou parce que leur propriétaire a failli à ses responsabilités. On y trouve aussi des chiens bien élevés qui ont été abandonnés au refuge pour des raisons douteuses. Certains sont des bâtards, d'autres des chiens de race. Certains sont âgés, d'autres ont toute la vie devant eux. Il suffit de leur réapprendre la propreté, et peut-être de leur faire suivre des cours d'obéissance. Ces chiens ne vous poseront aucun problème.

Si vous manquez d'expérience avec les chiens, où pouvez-vous trouver les précieuses informations qui vous sont nécessaires ? Le personnel des refuges est de plus en plus spécialisé. Bien qu'il y ait encore des endroits où tous les chiens sont catalogués comme croisement de caniches, de labradors, de bergers et de pitbulls – ces chenils où les bêtes, quasiment abandonnées, végètent derrière des barreaux – il existe de plus en plus de refuges où l'on trouve des volontaires pour promener les chiens et des conseillers en adoption capables d'évaluer le potentiel de chaque animal et d'aider les personnes qui veulent en adopter un à faire un bon choix.

Si vous n'avez pas accès à un refuge, ou si vous savez d'avance que vous ne pourrez résister à la vue du premier toutou que vous apercevrez, les groupes de sauvetage sont une excellente solution de rechange. Ces groupes sont chapeautés par des coordinateurs qui vont de refuge en refuge pour y trouver le chien recherché. Ces refuges abritent parfois des chiens de la race recherchée, mais croisés avec une autre race. Vous pouvez trouver ces coordinateurs en visitant le site Internet de l'AKC. Vous pouvez également trouver, sur d'autres sites, des informations sur des chiens en quête de foyer. On vous demandera de répondre à un questionnaire détaillé sur votre maisonnée et sur les conditions de vie que vous pouvez offrir à un chien. Les coordinateurs tenteront alors de trouver la race ou le croisement que vous désirez et, s'ils pensent que votre foyer ne convient pas à un chien en particulier, ils vous en informeront. Ces coordinateurs évaluent également les chiens, et si tout se présente sous de bons auspices, l'un d'eux vous rendra visite avec l'animal. D'autres groupes ont des programmes similaires.

Vous pouvez, avec un chien de refuge, faire la même chose qu'avec un chien de race pure acheté chez un éleveur, sauf le présenter à une exposition de conformité au standard de la race (le concours de beauté du monde canin). Sachez que le pedigree ne donne rien de plus à un chien que la possibilité de faire partie d'un club canin. Le pedigree n'est pas une garantie de bonne santé, de bon tempérament, ou de longue vie.

Si vous décidez d'acheter votre chien chez un éleveur, vous avez néanmoins un petit travail à faire. Certains éleveurs sont moins fiables que d'autres, et les chiots proposés par ces personnes irresponsables et manquant d'éducation auront probablement des problèmes de santé et de tempérament. Demandez à votre vétérinaire de vous renseigner sur les éleveurs de votre région, ou au club canin de votre quartier ou de votre ville. Vous serez sans doute étonné d'apprendre que le bon éleveur se trouve à une centaine de kilomètres de votre domicile (surtout si vous avez décidé d'acquérir une race peu courante) et que la liste d'attente pour un chiot est longue. En consultant les annonces classées chaque jour, vous aurez les coordonnées de plusieurs douzaines d'éleveurs dans votre région, mais je vous les déconseille néanmoins. Quoi qu'il en soit, souvenez-vous que les bons éleveurs ont beaucoup plus de demandes que de chiots.

Appelez les éleveurs qui figurent sur votre liste. Demandez-leur comment leurs chiens géniteurs s'entendent avec les enfants et si leurs chiots ont l'occasion de socialiser avec eux. Le fait de permettre à un chiot de connaître des enfants et d'apprendre à « négocier » avec eux est très important pour le comportement futur de l'animal. Attendez-vous à ce qu'un bon éleveur vous pose un tas de questions sur votre famille. S'il ne le fait pas, que ce soit au téléphone ou lors de votre première visite, c'est soit parce que vous ne répondez pas à ses critères et qu'il ne veut pas vous vendre un chien, soit parce qu'il n'est pas un éleveur responsable. Dans ce cas, consultez à nouveau votre liste et continuez votre recherche.

Ne vous pressez pas, surtout. Je sais que lorsqu'on a décidé d'avoir un chien, on est impatient – surtout les enfants. Soyez raisonnable. Adopter un animal est un engagement à long terme qui ne doit pas être pris à la légère.

Les qualités d'un bon chien de famille

Si vous avez la chance d'avoir un conseiller ou une conseillère fiable, écoutez bien ce qu'il ou elle vous dit, et n'hésitez à poser des questions. Faites aussi des expériences personnelles. Si vous allez voir une portée de chiots, accroupissez-vous à une légère distance et attendez. Ignorez les chiots qui ne bougent pas et n'accourent pas vers vous. Ignorez aussi ceux qui sautent sur vous, essayent de mâchouiller vos mains et vos vêtements ou empêchent les autres chiots de vous approcher. Ce ne sont pas nécessairement de mauvais chiens, mais ils ne s'entendront vraisem- blablement pas très bien avec vos enfants. Donnez la primauté à un chiot qui vient droit vers vous avec confiance, sans se livrer à un petit ballet frénétique pour attirer votre attention.

Prenez ce chiot dans vos bras, le ventre à l'air. Souriez, détendez- vous, ne faites rien d'autre pour l'instant. Il va se débattre un peu, mais il finira par se rassurer et par s'abandonner dans vos bras. Si un chiot ne se débat pas du tout, c'est peut-être parce qu'il est apathique. Ce n'est sans doute pas ce genre de chien que vous recherchez.

Quand tous les chiots sont sur le sol, faites un bruit soudain et assez fort et observez leur réaction. Sursauter, sauter ou courir pour s'éloigner un peu sont des comportements acceptables, à condition que le chiot se calme et vienne voir ce qui se passe. Si un chiot ne réagit pas, cela peut vouloir dire qu'il est insensible au bruit, ce qui est bien, ou qu'il est sourd, ce qui est regrettable. Pour savoir ce qu'il en est exactement, un examen de l'ouïe du chiot doit être fait.

Ensuite, faites un geste légèrement inquiétant, ou pénible pour le chiot. Pincez la base de son oreille ou la peau qui se trouve entre ses ongles. Le chiot doit alors gémir et essayer de vous échapper, puis se détendre aussitôt que vous arrêtez le supplice. Un chiot qui crie comme si on l'égorgeait, ou qui essaie de mordre, est probablement hypersensible et ne convient pas à un foyer avec des enfants. Ces petites épreuves, associées aux informations de vos conseillers, devraient déboucher sur le choix d'un chiot qui s'adaptera sans problème à votre maisonnée.

Un chien adulte prendra un peu plus de temps à se détendre en votre présence, mais cela ne l'empêchera pas, si vous l'adoptez, de se montrer cordial envers vos visiteurs. Un animal qui a déjà vécu avec des enfants s'habitue plus vite à une famille, à condition bien sûr que les enfants sachent comment se conduire avec un chien.

Si vous recherchez un chien adulte dans un refuge, n'oubliez pas que les chiens se trouvant en enclos avec des congénères ne vous révéleront peut-être pas leur vraie personnalité. Ceux qui viennent devant la clôture pour vous accueillir sont plus prometteurs. Certains chiens peuvent aboyer parce qu'ils sont excités (et s'arrêter après votre passage), ou rester sombres et silencieux (des chiens souffrent de dépression dans les refuges, surtout s'ils ont vécu auparavant dans une maison). Demandez à voir, un à un, les chiens qui ont éveillé votre attention. Cela se fait généralement dans un espace consacré à cet effet. C'est là que vous pourrez faire plus amplement connaissance. Dans cet environnement plus calme, leur personnalité vous apparaîtra plus clairement.

Des jeux amusants et sécuritaires pour chiens et enfants

Les chiens et les enfants sont des compagnons naturels. Ils savent généralement comment s'amuser entre eux. Certaines règles de base doivent cependant être établies par les adultes, et respectées par les deux parties. Quand il en est ainsi, les interactions entre chiens et enfants sont souvent merveilleuses.

Un des jeux les plus amusants est le jeu de cache-cache. Le chien est toujours celui qui cherche et cela ne le dérange pas du tout. Un petit peu de temps et de patience sont nécessaires pour apprendre à chacun comment jouer, mais cela en vaut grandement la peine.

Tenez le chien tandis que l'enfant sort de la pièce en disant : « Trouve-moi, Jimmy ! » L'enfant va se cacher dans un endroit facile à repérer, mais hors de la vue du chien, bien entendu. Lâchez le chien en lui disant : « Va chercher Linda ! » S'il ne retrouve pas immédiatement Linda, cette dernière doit l'appeler de sa cachette, afin de le mettre sur la piste. Lorsque Jimmy a enfin trouvé Linda, félicitez-le et donnez-lui un biscuit. Lorsque le jeu aura été répété à plusieurs reprises, les cachettes pourront être plus difficiles à repérer. Le jeu peut également se dérouler à l'extérieur.

Apprenez au chien à retrouver des personnes différentes. Lorsqu'il réussit, la personne retrouvée lui donne une récompense et l'envoie à son tour rechercher quelqu'un d'autre, et ainsi de suite. Ce jeu est amusant pour les enfants (et aussi pour les adultes !) et donne à l'animal l'occasion d'utiliser son flair et son cerveau. Lorsqu'il pleut ou qu'il fait froid, et que chacun, dans la maison, s'ennuie et paresse, le jeu de cache-cache est ce qu'il y a de mieux pour réveiller la maisonnée.

Rapporter est un autre jeu amusant qui, en outre, permet au chien de dépenser son trop-plein d'énergie. Ce jeu exige lui aussi un peu d'entraînement. Les retrievers sont naturellement portés à attraper et à rapporter, mais ils doivent comprendre deux choses : ils ne peuvent pas s'emparer d'une balle ou d'un objet qui se trouve entre les mains d'une personne, et ils doivent rapporter l'objet qu'on leur a lancé aussitôt qu'ils l'ont trouvé. Les autres chiens peuvent apprendre à rapporter eux aussi grâce à l'entraînement au clicker ou avec la méthode d'incitation de Sue Sternberg, (voir la section *Ressources* de cet ouvrage).

Dans le chapitre 11, *Résoudre les problèmes*, vous trouverez les étapes du processus « donner-lâcher ». Pour imposer plus facilement ce concept au chien, il est bon de se munir de deux objets. Lorsque le chien rapporte le premier, montrez-lui le deuxième en lui disant : « Lâche ! » ou « Donne ! » Lorsqu'il a obtempéré, lancez ce deuxième objet. Vous pouvez alors ramasser le premier (sans doute un peu mouillé !) tandis que le chien recherche le deuxième.

Il existe de petits appareils qui permettent de ramasser une balle de tennis sans se pencher ni la tenir (mouillée) dans la main, et qui peuvent même vous aider à la lancer plus loin. Les enfants adorent ce genre d'invention.

Apprendre des tours au chien est une expérience très formatrice pour les enfants, et c'est beaucoup plus amusant que les cours d'obéissance. Il est néanmoins important de surveiller les gamins plus jeunes lorsqu'ils font des tentatives de dressage. Tout dépend du tempérament du chien et de la maturité de l'enfant. En principe, un enfant de douze ans est prêt à faire faire quelques exercices de dressage à son chien.

Quelques-uns des tours sont faciles à enseigner et amusants à regarder. Le chien apprend facilement à faire la vague, à rouler sur lui-même, à faire le mort et à sauter dans un cerceau. Le fait que ce soit l'enfant qui donne les commandements permet aux deux parties de se comprendre et de communiquer. Si l'enfant utilise aussi les commandements de base comme « assis », « couché » et « au pied », il aura une influence sur le comportement du chien, ce qui empêchera ce dernier de sauter sur d'autres enfants, et évitera ainsi quelques petits bobos.

Nous avons déjà parlé de la corde à nœuds, sur laquelle le chien peut tirer. C'est un jeu amusant et sans danger. Les enfants plus âgés aiment beaucoup y jouer avec leur chien, mais certaines règles doivent être respectées. L'enfant, par exemple, doit exercer un contrôle plus grand sur le jouet que son partenaire. Le jeu ne devrait pas durer plus de vingt minutes, et il doit s'arrêter fréquemment, au commandement « donne », suivi d'une courte pause, puis d'une invitation à tirer à nouveau. Si l'animal n'obéit pas au commandement, un adulte doit intervenir pour l'y obliger. Tout contact entre la peau de l'enfant et les dents du chien doit immédiatement mettre fin au jeu.

Un autre jeu auquel vous avez sans doute joué dans votre petite enfance peut très bien convenir au chien. Dans le jeu traditionnel « feu rouge-feu vert », les enfants courent dans une direction quand l'enfant « qui y est » a le dos tourné. Quand ce dernier dit : « Feu rouge » et se retourne, chacun doit s'immobiliser. Ceux qui bougent sont éliminés. Le premier qui arrive à hauteur de l'enfant au bout de la piste gagne la course. Dans la version canine, concurrents et chiens courent ensemble. Le chien doit rester près de son « maître », et lorsque celui-ci s'arrête, il doit s'asseoir et rester dans cette position jusqu'à ce que la personne « qui y est » dise : « Feu vert » et que les concurrents se remettent à courir.

Les enfants et les chiens qui jouent ensemble dépensent une grande partie de leur trop-plein d'énergie, et le jeu partagé les aide à cimenter leur affection mutuelle.

Chapitre 10

....

Extrasensoriel

Les communicateurs animaliers communiquent-ils vraiment?
Les chiens ont-ils une âme?

> Je me suis souvent demandé pourquoi les chiens avaient
> une existence si brève, et j'ai fini par conclure que c'était par compassion
> pour la race humaine. Car si nous souffrons tellement quand nous
> perdons un chien après une vie commune de 10 à 12 ans, que
> ressentirions-nous si nos chiens vivaient deux fois plus longtemps?
>
> SIR WALTER SCOTT

Dans la tribu Winnebago, il y a un clan qui s'appelle le Hotcâk, *ce qui signifie Clan du Chien, ou Clan du Loup. (Les Winnebagos ne font pas vraiment de distinction entre le chien et le loup — leur mot, pour chien, est* cûk, *et pour loup,* cûktcâk, *ou « grand chien ». L'amitié entre chiens et humains se reflète dans le statut social des chiens.*

Ils sont souvent traités avec beaucoup d'affection et possèdent le même statut que les membres du cercle familial. Au dîner, une place leur est faite dans l'espace consacré aux repas. Les sons que les chiens émettent quand ils essaient de communiquer avec les humains sont considérés comme une forme de langage. Certains membres du clan, les cûkhit'enakuns, *ont appris le langage des chiens. Ces* cûkhit'enakuns *sont souvent sollicités pour interpréter ce que les chiens désirent communiquer.*

Pouvons-nous communiquer d'esprit à esprit avec nos chiens ? Voilà une question qui risque de hérisser les « pour » et les « contre ». Même si vous pensez que la télépathie n'est qu'une invention nouvel âge, sachez que vos pensées et votre attitude sont essentielles dans votre relation avec votre chien. Le chien est un animal qui possède une aptitude hautement développée à lire le langage corporel, et comme tout bon criminologue vous le dira, vos pensées et vos sentiments se reflètent dans les signaux que votre corps envoie.

Le lien entre le corps et l'esprit

Les gens qui, dans leur métier, doivent pratiquer des interrogatoires, n'ont aucun doute sur le lien qui existe entre le corps et l'esprit. Si vous lisez des textes sur ce sujet, vous apprendrez que les personnes interrogées regardent en l'air et vers la gauche quand elles essaient de se rappeler certains événements ; qu'elles clignent souvent des yeux quand elles sont nerveuses ; et qu'elles adoptent une foule de comportements qui vont de pair avec leur état mental. Le « détecteur de mensonges » décrypte l'augmentation de la tension artérielle, le rythme de la respiration, et le degré de température de la peau qui sont associés au stress provoqué par le fait de mentir (c'est la raison pour laquelle les gens qui mentent sans problème arrivent à « tromper » la machine).

Quelle portée ce lien entre le corps et l'esprit a-t-il dans le cadre de votre communication avec votre chien ? Il vous dit que votre compagnon est plus susceptible de comprendre le message envoyé par votre corps que le message que vous essayez de lui donner verbalement. Si, lorsque vous êtes sur le point d'entamer votre première présentation de *freestyle* devant public, vous avez une démarche saccadée, si vous haletez et promenez des mains nerveuses sur le corps du chien, tout en lui disant : « Ça va aller, détends-toi », ce conseil fera autant d'effet que cracher sur des braises. Votre corps envoie un message très clair : vous êtes nerveux, inquiet, tendu, et le chien se dit que vous avez sans doute de bonnes raisons de l'être. En conséquence, il se met en état d'alerte.

J'entends souvent des maîtres-chiens – qui ont l'habitude de travailler avec des chiens sportifs dans plusieurs disciplines – dire : « Mon chien est parfait quand nous faisons nos exercices, mais dès que nous sommes dans le ring, tout va de travers ! Que puis-je faire ? » ou bien « Pourquoi mon chien, si discipliné pendant les pratiques, change-t-il d'attitude lors des concours ? » Si vous avez vécu ce dilemme, dites-vous bien que la réponse est simple : c'est parce que *vous êtes différent* dans le ring. Conclusion : votre chien réagit différemment. Votre langage corporel change, de même que votre odeur corporelle.

Serling, mon premier chien de concours, m'a appris l'importance de la concentration dans les moments importants de l'existence (qui n'ont rien à voir avec les rubans bleus et les trophées). Il est indispensable d'apprendre à se détendre. Nous avons gagné notre premier titre de Chien de compagnie alors que je m'étais comportée comme certains maîtres-chiens, qui sont toujours tendus. Nous avons même obtenu un prix de second niveau d'obéissance (Excellent chien de compagnie), mais tandis que nous nous produisions sur la piste, Serling a commencé à faire le clown, se permettant de faire l'un ou l'autre tour en plein milieu des exercices d'obéissance ! Il a quitté la position « au pied » pour courir dans tous les sens, comme un chiot, et quand nous, les maîtres-chiens, avons quitté le ring pour l'épreuve des « trois minutes assis », il a quitté les autres chiens pour me « trouver ».

Les spectateurs ont trouvé mon chien extrêmement amusant et, finalement, moi aussi ! J'ai appris à lâcher prise et à rire de ses bouffonneries. J'ai pris l'habitude d'entrer en piste avec une attitude sereine. En fait, je me disais : « Bon, voyons ce qu'il va nous inventer aujourd'hui ! ». Nous nous sommes non seulement qualifiés tous les deux, mais nous avons gagné des prix, dont le High in Trial au Cow Palace de San Francisco. J'ai compris que Serling faisait de son mieux pour me mettre à l'aise, et il y réussissait très bien. Si les murs de mon salon sont couverts de rubans, si des trophées s'alignent sur mes étagères, c'est grâce à l'imagination de ce chien. Rien n'est plus important que la leçon qu'il m'a apprise : « On est ici pour s'amuser. Détends-toi, et profites-en. »

Posture détendue = esprit en paix.

(Photo : The Iams Company)

ESSAYEZ-LE

Si vous n'avez jamais pratiqué la méditation ou la visualisation, je vous conseille fortement de faire la connaissance de ces deux techniques.

Pour la visualisation, une foule de possibilités sont à votre disposition. L'une d'elles, qui convient parfaitement à certaines personnes, consiste à compter à l'envers. Asseyez-vous dans une pièce tranquille et détendez-vous. Imaginez le nombre 100, puis visualisez ceci : vous le poussez dans un tunnel jusqu'à ce qu'il disparaisse. Faites la même chose avec le nombre 99, puis 98, et ainsi de suite. Lorsque vous êtes bien concentré sur le nombre et que vous avez réussi à écarter toutes les pensées qui flottent habituellement dans votre esprit, créez une image et visualisez-la. Maintenez-la le plus longtemps possible. Quand les pensées parasites ont disparu, l'exercice est terminé.

Une autre méthode concerne davantage la relaxation que la concentration. Il est préférable que vous soyez étendu. Commencez par détendre les muscles de vos pieds, en vous disant mentalement : «Mes orteils se détendent. Mes pieds sont détendus et je les sens qui s'enfoncent dans le divan.» Passez ensuite à vos chevilles, puis à vos mollets, puis à vos genoux. Ensuite, remontez tout le long de votre corps, en détendant chacun de vos muscles. Lorsque vous arriverez au cou, vous aurez l'impression que votre corps est devenu très léger et que votre esprit s'est ouvert pour accueillir une foule de sensations. Ces deux méthodes sont utilisées par les insomniaques. C'est ainsi qu'ils amènent leur cerveau à fonctionner au ralenti, ce qui leur permet de s'endormir.

Une troisième méthode consiste à rester tout simplement assis, les yeux fermés. Respirez. En expirant, prononcez mentalement le mot «calme». Lorsque des pensées parasites envahissent votre esprit, repoussez-les et répétez mentalement le mot «calme».

Chacun doit trouver la méthode qui lui convient. Il existe un tas de livres et de vidéos sur le sujet. Vous pouvez même assister à des cours.

Nous faisons partie d'une espèce dotée d'un fort esprit de compétition. Nous accordons une importance démesurée au fait de gagner – regardez comment se comportent les parents des gamins du hockey junior – et nous détestons perdre. Mais gagner est-il *vraiment* si important ? Votre chien va-t-il vous aimer moins si le ruban qu'il gagne n'est pas bleu, ou s'il n'en reçoit pas du tout ? Bien sûr que non. La seule chose qui compte pour lui est votre état d'esprit. Plus vous êtes détendu et respirez profondément, plus vous vous déplacez calmement et exprimez par votre comportement que tout va pour le mieux dans le meilleur des mondes, plus votre compagnon à pattes se sent bien, car il ne demande rien de plus et les activités que vous partagez avec lui n'en sont que plus agréables.

C'est, je crois, l'objectif de la visualisation. On conseille souvent aux maîtres-chiens d'imaginer leur élève effectuant parfaitement un rapport d'objet, ou réussissant un test d'agilité sans commettre la moindre faute, ou obéissant au doigt et à l'œil aux commandements dans le ring de conformité. Certains dresseurs sont persuadés qu'ils projettent mentalement l'image sur le chien, d'autres essaient tout simplement de leur inspirer suffisamment de confiance en eux pour qu'ils soient plus calmes et en mesure de donner une excellente performance. Dans les tests d'obéissance pour novices – lorsqu'on doit se tenir à l'autre extrémité du ring pendant que le chien reste « assis pendant une minute » –, je fermais souvent les yeux pour visualiser mon chien, assis bien droit et *patient*. Je me gardais bien de visualiser ses petits tours de clown. (Avez-vous une idée de ce que c'est que de voir son chien, une bête de 45 kilos, assis, tremblant d'impatience dans l'espoir qu'on va lui permettre de se lever avant le signal ?) À cette époque, je n'étais pas encore experte en visualisation. En fait, je visualisais en désespoir de cause, et non pour me détendre.

Se connecter mentalement au chien

Alors que je reste extrêmement sceptique devant certaines déclarations de communicateurs animaliers, je crois qu'il existe une possibilité de communiquer mentalement avec les chiens. Il est difficile de mettre en doute des choses que l'on a véritablement expérimentées. Vous avez bien lu : je suis convaincue que j'ai vécu des expériences de communication mentale avec un animal. Moquez-vous si vous voulez, mais si vous le faites, il est préférable que vous passiez au chapitre suivant. Si vous avez décidé d'avance de ne pas me croire, vous ne tirerez rien d'instructif de ce que je vais raconter.

Intellectuellement parlant, la parapsychologie et la télépathie ont toujours impressionné pas mal de gens, dans la mesure où les scientifiques ne cessent de répéter que nous n'utilisons que de 10 à 15 pour cent de notre cerveau. Le pourcentage inemployé doit bien avoir quelque utilité ! Ces neurones pourraient peut-être nous aider à accomplir certaines de ces choses extraordinaires familières à ceux que l'on appelle les idiots savants, comme des calculs mathématiques insensés, ou la capacité de répéter un morceau de musique entendu une seule fois. Ces mystérieuses facultés proviennent peut-être d'un autre cerveau, qui envoie et reçoit.

Je sais que certaines personnes ont « un don » pour communiquer avec les animaux. Les chevaux sournois ne les « bottent » jamais, ne font jamais de caprices avec eux ; les chiens agressifs ne grognent pas en les voyant, ne les mordent pas ; les animaux sauvages s'approchent d'eux sans crainte. Mon père fait partie de ces gens. Je suis persuadée que cet homme – et il n'est pas le seul – laisse uniquement parler son instinct lorsqu'il est en présence d'un animal (sans même savoir qu'il communique avec lui à un autre niveau).

Les communicateurs animaliers affirment qu'ils ont cette aptitude. Peut-être ont-ils raison, mais je pense que d'autres personnes la possèdent également. La différence, c'est qu'elles n'en ont pas conscience ; elle est si profondément enfouie en eux qu'elle est inaccessible. Un grand nombre de gens affirment que les enfants ont et utilisent cette aptitude jusqu'à ce qu'on leur dise qu'ils ne peuvent pas parler avec le chien ou le chat, qu'ils se trompent s'ils croient pouvoir le faire, qu'ils imaginent toutes ces choses… Alors ils abandonnent, et ils oublient ce don merveilleux en quittant l'enfance. Avant de rejeter complètement ce sujet, essayez de vous souvenir : aviez-vous, durant votre enfance, des conversations avec votre chien ou votre chat ?

Lorsque nous essayons de communiquer avec un chien, il n'existe pratiquement aucun moyen de vérifier s'il y a vraiment communication ou si nous nous faisons tout simplement des idées. Le commentaire le plus fréquent de personnes qui essaient de communiquer avec leur chien est : « J'ai l'impression d'avoir inventé tout cela ». Lauren McCall, communicatrice animalière, suggère de travailler avec le chien d'un ami ou d'une amie afin d'avoir une confirmation. « Vous devez vérifier tout cela auprès d'un ami ou d'une amie, explique-t-elle. Si vous ne le faites pas, vous ne saurez jamais si c'est un tour que vous a joué votre imagination, ou si le contact avec le chien a vraiment eu lieu. » Lauren fait remarquer que beaucoup de gens tombent dans le « syndrome du fou (ou de la folle) » et se disent qu'ils ont tout simplement eu une conversation avec eux-mêmes. De nombreux témoignages vous permettront de surmonter rapidement cette épreuve. Trouvez un ami ou une amie qui aimerait tenter l'expérience. Si elle réussit, il ou elle la validera.

Vous pouvez me citer

« Si vous acceptez aisément vos émotions, vous arriverez sans doute à percevoir ce que ressent un animal. Les gens qui peuvent visualiser créent des images et des tableaux. Ceux qui ont plus de facilité avec les mots ont tendance à communiquer avec des paroles et des phrases, mais la plupart des gens se servent d'une combinaison des deux modes d'expression. »

Lauren McCall
Communicatrice animalière

Installez-vous tranquillement sur un banc avec votre chien (ou vos chiens) et observez leur attitude.

Tout d'abord, efforcez-vous de calmer votre esprit (voir l'encadré de la p. 259). Si vous avez déjà fait de la méditation, c'est un excellent moyen de vous détendre. Le yoga peut également vous aider. Bref, tout ce que vous pouvez faire pour nettoyer votre esprit et vous mettre au neutre est bon.

Lauren McCall organise des séances de méditation pendant ses cours, non seulement pour aider ses élèves à se mettre au neutre, mais pour qu'ils soient en mesure de résister à la tentation de filtrer les messages qu'ils reçoivent. La communication peut se dérouler de n'importe quelle manière, à condition qu'elle plaise à la personne qui s'y livre. On peut utiliser des mots, des images ou des émotions.

Pratiquez d'abord certains exercices chez vous, de manière à vous accoutumer aux méthodes de méditation et de relaxation auxquelles vous allez avoir recours. Ensuite, rendez-vous chez l'ami ou l'amie qui vous attend. Asseyez-vous tranquillement dans une pièce avec son chien. Faites votre exercice de relaxation et laissez venir les choses. Vous pouvez formuler une pensée en vous-même, comme : « J'aimerais communiquer », ou simplement faire en sorte que votre esprit s'ouvre. Puis attendez. N'abandonnez pas trop vite – maintenez cet état d'esprit détendu pendant quinze minutes ou davantage. Lorsque vous êtes prêt à arrêter, faites part à cette personne de toutes les impressions qui flottent dans votre esprit. Voyez si l'une d'elles, ou plusieurs d'entre elles ont un lien avec celle-ci.

Nous étions tout un groupe de personnes réunies lors d'une causerie donnée par un dresseur, et nous tentions de nous mettre à l'écoute du bouvier bernois qui se trouvait devant nous. Tout à coup, j'ai visualisé une image très évocatrice d'un chien courant et bondissant dans un environnement très flou, puis se cognant la tête contre une paroi verticale. Tout cela n'avait aucun sens, mais j'ai raconté ma vision avec le plus de

J'ai fait radiographier les hanches de Nestle quelques mois après l'avoir adopté, même s'il ne boitait pas, parce que « je savais » que quelque chose clochait. La radiographie a révélé que ses articulations étaient déficientes. Nous y avons remédié.

Je ne communique jamais plus intensément que lorsque je présente un chiot à «la meute». Je dis à chaque chien que je l'aime toujours autant et je lui demande d'accueillir gentiment le «nouveau».

précision possible. Une personne se trouvant de l'autre côté de la pièce s'est exclamée: «Oh, c'est sûrement Doogie!» Son chien Doogie venait tout juste d'arriver d'une démonstration de *fly-ball* au cours de laquelle les chiens doivent sauter au-dessus de quatre haies basses, puis se rendre jusqu'à une boîte munie d'un dispositif sur lequel ils doivent appuyer pour libérer une balle de tennis. Ils doivent alors attraper cette balle et refaire le parcours en sens inverse. Je ne savais même pas que ce chien était dans la salle! En tout cas, une chose est certaine, il adorait le *fly-ball*, et je venais d'avoir, par l'intermédiaire de son œil de chien, une vision très claire du déroulement de ce jeu. Il ne faut rien négliger quand on visualise, même si les images n'ont pas l'air d'avoir un sens. On peut tout aussi bien se connecter au chat ou au perroquet se trouvant dans la pièce à côté, qu'au chien qui est à proximité.

Invitez à votre tour votre ami ou amie à venir chez vous et à tenter l'expérience avec votre chien. Qui sait ? Vous apprendrez peut-être quelque chose sur votre compagnon.

Il est souvent difficile pour certaines personnes d'arriver à communiquer avec leur animal. Lauren McCall apprend à ses élèves à formuler mentalement une question qui appelle une réponse concrète comme, par exemple : « Quel est ton mets préféré ? » ou « Quel est ton jouet préféré ? » Si la réponse se fait attendre, elle leur propose de la faire eux-mêmes. Peut-être la bloquent-ils, cette réponse. Tout est possible. En « fabriquant » une réponse, ils permettent à la communication de s'établir, sans parfois s'en rendre compte. Après une série de questions et de réponses « fabriquées », un grand nombre de personnes commencent à recevoir des communications plus précises.

Lorsque vous commencez ces exercices, il est souhaitable que vous soyez en contact physique avec le chien. Lauren McCall se rappelle qu'à ses débuts, le fait de toucher le chien semblait faire en quelque sorte office d'amplificateur de la communication. Quand elle est devenue plus habile, elle a pu travailler avec l'animal sans nécessairement le toucher. N'hésitez pas, lors de vos premiers essais, à vous asseoir près du chien et à poser une main sur lui, voire à vous appuyer contre lui.

Je suis convaincue que le simple fait d'être réceptive à l'idée que mes chiens pouvaient communiquer avec moi m'a permis de percevoir des problèmes de santé plus rapidement qu'il n'aurait été possible de le faire sans communication. Même si ces exercices ne font que me rendre plus perspicace – et qu'il n'y a pas de lien d'esprit à esprit à ces moments-là – l'effet est le même, et les conséquences peuvent être extrêmement bénéfiques.

N'oubliez pas que la communication fonctionne dans les deux sens. Si votre chien peut communiquer avec vous, vous devez être capable de suivre le même canal pour le rejoindre. Le processus est le même. La technique qui consiste à compter à rebours (voir encadré) donne de bons résultats car elle vous permet ensuite de former des images dans votre tête. Lorsque votre esprit est tout à fait concentré sur les chiffres, formez l'image que vous voulez envoyer à votre compagnon. Souhaitez-vous qu'il cesse de tirer sur sa laisse ? Envoyez-lui une image vous représentant tous les deux en promenade, avec entre vous, la laisse formant une belle courbe. Aimeriez-vous qu'il cesse d'aboyer ? Imaginez-le assis, très intéressé par la camionnette de livraison qui se dirige vers votre maison, mais calme et silencieux. Je ne prétends pas que ces visualisations peuvent résoudre tous les problèmes, mais elles peuvent aider votre chien à comprendre qu'il est dans son intérêt de cesser de tirer sur sa laisse et d'aboyer.

Lauren McCall nous a fait part d'une communication récente avec son chien. Le dialogue qui suit vous permettra de vous faire une idée de la manière dont les choses se déroulent. Lauren communique surtout par le truchement des mots. Son chien s'appelle Gaston. Lauren est mariée et a un enfant. Elle vient de perdre un autre chien, Bella.

Lauren : – Tu aimes vivre à New York ?

Gaston : – Ça peut aller. C'est mieux que je ne le pensais. Je me plais mieux ici. Il n'y fait ni trop chaud ni trop froid. J'aime ça.

Lauren : – Tu es heureux avec nous ?

Gaston : – Je vous aime, vous êtes ma famille. Ça m'a pris un certain temps pour m'habituer au petit, mais maintenant je l'aime aussi et je vais t'aider à t'occuper de lui.

Lauren : – Tu aimes cette maison et ce quartier ?

Gaston : – Oui, mais je ne raffole pas des parquets glissants. Le quartier est tranquille, j'aime ça. Je n'aime pas quand il y a trop de bruit, ça me rend nerveux.

Lauren : – Aimerais-tu qu'on ait un autre chien à la maison ? Nous aimerions donner un foyer à un chien plus âgé.

Gaston : – Je ne suis pas sûr. Tout se passe bien comme ça, non ?

Lauren : – On se disait que tu aimerais avoir un compagnon.

Gaston : – Non, je vous ai, vous, et j'ai le petit. Ça me suffit. Ce serait trop de changements. On a déménagé, Bella est morte. C'est assez. Il est temps qu'on se repose.

Les chiens ont-ils une âme ?

Le mot « animal » dérive du mot latin *anima*, qui signifie « âme ». Nos ancêtres croyaient que les animaux avaient une âme. Cette conviction a été balayée par le mépris scientifique d'Aristote, de Thomas d'Aquin, et surtout de Descartes, pour qui les animaux n'étaient rien de plus que de simples mécaniques. Cette façon de voir les choses venait bien à point pour excuser la cruauté de la vivisection et les mauvais traitements qui étaient généralement infligés aux animaux domestiques. Heureusement, ce courant de pensée a changé et les gens ont commencé à voir, dans ces animaux, de merveilleux compagnons.

Lorsque des personnes citent la Bible pour étayer leur certitude que les animaux n'ont pas d'âme, ils semblent ignorer que la Bible a été traduite et retraduite dans un grand nombre de langues. Les érudits qui peuvent la lire dans une version plus proche de l'originale s'accordent sur un point : les traductions reflètent la mentalité de l'époque où la traduction a été faite. Ainsi, *âmes vivantes* concerne les humains, et *créatures vivantes*, les animaux.

Vous pouvez me citer

« Vous pensez que les chiens n'iront pas au paradis ? Je vais vous dire une chose : ils seront là bien avant nous. »

ROBERT LOUIS STEVENSON,
Poète, romancier et essayiste

Comment des gens peuvent-ils dire que le chien n'est qu'une mécanique animée, sans émotions ?

Aujourd'hui, les positions « officielles » des Églises, surtout celles de tradition judéo-chrétienne, diffèrent diamétralement des opinions de certains membres de leur clergé et de beaucoup de leurs pratiquants. Lors de conversations privées avec des membres d'Églises chrétiennes, j'ai découvert que la plupart d'entre eux croient que les animaux ont une âme. Certains catholiques croient que les bêtes iront au paradis, ne fût-ce que pour notre plus grande joie, à nous les hommes (que ferions-nous au Ciel sans nos chers compagnons ?) ; d'autres leur donnent le statut complet de corps doté d'une âme. L'enseignement des mormons indique que chaque créature vivante a un esprit, qui continuera à vivre après sa mort. Dans le judaïsme, un *tzadick*, personne qui a une grande spiritualité, est relié « à l'âme de son compagnon animal ». L'idée voulant que toute créature soit dotée d'un esprit et que chaque esprit retourne vers son Créateur revient constamment dans les enseignements du judaïsme. En fait, le mandat du judaïsme (*tsa'ar ba'alei hayim*) est de prévenir « tout chagrin chez les créatures vivantes » – *toutes* les créatures vivantes.

D'autres religions sont plus explicites dans leur acceptation de l'animal. La religion musulmane enseigne que les animaux sont les égaux de l'homme. Elle dit que « pour Dieu, toutes les créatures sont comme une famille » et qu'« Il a donné la Terre à toutes les créatures vivantes ». Une bonne action envers un animal confère à celui qui la fait autant de respect qu'une bonne action envers un être humain, et la cruauté envers l'un est aussi laide que la cruauté envers l'autre.

Les bouddhistes et les hindouistes, qui croient à la réincarnation, sont convaincus que les animaux ont une âme. Un être humain peut renaître sous la forme d'un chien – autrement dit, le chien a une âme, sinon cette réincarnation serait impossible. L'âme entre dans une autre forme afin d'apprendre une leçon particulière ou d'accomplir une action. En conséquence, blesser ou tuer un animal peut empêcher une âme de terminer sa tâche et d'atteindre un niveau de conscience supérieur, et c'est là, sans aucun doute, une faute grave. Le premier des cinq préceptes que doit respecter le bouddhiste (le fondement de l'éthique de cette religion) est tout simplement de ne jamais porter atteinte ni blesser un être doué de sensations.

Le jaïnisme, une des religions de l'Inde, a un code de conduite strict à l'égard de tous les êtres vivants. Les adeptes de cette religion ne sont pas seulement végétariens, ils couvrent leur visage d'un masque pour ne pas respirer par inadvertance de minuscules insectes.

Chapitre 11

. . . .

Résoudre les problèmes

Peut-on utiliser la communication pour résoudre des problèmes
   de comportement?
Les compromis sont-ils acceptables?

> Pour un homme, la plus grande bénédiction est la liberté individuelle;
> pour un chien, c'est la pire des calamités.

WILLIAM LYON PHELPS
Auteur et professeur à l'Université Yale

*Il était une fois un roi puissant qui oppressait ses sujets, et était en
conséquence haï par eux, et pourtant, ce roi a voulu voir le Tathagata
(l'Illuminé) quand ce dernier est venu dans son royaume. Lorsque le
souverain est arrivé dans la demeure où se reposait le Tathagata, il lui a
demandé: «Peux-tu donner au roi une leçon pour distraire son esprit et
lui faire du bien?»*

Le Tathagata a répondu : « Je te dirai la parabole du chien affamé.

« Il y avait un tyran cruel dans le royaume. Le dieu Indra est descendu sur terre sous la forme d'un chasseur, amenant avec lui le démon Matali sous la forme d'un énorme chien. Le chasseur et le chien sont arrivés au palais, où le chien a commencé à hurler avec une telle force que l'édifice tout entier a tremblé sur ses fondations. Le tyran a fait venir le chasseur et lui a demandé pourquoi le chien hurlait ainsi. Le chasseur lui a répondu : "Le chien a faim." Alors le roi, effrayé, a ordonné que l'on prépare un repas pour l'animal. Toute la nourriture qui se trouvait sur la table du banquet royal a disparu dans le gosier du chien, mais malgré cela, le chien a recommencé à hurler. Des mets ont été préparés en abondance, jusqu'à ce que les réserves royales soient presque épuisées, mais le chien hurlait toujours. Désespéré, le roi a demandé : "N'y a-t-il rien qui puisse satisfaire le besoin insatiable de cette bête ?" "Rien, a répondu le chasseur, sauf peut-être la chair de ses ennemis." "Et qui sont ses ennemis", s'est vivement enquis le roi. Le chasseur a répondu : "Le chien hurlera aussi longtemps qu'il y aura des affamés dans ce royaume, et ses ennemis sont tous ceux qui sont injustes et oppressent les pauvres." Le tyran, qui était l'un de ces oppresseurs, a pâli et s'est mis à trembler, et pour la première fois de sa vie, il a commencé à écouter les leçons de la vertu. »

Le roi à qui le Tathagata racontait cette parabole était lui aussi pâle et tremblant. Alors, le Béni entre tous lui a dit : « Le Tathagata peut éveiller les oreilles de l'esprit des puissants, et quand toi, grand roi, tu entendras le chien aboyer, souviens-toi des leçons du Bouddha, et tu pourras alors apprendre comment apaiser le monstre. »

Vous avez lu, dans les dix chapitres qui précèdent, une foule de choses sur la communication entre chiens et humains. Avez-vous mis certaines techniques en pratique ? Hésitez-vous encore parce que vous n'avez pas saisi de quoi il retourne, ou parce que vous ne savez pas comment aborder votre chien? Dans ce chapitre, nous allons mettre les mains à la pâte. Je vais vous expliquer comment les méthodes dont nous avons parlé peuvent être utilisées lors de vos exercices de dressage, ou lorsque vous tentez de résoudre les problèmes de comportement auxquels vous vous heurtez.

Lorsque vous travaillez sur la communication, sur le comportement et sur différents problèmes, il importe que vous soyez réaliste. Vous avez un terrier qui creuse? Sans blague, c'est sa raison de vivre! Si vous comprenez cela, proposez-lui un compromis qui vous satisfasse l'un et l'autre, plutôt que de recourir à des mesures punitives qui vous rempliront de frustration, feront de votre chien un névrosé et, par-dessus le marché, ne donneront aucun résultat valable.

Vous pouvez me citer

«Mon but est d'amener les gens à penser à tous les besoins de leurs animaux. Ils doivent se rendre compte qu'il est nécessaire de leur offrir diverses activités. Nous avons parfois des attentes irréalistes. Pourquoi certaines personnes font-elles rentrer leur chien aussitôt qu'il a fait ses besoins? Pourquoi ne lui laissent-elles pas le loisir de respirer l'herbe tendre, de socialiser avec ses congénères, d'explorer son univers, de regarder en l'air ou de se livrer à l'une de ces activités si appréciées des chiens. En conséquence, il prend de plus en plus de temps pour s'acquitter de son devoir de chien propre et bien élevé! Et ses besoins (autres que ses besoins naturels) ne sont pas satisfaits.»

KAREN OVERALL
Vétérinaire, chroniqueuse et spécialiste du comportement animal

---

Votre chien aboie? Dites-vous bien que pour lui, il existe une foule de bonnes raisons d'aboyer. Si vous vous attaquez à ce problème de façon inconsidérée, vous n'arriverez à rien. Certains chiens ne sont pas équipés pour rester couchés dans le salon toute la journée, ni pour se contenter d'une petite promenade lorsque vous rentrez du boulot. Tirez parti de votre environnement et des circonstances. Occupez votre aboyeur qui s'ennuie. Louez les services d'un promeneur ou d'une promeneuse de chiens, ou inscrivez votre toutou dans une garderie de jour.

Certains problèmes sont inévitables, et les chiens n'y peuvent rien. Ils ne peuvent empêcher l'herbe de « brûler » là où ils ont déposé leur urine. Si les petits ronds d'herbe jaunie vous contrarient, c'est à vous de faire en sorte d'inciter votre ami à adopter un autre endroit moins visible, et de l'habituer à s'y rendre. Les chiens s'accommodent aisément de nos règles, mais on peut aussi se montrer plus compréhensif, de temps à autre !

Des solutions pour des problèmes courants

Quelques-uns des désaccords qui surviennent entre chiens et humains résultent directement d'un comportement naturel à l'animal. L'aboiement est naturel. Creuser, ronger, mâchouiller ou courir comme un fou dans le jardin l'est également et pourtant, certains propriétaires ne voient dans ces activités que des problèmes à éradiquer ! Dans la mesure où certains de ces comportements – en particulier celui de mâchouiller – expriment la nervosité, tenter de le supprimer peut souvent déboucher sur des problèmes beaucoup plus graves. Quand on punit un chien parce qu'il ronge le pied d'une chaise quand il est seul, on peut être sûr que sa nervosité ne fera qu'augmenter.

Les chiens font appel à leur nez pour explorer leur univers et pour soulager leurs tensions ; ils aboient lorsqu'ils aperçoivent des choses ou des gens qui éveillent leur intérêt ou leur inquiétude ; ils creusent pour dégager une terre plus fraîche, pour s'y coucher, ou parce que leur instinct leur ordonne de le faire. Dès que l'on a reconnu et accepté ces comportements absolument naturels, on peut commencer à travailler avec eux afin d'arriver à un compromis valable.

Les compromis sont assez faciles à atteindre. Au cours des dernières années, de nouveaux produits et jouets, mis au point pour occuper les chiens, sont apparus sur les tablettes des animaleries. Ils empêchent le chien qui reste seul à la maison de s'ennuyer. Ils peuvent même l'occuper quand vous êtes présent et ne pouvez lui consacrer un peu de temps. Certains chiens qui aiment mâchouiller des branches ont la chance d'avoir un maître assez compréhensif pour leur permettre de se livrer à cette activité, que ce soit dans le jardin ou dans une pièce de la maison facile à nettoyer, comme la salle de lavage, par exemple. Se dire que le chien va considérer cette licence comme une autorisation de mâchouiller n'importe quoi est dénué de tout fondement.

On peut apprendre à un chien qui aboie à ne le faire qu'à certains moments, et à se taire lorsqu'on lui en donne le commandement. Les chiens qui creusent – surtout les terriers et les teckels – devraient disposer d'un petit espace de terrain où leur activité favorite n'est pas seulement légale, mais permise !

Creuser

Commençons par cette activité litigieuse. Une foule de personnes considèrent que ce comportement est problématique. Les raisons pour lesquelles un chien creuse sont les suivantes. Il veut :

- s'échapper de son enclos ;
- s'aménager un trou frais et agréable pour s'y coucher ;
- chasser une proie vivant sous le sol, réelle ou imaginaire (ah, ces terriers !) ;
- s'occuper agréablement et brûler un trop-plein d'énergie.

À l'exception des fugues hors de l'enclos ou du jardin, dont nous parlerons bientôt, ces comportements appellent la même solution : offrez au chien un espace à lui et autorisez-le à s'y livrer à son activité favorite. N'offrons-nous pas des bacs à sable aux enfants pour qu'ils puissent s'amuser ?

Les deux objections principales à cette proposition concernent le dressage et l'esthétique. Voyons d'abord l'esthétique. Vous pouvez sacrifier un bout de terrain pour que le chien puisse y creuser et, si cet endroit est trop visible, l'entourer de pots de fleurs. Ne soyez pas négatif, voyez-y une occasion de redessiner votre jardin en y ajoutant un espace qui fera dire à vos amis : « Tiens, tu as fait installer un bac à sable pour le chien ? » Placez une sorte de petite entrée à une extrémité et faites en sorte, afin de garder le sable et la terre à l'intérieur, que les côtés soient plus hauts que le niveau du contenu du bac. Si vous préférez que votre jardin garde un profil bas, creusez le trou dans le sol. Si vous optez pour le bac, remplissez-le d'un mélange de sable et de terre. Si vous pensez que le chien creuse pour atteindre une couche de terre fraîche, installez le bac à l'ombre. Passons maintenant au dressage. Oui, cela va prendre un certain temps. Vous devrez sans doute reboucher quelques trous, et replanter des fleurs ou de petits arbustes et vous garderez moins facilement votre égalité d'humeur lors de ces activités de rénovation que pendant le dressage, mais votre problème pourrait se régler assez vite. Mon chien Nestle n'a demandé que deux sessions de bac à sable de dix minutes chacune, suivies de quelques jours d'observation et de petites réformes occasionnelles…

Pour apprendre au chien à utiliser le bac à sable, enterrez-y un biscuit et un ou deux jouets. Amenez votre chien devant le bac et encouragez-le à retrouver ces trésors en creusant frénétiquement pour les retrouver et bien sûr, laissez-le s'emparer de ses trouvailles. Puis, creusez à côté du trou et encouragez-le à se joindre à vous. Si vous avez passé des semaines, voire des mois, à crier après lui à chaque fois qu'il creusait, il se fera plus difficilement à l'idée qu'il existe un endroit où creuser est permis. Répétez la visite au bac à sable et la routine des biscuits pendant suffisamment de temps pour que le chien s'y accoutume et finisse par ne plus se sentir coupable. Ne le traînez pas de force vers le bac à sable. Ce passe-temps doit être agréable et joyeux. Le chien finira par se rendre seul au bac. Souriez et félicitez-le.

Pendant les quelques jours qui suivent, gardez l'œil sur votre chien lorsqu'il se trouve à l'extérieur. S'il commence à creuser n'importe où, attirez son attention en lui disant : «Va creuser dans ton bac» et encouragez-le à obéir. S'il le fait, exprimez votre admiration devant ce haut fait d'obéissance.

Ici, la communication est très simple. Le chien vous dit : «Je veux creuser» et vous lui répondez : «Très bien, je vais te donner un endroit formidable où tu vas pouvoir le faire à ta guise. Obéis-moi, et nous serons contents tous les deux.» C'est une situation dans laquelle tout le monde est gagnant.

Le chien qui creuse sous la clôture pour sortir du jardin constitue un problème tout à fait différent. Lui permettre de creuser dans un bac ne résoudra pas le dilemme. Soit le chien trouve la maison ennuyeuse et veut s'échapper pour aller chercher ailleurs un sens à sa vie – il répond alors aux appels de la nature, qui le poussent à sortir pour rencontrer la séduisante créature avec laquelle il pourra se reproduire (certains mâles et femelles sont submergés par un besoin irrésistible d'explorer le monde et d'y trouver celui ou celle avec qui ils pourront commencer une idylle), soit ils sont rongés par le désir d'aller voir ce qui se passe de l'autre côté de la colline (les huskies sibériens se sont créés une solide réputation dans ce domaine). Si vous possédez un de ces artistes de l'évasion, vous allez devoir vous résoudre à le garder à l'intérieur, ou dans une cour fermée. Pour le chien qui s'ennuie, efforcez-vous d'enrichir son environnement, de le diversifier (nous aborderons cette stratégie en fin de chapitre).

Sauter

Un grand nombre de gens préconisent d'apprendre au chien à s'asseoir au commandement, puis d'utiliser ce commandement quand il commence à sauter. Cette technique peut fonctionner, mais je préfère celle qui a été enseignée par Terry Ryan à des dresseurs s'entraînant avec des chiens de refuge. Cette technique est la suivante : une personne tient le chien en laisse. (Elle ne doit avoir aucune interaction avec l'animal ; elle se contente de rester à ses côtés, sans bouger.) Le maître s'approche alors du chien avec des friandises qu'il aime, en lui parlant gentiment. Si le chien se met à sauter quand il est à proximité, il dit : « Pas bon », puis il fait demi-tour et s'éloigne. Il attend ensuite quelques secondes, puis recommence.

Chaque fois que le chien réagit en tirant sur sa laisse ou en bondissant, le maître lui tourne le dos et s'éloigne. Il ne doit pas crier. Quant à la personne qui tient le chien, elle ne doit pas tirer sur la laisse. Il est important de garder son calme, de retenir ses émotions. Si le chien ne se comporte pas comme le maître le désire, ce dernier doit rester ferme et se préparer à tenter à nouveau l'expérience.

Tôt ou tard – après cinq ou six essais – le chien comprend que son obstination ne lui fournit pas ce qu'il désire. Il décide alors d'utiliser une autre stratégie. Dès qu'il se rabat sur cette nouvelle tactique, il s'assied, ou finit par s'asseoir après quelques tentatives. Aussitôt qu'il s'assied à l'approche de son maître, celui-ci lui donne sa récompense. Il est préférable qu'il la reçoive lorsqu'il est en position assise.

Le maître s'éloigne à nouveau, puis se rapproche. Le chien va soit s'asseoir immédiatement, soit faire d'autres tentatives. Lorsqu'il est à nouveau assis, le maître lui donne un autre biscuit en essayant de lui caresser le dos en même temps, mais il ne faut pas que ce geste importune l'animal. Après quelques essais fructueux, le maître remet la leçon suivante au lendemain.

Il convient de demander à d'autres personnes de procéder à la même approche, mais dans un autre endroit, afin que le chien se rende compte que l'expérience peut se répéter n'importe où. Plus l'expérience se diversifie, meilleur est le résultat final. Lorsque le chien n'est pas en laisse et qu'il commence à sauter, il faut bien sûr se détourner de lui.

Je préfère cette méthode parce qu'on laisse au chien la possibilité d'évaluer le comportement qu'il doit adopter pour être récompensé, plutôt que de l'obliger à obéir à un commandement. Une fois que le comportement sera enraciné, il se manifestera même en l'absence de tout commandement. Il suffit de faire comprendre ceci au chien : « Je te donnerai ce que tu veux quand tu me donneras ce que je veux. »

Aboyer

Comme le dit la sagesse populaire : «Les abeilles doivent bourdonner et les chiens aboyer ». Le problème commence lorsqu'on n'aime pas quand, où, combien de temps, et à quel rythme le chien aboie.

Si l'aboiement vous dérange, je vous recommande fortement de lire le livre de Terry Ryan, *The Bark Stops Here*. L'auteur y expose une demi-douzaine de raisons pour lesquelles les chiens aboient de façon excessive, et donne plusieurs moyens d'affronter le problème. Ce que je puis faire ici est vous rappeler la nécessité de diversifier l'environnement (j'élaborerai sur le sujet plus loin dans ce chapitre), car l'ennui et une énergie mal canalisée sont deux des causes principales de l'aboiement. Je peux aussi vous conseiller une stratégie qui pourra au moins vous aider à limiter la durée de l'épisode d'aboiement, à condition que vous soyez présent quand le chien aboie. Cette stratégie consiste à ponctuer l'aboiement avec un mot.

Ponctuer l'aboiement avec un mot est une sorte d'interrupteur *on* et *off*. Bien évidemment, ce réflexe ne se manifestera pas si vous n'êtes pas à proximité pour prononcer le fameux mot, mais la stratégie apprendra tout de même à votre chien à acquérir un peu de contrôle sur lui-même.

Si votre chien est un aboyeur, cette manie vous importune sûrement à plusieurs moments de la journée. Chaque fois que l'apparition de quelqu'un ou d'un animal est sur le point de déclencher les aboiements – le facteur, le chat du voisin qui fait son petit tour, etc. – dites : « Parle ! » (ou un autre mot à votre choix). Si le chien a remarqué l'intrus avant vous et commence à aboyer, répétez le mot. Laissez-le aboyer pendant quelques instants, attendez qu'il fasse une pause (il faut bien qu'il s'arrête à un moment ou à un autre pour respirer !), puis dites : « Calme ! », et offrez-lui une récompense. Cette récompense doit être une friandise dont il raffole : sa dégustation va monopoliser son attention. Un os à ronger vous procurera un petit repos. S'il aime le beurre d'arachide, vous pouvez en mettre une petite quantité derrière les dents de sa mâchoire supérieure, ce qui vous donnera, cette fois, un vrai répit. Plus longtemps vous arriverez à interrompre l'aboiement, meilleures seront vos chances de succès. Lorsque le chien cessera d'aboyer et vous regardera en espérant une récompense, vous exercerez un plus grand contrôle sur lui en lui disant : « Calme » et vous aurez réussi.

N'utilisez pas, au lieu de « calme ! », un mot que vous avez l'habitude de crier quand vous êtes fâché (je ne conseille jamais de crier après un chien, mais je sais combien l'aboiement peut être agaçant). Essayez plutôt une onomatopée qui sonne comme « chut », un mot qui soit difficile à crier.

Les cours d'apprentissage de tours comprennent des activités aussi attendrissantes que des petits pas de danse.

Quelques éléments de base sur le dressage, l'entraînement et la communication

Deux ou trois techniques de dressage

J'ai déjà mentionné l'entraînement au clicker, ainsi que d'autres méthodes. Avant d'entreprendre les premières séances, voici la description de ces techniques.

Le dressage à la récompense est utilisé par les instructeurs des classes pour chiots et l'on peut même le retrouver dans les classes pour chiens

« avancés ». Le dressage à la récompense est précisément ce que son nom exprime : le maître-chien utilise, lors du dressage, une récompense sous forme de nourriture (ou un jouet), qu'il déplace de telle sorte que le chien puisse la suivre des yeux, et adopter, pour l'obtenir, le comportement désiré. Pour faire asseoir le chien, tenez la friandise à hauteur de son nez, puis au-dessus de sa tête. En raison de la conformation physique du chien, lorsque ce dernier lève le nez pour suivre quelque chose des yeux, son arrière-train touche le sol. Donnez-lui alors la récompense. Plus tard, vous y ajouterez un mot de félicitations et le tour sera joué : vous aurez fait asseoir votre chien au commandement !

L'entraînement au clicker consiste à utiliser un petit appareil qui fait du bruit et sert de signal. On conditionne le chien au clicker en cliquant puis en lui offrant une friandise. Plusieurs sessions brèves sont nécessaires pour arriver à un résultat. Vous pourrez ensuite utiliser le clicker pour susciter le comportement ou la séquence de comportement que vous désirez obtenir. Le clicker est beaucoup plus efficace que l'incitation verbale pour fixer des comportements précis. Si vous jouez au jeu du dressage du chapitre 3, *Conversation avec un chien* vous avez déjà un peu d'expérience en la matière.

Le clicker peut être utilisé pour façonner un comportement (on peut aussi le faire grâce au jeu du dressage du chapitre 3). Façonner veut simplement dire que vous cliquez d'abord pour une version incomplète du comportement, puis tout au long de la progression, jusqu'à obtention du comportement désiré. Si vous voulez que votre chien tourne tout à fait la tête à gauche, commencez à cliquer lorsqu'il commence à la tourner. Petit à petit, mettez la barre plus haut, ne cliquant que lorsque le comportement se rapproche vraiment de ce que vous désirez. (Pour un véritable cours d'entraînement au clicker, lisez *Quick Clicks*, de Mandy Book.)

Pour le dressage suivant, le clicker n'est pas nécessaire. Vous n'avez besoin que de friandises et de jouets.

Garde rapprochée du bol de nourriture

Les chiens qui protègent leur bol de nourriture (ou mâchouillent leurs friandises et même leurs jouets) sont assez nombreux. Certains béhavioristes pensent que, la nourriture étant extrêmement importante dans leur vie, ils ne devraient pas être dérangés quand ils mangent. Ce que je pense, moi, s'accorde davantage avec l'opinion des dresseurs qui conseillent aux personnes qui les consultent de faire des exercices avec leur chien s'il a tendance à protéger de trop près son bol de nourriture.

Il est cependant vrai que les chiens ne devraient pas être interrompus quand ils mangent, mais il est tout aussi vrai que cela peut arriver et que l'animal doit apprendre à tolérer l'intrusion. Un enfant en visite peut courir vers le chien qui mange avant même qu'un adulte puisse intervenir. Un chien qui se promène peut ramasser un morceau de nourriture que son maître ne veut absolument pas qu'il avale. Les chiens doivent comprendre qu'ils doivent non seulement accepter l'intervention humaine, mais qu'il est souhaitable qu'ils le fassent.

Il est plus facile de convaincre un chiot, mais on doit pouvoir convaincre un chien adulte également. Un chien adulte ne devrait éprouver aucun ressentiment quand on touche à sa nourriture ou à ses possessions. Si votre chien grogne devant son bol de nourriture ou devant un morceau de cuir, par exemple, faites appel à un expert, qui viendra sur les lieux pour évaluer les véritables intentions du chien et vous apprendra à résoudre le problème de façon appropriée. Les exercices suivants sont destinés aux chiots ou aux chiens adultes qui ont d'assez bonnes manières.

Commencez l'exercice de façon détendue (et non dans un désir de confrontation). Dirigez-vous vers le chien qui mange et laissez tomber une petite bouchée appétissante dans son bol. Répétez l'opération à chaque repas, pendant plusieurs jours. Puis, prenez le bol pour y ajouter la bouchée et replacez-le devant le chien. Répétez l'opération pendant plusieurs jours.

Ensuite, mettez votre main dans le bol et repoussez la nourriture qui se trouve sur les côtés afin de faire place à la fameuse bouchée. Enfin, en plein milieu du repas du chien, soulevez son bol et donnez-lui à manger vous-même, morceau après morceau.

N'oubliez pas, pendant toute l'opération, d'observer ce que vous « dit » votre chien. Si, à un moment ou à un autre, il se raidit, devient nerveux, grogne, vous fixe dans les yeux, et si ses poils se hérissent – bref, s'il vous fait savoir qu'il n'est pas du tout d'accord avec ce que vous faites, reculez. C'est le moment de demander l'aide d'un spécialiste. Si vous avez affaire à un chiot, ne reculez que d'un pas, et recommencez à laisser tomber des petites bouchées dans son bol, mais sans vous pencher. Prolongez chaque étape. Ne manquez pas de dresser et de socialiser le chiot à la même période. Pour les chiots qui mâchouillent leurs jouets, voyez la section suivante.

Les mots « donne » et « lâche »

Les exercices suivants concernent les possessions et non le bol de nourriture. Les mots « donne » et « lâche » peuvent faire du rapport d'objets un jeu plus sécuritaire, préserver un jouet que le chien a pris dans sa gueule et se dispose à mâchouiller et même lui sauver la vie s'il est sur le point de dévorer quelque chose de toxique. C'est un commandement absolument essentiel si vous voulez jouer à tirer sur la corde à nœuds avec votre chien.

Un moyen tout simple et aisé d'apprendre à votre chien à donner est de procéder à des échanges. Prenez un jouet, mais gardez-en un autre à votre portée. Après avoir joué un moment avec le jouet, dites : « Donne » et faites apparaître l'autre jouet. Agitez-le autour du chien afin de le rendre plus attirant. La plupart des chiens essaient d'attraper le second jouet et lâchent le premier. Secouez le premier jouet pendant un moment, puis faites à nouveau l'échange, cette fois avec le second. Votre interaction avec le jouet augmente sa valeur aux yeux du chien. C'est pourquoi il est si facile de faire l'échange.

Si votre chien refuse de donner le jouet, cessez immédiatement toute interaction. Si cette attitude ne semble pas affecter l'humeur de l'animal, vous pouvez en conclure que quelque chose cloche dans votre relation de base et qu'il est nécessaire que vous vous penchiez sur ce problème avant de continuer les exercices de dressage. Il est possible que le chien voie en vous un subordonné plutôt qu'un chef bienveillant, ce qui n'annonce rien de bon. Si vous ne prenez pas les mesures qui s'imposent pour changer sa manière de voir, vous allez au-devant de sérieuses complications.

Supposons maintenant que tout se passe bien et que le chien soit content de faire l'échange que vous lui proposez. Après avoir travaillé dans ce sens pendant quelques jours, dites : «Donne!» et attendez quelques secondes avant de montrer le second jouet. Si le chien obtempère, félicitez-le avec enthousiasme, donnez-lui une friandise, agitez le second jouet, et ainsi de suite. Dire à un chien de céder un objet qu'il tient dans sa gueule, c'est beaucoup demander. Il faut donc qu'il soit convaincu que son obéissance va lui rapporter gros.

Même si le chien a bien assimilé les mots «donne» et «lâche», continuez à pratiquer l'exercice. Vous pourriez en avoir besoin dans d'autres circonstances moins ludiques.

Laisse!

Ce signal important a une connotation presque zen. Il s'agit d'abandonner une chose pour en obtenir une autre. C'est un concept que l'enfant assimile difficilement, alors imaginez un chiot!

N'enseignez pas ce concept à l'animal avant de lui avoir fermement inculqué l'interdiction de mordre. Avant même de lui permettre de vous toucher, il est nécessaire de lui faire comprendre qu'il doit être doux avec les humains. Il est déconseillé de pratiquer l'exercice avec un chien qui s'obstine à vouloir prendre tout ce que l'on tient dans la main.

Asseyez-vous dans un endroit tranquille et faites asseoir le chien à vos côtés. Montrez-lui la friandise que vous avez dans la main. S'il fait un mouvement trop vif vers cette friandise, refermez la main, *sans la reculer*, et dites : « Laisse ! » (Reculer brusquement la main ne fera que le convaincre d'être plus rapide lorsqu'une autre occasion se présentera, et le but de l'exercice sera compromis.) Le chien avancera sans doute le museau ou une patte vers votre main, mais comme vous lui avez enseigné qu'il est interdit de mordre, il ne se montrera pas trop insistant. Ne réagissez à ses mouvements que s'il se montre entêté et vous oblige à élever la voix pour lui ordonner de se calmer. Tôt ou tard, votre chien comprendra que son insistance ne donne aucun résultat. Il s'arrêtera alors pour repenser sa stratégie. Lorsqu'il sera calmé, prononcez le mot annonçant que vous allez donner, ouvrez la main et autorisez-le à prendre la friandise. Vous pouvez remplacer la friandise par un jouet.

Beaucoup de chiens ne comprennent pas très bien où leur maître veut en venir. Le concept qui consiste *à ne pas faire* quelque chose – pas de jeu de pattes et pas de mouvement de museau – est plus difficile à assimiler que le simple fait d'apprendre à s'asseoir, par exemple.

Vous pouvez transférer le commandement à des objets que vous ne tenez pas dans la main. Placez une friandise sur le sol, non loin du chien, et dites : « Laisse ! » puis levez-vous. Soyez prêt à mettre un pied devant la friandise dès que le chien s'avancera pour la saisir. Si vous voulez dissuader définitivement votre chien de prendre de la nourriture sur le sol, ramassez-la avant de prononcer le mot lui annonçant qu'il peut la prendre, puis donnez-la lui.

Les chiens qui ont une longue expérience de ces deux derniers commandements peuvent lâcher un os qu'ils ont trouvé dans le bois, ou s'immobiliser lorsqu'ils aperçoivent sur le chemin un trésor d'aspect succulent. Comme on ne sait jamais quand on aura vraiment besoin d'utiliser ces commandements, il est bon de les pratiquer à intervalles réguliers.

Richesses de l'environnement et angoisse de la séparation

Dans la plupart des familles, où chacun travaille à l'extérieur, les chiens doivent passer une grande partie de la journée seuls à la maison. L'angoisse de la séparation est un problème majeur dans la société canine. Les chiens sont des animaux de meute ; ils détestent être seuls. Même si les chiens qui passent une partie de la journée à attendre le retour de leur maître devant la porte d'entrée ne montrent pas nécessairement de signes d'angoisse, ils peuvent néanmoins se livrer, en guise d'exutoire, à deux occupations : aboyer et ronger. Vous ne laisseriez certainement pas un enfant de deux ou trois ans seul à la maison, sans surveillance et sans occupation. Ne soyez donc pas surpris si le chien, qui, selon les scientifiques a la capacité mentale d'un enfant de deux ou trois ans, se sent très démuni dans de telles circonstances.

Pour éviter qu'un chiot ne soit saisi par l'angoisse de la séparation, il est nécessaire de l'habituer graduellement à la solitude. Ce processus prend du temps, il est fastidieux, mais il vous rapportera énormément si vous tenez bon.

Commencez par installer une barrière de bébé afin d'isoler le chiot dans une pièce où vous pourrez observer ses allées et venues et d'où il pourra vous voir. Donnez-lui un kong bourré de bonnes choses (voir l'encadré de la page suivante) ou un jouet qu'il peut mâchouiller, puis allez vous asseoir devant la télé, ou avec un livre, tout en gardant un œil sur lui afin de veiller à ce qu'il ne fasse pas de bêtises. Ne vous laissez pas attendrir par ses éventuels gémissements et grattements sur la barrière. Ne le libérez pas avant qu'il soit tout à fait calme et, lorsque vous le faites, ne réagissez pas trop à ses manifestations de gratitude. Répétez l'épreuve de temps à autre. Le chien finira par l'accepter sans faire d'histoire. Aussitôt qu'il pourra rester isolé sans protester, changez d'endroit et installez-vous dans une pièce où il ne peut pas vous voir.

ESSAYEZ-LE

Le kong est un jouet creux en caoutchouc, très résistant, qui ressemble à une carotte de sapin et qui est parfait pour occuper le chien. Remplissez-le de morceaux de biscuits, de beurre d'arachide ou de fromage. Donnez-le au chien avant de quitter la maison, en lui disant: «Je vais revenir». Si votre chien souffre de l'angoisse de la séparation, il est vraisemblable qu'il ne touchera pas au kong. Vous saurez qu'il va mieux le jour où vous constaterez qu'il a mangé un peu pendant votre absence.

Continuez l'exercice en le laissant seul dans cette pièce. Augmentez la durée de la séparation jusqu'à une demi-heure. Lorsqu'il supporte cette épreuve sans broncher, donnez-lui le kong ou un jouet à mâchouiller, et partez sans rien dire. Refermez la porte derrière vous et éloignez-vous, mais pas trop loin. Rentrez trente secondes après. Ne dites rien. Attendez que le chien soit calmé avant de lui montrer votre joie de le retrouver.

Vous allez devoir répéter ce processus plusieurs fois, en augmentant, tous les deux ou trois jours, la durée de l'absence. Au début, les problèmes commencent immédiatement après le départ du maître ou de la maîtresse, mais la plupart des chiens arrivent à tenir le coup pendant 30 secondes! Si votre chien n'a rien détruit ou ne s'est pas mis à aboyer, prolongez légèrement votre absence, essayez 45 secondes. Puis allez jusqu'à une minute. Prolongez le temps de séparation très graduellement afin de ne pas créer, chez le chien, un stress qu'il ne pourrait pas supporter. Si vous devez vous absenter pendant un certain temps, je vous conseille de le prendre avec vous, sous peine de voir une régression dans le dressage.

L'apprentissage peut prendre des semaines, mais dès que votre chien sera capable de supporter une demi-heure d'absence, vous pourrez au moins faire une course dans les environs ! Il faut que vous lui donniez le temps de comprendre que lorsque vous quittez la maison, vous revenez toujours. C'est le sentiment d'abandon qui déclenche l'angoisse de la séparation. Si vous pouvez supprimer ce sentiment négatif, le problème sera résolu.

Un autre moyen à votre portée pour aider le chien à se sentir bien quand il est seul est de rendre son environnement plus intéressant. Cela soulagera non seulement son angoisse de la séparation (sauf si elle est profondément ancrée) mais le dissuadera d'aboyer, de ronger le pied de vos chaises et d'essayer de s'échapper. Il faut donc que vous mettiez au point un plan qui va vous permettre d'enrichir votre environnement. Ce plan, bien entendu, doit vous convenir à tous les deux. Voici quelques idées.

Le jeu de la chasse au trésor permet à votre chien de chasser pour trouver son repas. Avant de partir, mettez-le à l'extérieur ou dans la salle de bain. Pendant ce temps, cachez biscuits et petites bouchées dans la maison ou dans le jardin (si votre jardin est clôturé). Remplissez un cube ou un kong et cachez-le également. Lorsque le chien se retrouvera seul, il s'occupera activement à retrouver toutes les bonnes petites bouchées que vous avez soigneusement cachées.

Vous devez apprendre au chien à jouer à ce jeu sans faire de dégât. Il ne faut pas qu'il y joue avec trop de vigueur. Vous ne voulez tout de même pas retrouver des meubles ou des objets brisés, comme si votre maison avait été soumise à une perquisition musclée du FBI ! Une fois ces précautions prises, la chasse au trésor est un moyen épatant de donner une occupation passionnante à votre chien en votre absence. En outre, la recherche lui permet d'utiliser son cerveau et son odorat.

Utilisez des jouets que l'on peut laisser à un chien sans qu'il risque de se blesser. De grosses balles dures et pratiquement indestructibles, conçues au départ pour empêcher les chevaux de s'ennuyer, sont de plus en plus populaires auprès des propriétaires de chiens. Voyez comment il se comporte avec ce jouet avant de le laisser seul avec. Ma chienne Spirit, la reine des retrievers, aboyait ou gémissait quand on lui présentait ce jouet, pour la bonne raison qu'elle était incapable de le prendre dans sa gueule et de le rapporter. La laisser seule à la maison avec cette balle, en proie à une frustration sonore, aurait sans aucun doute mécontenté nos voisins, mais bien des toutous aiment jouer au soccer, et ils poursuivent la balle dans le jardin jusqu'à épuisement total !

Nous avons inventé un jouet personnel pour Starsky, un puli croisé avec une autre race. Starsky adorait sauter. Nous avons accroché une corde à une tonnelle, dans la cour arrière, à laquelle nous avons attaché un élastique et un anneau en caoutchouc. Quand Starsky sautait et attrapait le jouet, l'élastique s'allongeait suffisamment pour qu'il puisse tirer dessus en gardant les pattes au sol. Nous l'avons regardé s'éclater à ce jeu pendant une semaine, puis nous avons décidé qu'il pouvait s'amuser tout seul. Le seul problème, c'est que lorsque l'élastique se détendait trop, notre invention se retrouvait au-dessus de la tonnelle ! Quand cet incident se produisait, je puis vous dire que nous en entendions parler à notre retour à la maison ! (Les pulis aiment « parler » à leurs proches. Le nôtre nous disait, en termes très clairs, qu'il était temps que nous pensions à perfectionner notre petite invention.)

PENSEZ-Y

Soyez créatif, faites travailler votre imagination. Votre chien aime-t-il passer son temps à observer ce qui se passe dehors ? Un fauteuil placé de telle sorte qu'il puisse voir à l'extérieur le rend-il heureux et satisfait, ou cette position l'encourage-t-elle à aboyer après tout ce qui bouge dans la rue ? Efforcez-vous de connaître votre compagnon et d'inventer des choses qui vous conviennent à tous les deux.

Si votre chien n'a pas la mauvaise habitude de manger vos chaussettes ou vos vêtements, déchirez du tissu en lanières, faites-y des nœuds, et remplissez ces derniers de friandises. Le chien dénouera tous les nœuds pour trouver le trésor caché. Il faut cependant vous assurer qu'il n'ingérera pas le tissu. Bien que les puissants sucs gastriques de l'animal puissent aider à la digestion des fibres, ces dernières peuvent néanmoins provoquer des blocages intestinaux, un problème qui ne peut être résolu que par intervention chirurgicale.

Si vous avez une bonne réserve de boîtes en carton de volumes différents (et si cela vous est égal de ramasser des morceaux de carton mâchouillés), vous pouvez placer dans une grosse boîte une boîte plus petite, et ainsi de suite, avec dans la dernière, une savoureuse petite bouchée. Pour les chiens qui aiment déchiqueter, c'est le jouet idéal.

Bien évidemment, le fait d'avoir quelqu'un qui vienne jouer avec le chien pendant votre absence est le meilleur moyen de lui changer les idées et de lui permettre de dépenser son trop-plein d'énergie. Vous pouvez faire appel à un service de garde ou engager un promeneur professionnel ou une promeneuse professionnelle qui aime les bêtes et sait comment se comporter avec un chien. (Il est préférable, bien sûr, que vous ayez une assurance.) Un adolescent ou une adolescente dont vous appréciez le sens des responsabilités peut aussi faire l'affaire en échange d'une petite rémunération.

Les garderies de jour pour chiens sont populaires depuis quelques années. On y dépose son chien au matin et on vient le rechercher en fin d'après-midi. Pendant la journée, les membres du personnel promènent les toutous et organisent des séances de jeux canins. Des moments de repos sont prévus. Les chiens reçoivent un repas si le maître le désire. Choisissez une garderie pour votre chien comme vous choisiriez une garderie pour un enfant; certaines sont bien meilleures que d'autres. N'hésitez pas à vous rendre dans les endroits que vous avez sélectionnés afin de voir si la propreté y règne et pour vérifier si les séances de jeu entre chiens sont bien surveillées. Demandez (et vérifiez) combien de chiens une personne emmène en promenade (pas plus de trois ; deux de préférence). Voyez si le personnel a un système de vérification permettant de savoir quels chiens sont en ballade et quels chiens sont à l'intérieur. Demandez des références.

Enfin, parlons des gens qui se demandent s'ils ne devraient pas acquérir un second chien pour que leur toutou ait un compagnon. Malheureusement, cette idée ne leur vient généralement que lorsque leur chien a développé des problèmes de comportement et qu'ils se disent qu'un camarade pourrait l'aider à s'amender. Ce qui leur pend au nez, c'est qu'ils vont sans doute se retrouver avec deux chiens à problèmes !

Pourtant, un second chien peut être un excellent atout, à condition d'examiner avec le plus grand soin les conséquences possibles de cette addition. J'ai découvert que deux chiens séparés par un ou deux ans d'âge deviennent généralement de très bons amis. Si la différence d'âge est plus importante, la glace met beaucoup plus longtemps à se briser. Si votre chien est le boute-en-train du quartier et qu'il veut sympathiser avec tous les chiens qu'il rencontre, un second chien le rendra tout à fait heureux. Étudiez la question attentivement, et n'oubliez pas un facteur important : vos dépenses « canines » vont doubler ! Vous pouvez promener les deux chiens en même temps sans problème, et ils apprécieront énormément cette aventure à deux, mais n'oubliez pas qu'ils aiment aussi être seuls avec leur maître ou leur maîtresse. Vous devrez faire de l'exercice avec les deux chiens, et si le second est un chiot, être très attentif à ne pas négliger le plus vieux parce que vous avez toujours envie de câliner le petit. Cette injustice pourrait provoquer le ressentiment de votre premier toutou.

Mon premier chien était chien unique, mais pas les autres. Je suis en faveur des foyers où il y a deux ou plusieurs chiens. Cela donne évidemment plus de travail et de responsabilités, mais la maisonnée n'en est que plus vivante et plus joyeuse.

Une séance de jeux entre grands chiens, à la garderie Biscuits & Bath, à New York.
(Le surveillant est caché derrière une colonne.)

Quelques éléments de base primordiaux

Vous êtes responsable de l'éducation de votre chien et de sa transformation en citoyen modèle. Le chien ne sait pas, lorsqu'il arrive chez vous, que certains endroits du jardin sont réservés aux plates-bandes et à la pelouse, d'autres à ses petits besoins, et que ses aboiements ne sont pas toujours les bienvenus. Vous devez lui communiquer les règles de la maisonnée calmement et être prêt à les lui répéter chaque fois qu'il le faudra.

Votre chien n'est pas un jouet destiné à rester immobile dans un coin jusqu'à ce que vous ayez envie de vous occuper de lui. Il doit être examiné régulièrement par le vétérinaire, recevoir une nourriture équilibrée, bénéficier d'un dressage de base, faire des exercices tous les jours et jouir d'interactions quotidiennes avec sa meute humaine. Tout comportement générateur de discorde dans la famille et dans le quartier doit être corrigé à la satisfaction de tous (y compris du chien).

Certains problèmes appellent des compromis. Le chien ne peut s'empêcher de perdre ses poils. Si cela vous agace d'avoir des touffes de poils en guise d'ornements sur votre robe ou sur votre costume, ou de trouver des boules de poils derrière les portes, il sera sans doute nécessaire de brosser plus souvent votre toutou, d'épousseter régulièrement les meubles et de passer quotidiennement l'aspirateur – le tout sans râler et en vous disant que quelques poils de chien n'ont jamais tué personne.

Certains compromis sont plus difficiles. Si le chien oublie tout ce qu'il a appris au cours du dressage aussitôt qu'il aperçoit un écureuil, la chose à lui faire comprendre est la suivante : lorsque nous nous trouvons quelque part où il t'est permis de courir après les écureuils (comme dans les bois, par exemple, où la petite bête peut t'échapper, et où il n'y a pas de circulation routière), je ne t'appellerai pas, et si je le fais, je ne me fâcherai pas parce que tu ne m'écoutes pas. Mais quand nous sommes dans un lieu où tu ne peux pas courir comme un fou (dans un petit parc entouré de rues, avec des familles et des enfants), je te tiendrai en laisse afin qu'il te soit impossible de succomber à la tentation. Je ne me mettrai pas en colère, mais je t'empêcherai d'aboyer et de tirer sur ta laisse. Ainsi, tu apprendras à te contrôler.

D'autres problèmes plus sérieux ne souffrent pas de compromis et doivent être pris en main. Ma chienne Spirit, par exemple, était quelque

L'inimitable Spirit, et derrière elle, Starsky, imbattable au saut en hauteur.

peu psychotique. Elle provenait d'une usine à chiens et avait échoué dans une animalerie. Spirit avait peu d'attirance pour les chiens et pour les humains ; elle avait peur d'une foule de choses, mais elle était déterminée à se défendre si cela s'avérait nécessaire. Comme j'avais la responsabilité de gérer son environnement, elle ne se trouvait jamais dans une situation où les choses auraient pu mal tourner. Elle a fréquenté l'école pour chiens une fois par semaine pendant une grande partie de sa vie, et elle a fini par faire autant de progrès que les circuits de son cerveau ravagé le lui permettaient. Après quatorze ans d'une existence « sur les nerfs », devenue sénile, elle s'est soudainement transformée en chienne adorable qui aimait un tas de gens et tolérait presque tous les autres. Les deux années et demie de la fin de son existence ont été une merveilleuse compensation pour tous les problèmes qu'elle nous avait causés.

Si vous devez affronter certains problèmes, servez-vous de ce que vous avez appris dans ces pages. Faites un retour en arrière et concentrez-vous sur la cause de ce problème, voyez quelle « récompense » votre chien a reçu pour le comportement inapproprié qui a créé ce problème, comment vous pouvez neutraliser cette récompense non méritée, et l'amener à changer de conduite. Patience et compréhension vous permettront généralement d'obtenir ce que vous désirez.

Rappelez-vous aussi les notions de base du dressage :
- *N'importe quelle récompense.* Utilisez les récompenses pour façonner le comportement de votre chien.
- *Ça ira mieux la prochaine fois.* C'est ce que vous devez vous dire quand vous tournez le dos au chien et que vous vous éloignez pour lui apprendre à ne plus sauter.
- *Les conséquences ou, plus communément, la punition.* Remarquez que nous avons à peine parlé de punition dans ce livre.
- *Ne pas laisser le chien sous commandement.* Ne pas oublier d'utiliser le mot qui l'en libère.

Chapitre 12

....

Là, on communique !

Êtes-vous de plus en plus réceptif à ce que votre chien essaie de vous dire?
Aimeriez-vous connaître d'autres moyens de vous divertir avec votre chien?

La fidélité d'un chien est un cadeau inestimable qui ne demande pas moins de responsabilités morales que l'amitié d'un être humain. Le lien avec un bon chien est aussi durable que tous les liens humains peuvent l'être sur cette terre.

KONRAD LORENZ

Les Séminoles possèdent une foule de légendes sur les chiens. Comme nous approchons de la fin de cet ouvrage, je voudrais vous raconter le petit conte des chemins qui traversent le ciel. Les Séminoles croient que, après la mort, si les rituels sont accomplis de la bonne manière, l'esprit

humain voyage le long de la solopi heni, *la Voie lactée, ou le Grand Chemin Blanc de l'Esprit. Ils croient également que les esprits de leurs chiens morts voyagent sur la* ifi heni, *ou le Chemin du Chien, petite voie qui traverse le ciel. La* solopi heni *et la* ifi heni *se rencontrent dans le ciel, et les humains et les chiens peuvent alors se diriger ensemble vers la bonne cité des âmes.*

C'est bien vrai, vous dialoguez avec votre chien ? Je l'espère. Une communication claire peut éviter ou résoudre une grande partie des problèmes courants entre chiens et humains, mais elle peut aller bien au-delà de ces possibilités.

Même si vous ne croyez pas à la télépathie, votre lien étroit avec votre chien vous rendra plus intuitif. Si vous êtes habitué à observer votre chien attentivement et de façon régulière, vous pourrez déceler des problèmes médicaux avant qu'ils ne deviennent graves, et découvrir les raisons qui peuvent rendre votre compagnon malheureux. Votre chien fait probablement la même chose avec vous. C'est la raison pour laquelle il vous donne la patte ou un coup de langue quand vous vous sentez déprimé.

VOUS POUVEZ ME CITER

«Les chiens sont meilleurs que nous dans un tas de domaines, il nous suffit de prendre le temps d'écouter leurs leçons.»

KAREN OVERALL
Vétérinaire, chroniqueuse et spécialiste du comportement animal.

Votre plus grande responsabilité est de garder les voies de la communication ouvertes entre vous et votre compagnon. La communication avec votre chien est plus facile lorsque vous en avez établi le cadre de base, mais le travail n'est jamais terminé. Un moyen aisé et amusant de peaufiner la communication est de continuer à apprendre des choses ensemble.

Pensez aux couples que vous connaissez. Les couples les plus heureux ne sont-ils pas, presque toujours, ceux qui ne cessent de se livrer ensemble à de nouvelles activités, comme prendre des cours, s'inscrire à des clubs, voyager, explorer leur environnement, lire, aller au cinéma et au théâtre ? Le partage des activités et l'élargissement des horizons permettent de garder ouverts les canaux de la communication, et les cellules du cerveau occupées. Ce chapitre va vous permettre d'entrer dans le vaste monde des sports canins et des activités passionnantes que vous pouvez partager avec votre compagnon.

La plupart des propositions suivantes concernent les sports canins de compétition, avec rubans et trophées. Il faut toujours considérer ces activités comme des moments agréables à partager avec le chien, et se garder de les prendre au sérieux. Il ne faut surtout pas se laisser envahir par l'esprit de compétition. Bien sûr, gagner est exaltant, et les trophées sont assez beaux, mais votre chien est encore plus beau, et il est beaucoup plus précieux. Si vous gardez cela présent à l'esprit, tout ira bien, que vous sortiez de la piste avec un premier prix, ou bon dernier.

Consultez la section *Ressources* à la fin de cet ouvrage pour savoir où vous adresser pour participer à certains sports ou activités.

Agilité

Les épreuves d'agilité ont été offertes pour la première fois, il y a une dizaine d'années, en guise de spectacle à l'heure du lunch, au concours canin Crufts, en Angleterre. Leur popularité n'a cessé d'augmenter. Le concours d'agilité met à l'épreuve les aptitudes mentales et physiques du chien et du maître. Bien que les obstacles soient généralement les mêmes partout, l'ordre et la présentation des épreuves varient. Pendant le parcours, le chien passe dans des tunnels, escalade des rampes, franchit des obstacles (haies), parcourt la planche d'une bascule d'une extrémité à l'autre, court en contournant des piquets, grimpe sur une palissade et saute à travers un pneu. Les épreuves se déroulent selon un certain ordre et sont chronométrées. Elles exigent une communication précise, une compréhension de la manière avec laquelle le chien perçoit la course (les concepteurs y ajoutent des « pièges » pour brouiller les pistes), et des heures et des heures de pratique.

La plupart des chiens raffolent de ces épreuves d'agilité. Les border collies, les bergers des Shetland et les terriers Jack Russell, chiens très rapides, ont souvent dominé le concours, mais les terre-neuve, les corgis et les bassets hounds s'y livrent avec enthousiasme.

Dans la mesure où il s'agit d'un sport extrêmement exigeant, il serait bon, avant de commencer l'apprentissage, de faire examiner votre chien par le vétérinaire afin que ce dernier vous dise si l'escalade et les sauts ne risquent pas de lui poser des problèmes de santé. L'AKC et l'UKC offrent tous deux des épreuves d'agilité.

Randonnées

Que ce soit pour une ballade sur la plage, une promenade en forêt ou une randonnée de plusieurs jours avec sac à dos, le chien est un merveilleux compagnon de marche. Il adore les grands espaces. Son enthousiasme est si communicatif que les difficultés rencontrées paraissent dérisoires.

Lors de longues randonnées, et si le temps est très chaud, le chien est plus susceptible d'avoir un coup de chaleur que son compagnon humain, mais il veut tellement plaire à son maître ou à sa maîtresse qu'il lutte contre l'épuisement, voire contre la souffrance. Soyez donc très attentif afin de déceler immédiatement tout symptôme alarmant.

Si vous partez en randonnée, votre chien (à condition qu'il soit suffisamment costaud) peut certainement vous aider à porter l'un ou l'autre sac. Assurez-vous que la charge est bien attachée, et bien équilibrée de chaque côté de son dos.

Certificat de bonne conduite (CBC)

Cela ne vous tiendra pas occupé trop longtemps car c'est un test de bonnes manières qui, une fois réussi, est définitivement acquis. C'est le premier pas dans l'univers des concours canins, et cette formalité se déroule toujours dans une atmosphère tout à fait détendue.

C'est le seul événement canin parrainé par l'AKC où l'on accueille aussi bien des bâtards que des chiens de race. Les clubs de dressage locaux accordent souvent ce diplôme de bonne conduite après une seule session de cours. Le chien doit démontrer certaines aptitudes, comme marcher avec une laisse lâche, accepter d'être dressé par un étranger, venir sur appel et garder son calme en présence de personnes qu'il ne connaît pas ou de certains véhicules, comme des vélos et des chariots de grand magasin, par exemple. Les juges ne donnent pas de notes, mais une simple mention « réussi » ou « raté ». Il n'y a donc pas de véritable compétition. Quelques comtés donnent une récompense aux propriétaires dont le chien a reçu un CBC (soit une médaille d'immatriculation gratuite, soit la possibilité de promener de temps en temps le chien sans laisse dans un parc). Ce diplôme peut être utile si votre compagnie d'assurance s'objecte à la présence de chiens dans les maisons qu'elle assure.

Conformité au standard

C'est à ce concours que l'on pense généralement quand on entend les mots « exposition canine », événement au cours duquel les chiens sont évalués en fonction de leur apparence et leur allure. Si vous avez déjà regardé un reportage télévisé de l'exposition canine du Westminster Kennel Club, vous savez de quoi il s'agit. L'épreuve est plus difficile qu'il n'y paraît. Elle exige de nombreux exercices pratiques et une bonne

Avec son sang de terre-neuve, mon Serling adorait avoir la plage pour lui tout seul.

compréhension de ce qui peut soulever l'intérêt et l'enthousiasme de votre chien.

Les chiens sont évalués d'après les standards de la race. Il est donc préférable de se présenter à ces expositions avec des chiens qui s'y conforment. Le travail d'équipe entre le chien et le maître dans les différentes épreuves et, le plaisir avec lequel l'animal participe au concours peuvent également avoir un impact sur le résultat final.

Les épreuves de conformité sont souvent déroutantes pour les débutants. Il est conseillé de lire des ouvrages sur le sujet et de prendre des cours afin de savoir à quoi l'on peut s'attendre et ce qu'il y a lieu de faire. C'est aussi un événement social. Beaucoup de propriétaires sympathisent avec des personnes qui possèdent un chien de même race que le leur. Ils considèrent les expositions comme des rencontres sociales aussi bien que des occasions de participer à un concours.

Traction de poids

Loin des espaces enneigés des courses de chiens de traîneaux (dont nous parlerons bientôt), il existe deux sortes de tractions de poids. Les épreuves de chien de trait ne sont pas courantes, mais les clubs de chiens de race doués pour ce type de travail (bouviers bernois et terre-neuve, par exemple) organisent des concours pour évaluer les aptitudes de ces chiens. En général, les épreuves de chiens de trait comprennent une évaluation de l'aptitude des chiens à manœuvrer sur de petites surfaces et une épreuve de résistance et d'adresse lors d'une longue course sur un terrain inégal parsemé de pièges destinés à mettre leur concentration à l'épreuve.

La traction de poids est un concours tout à fait différent, au cours duquel on détermine quelle charge le chien peut tirer sur une distance courte et en ligne droite. La charge est placée sur une charrette ou sur

Grâce aux Mixed Breed Dog Clubs of America, même les bâtards peuvent participer à des concours de conformité. À droite, Serling ; à gauche, Chewbaca.

un traîneau. L'International Weight Pulling Association chapeaute cet événement. Les chiens ne doivent pas s'arrêter. Ils ne peuvent recevoir l'aide d'une personne que s'ils détellent. Il est indispensable de s'assurer que la bête possède la force physique nécessaire pour se livrer à une activité aussi épuisante.

Épreuve de chasse sous terre

Connu également sous le nom d'épreuve de terriers, ce sport est destiné aux chiens élevés pour entrer dans des terriers pour en chasser la « vermine ». Tous les terriers ne se qualifient pas pour ce sport. Certains d'entre eux sont trop gros pour entrer dans un terrier de 30 cm sur 30 cm. Ce sport n'est pas uniquement destiné aux terriers, les teckels peuvent aussi le pratiquer.

Comme les tests mettent à l'épreuve l'instinct de l'animal, on peut y présenter son chien sans dressage préalable. Une tranchée est creusée et recouverte de branches et de planches. Un rat en cage est placé au bout de la tranchée. Quand le chien est lâché, il doit suivre la piste à l'odeur et s'employer à harceler le rat en aboyant et en creusant. Les épreuves de terriers sont parfois accompagnées de courses de vitesse (voir la section *Courses*).

Concours sur le terrain

Les pointers, retrievers, épagneuls, setters, coonhounds ; les beagles et même les airedales ont leurs propres épreuves de terrain. La plupart d'entre eux possèdent l'instinct de base pour pratiquer ce sport, ils n'ont donc pas besoin d'un dressage exhaustif. Les beagles, les bassets hounds et les teckels concourent dans des épreuves de pistage, utilisant leur flair pour traquer leurs proies (des lapins, en général). Des heures et des heures de dressage, de l'endurance, de la précision et une bonne communication sont nécessaires pour que les chiens triomphent dans les chasses de nuit, et dans les épreuves pour chiens d'arrêt et pour retrievers.

Les épreuves pour chiens d'arrêt sont réservées aux épagneuls bretons, aux pointers et pointers allemands (poil court et poil dur) ; aux braques hongrois à poil court et à poil dur, aux braques de Weimar, aux griffons d'arrêt à poil dur et aux setters (anglais, gordon et irlandais). On y trouve souvent des chiens de terrain, quelque peu différents de leurs camarades qui participent à des épreuves dans le ring. Ces chiens ont le poil moins fourni ; ils sont plus petits et plus légers et ont la tête plus large. Ils sont si endurants que leurs maîtres et les juges sont obligés de les suivre à cheval.

Les épreuves pour retrievers accueillent tous les retrievers, et les épagneuls d'eau irlandais. On y retrouve beaucoup plus de labradors que d'autres races. Ces chiens doivent rapporter le gibier, qu'ils doivent aller chercher sur terre et dans l'eau. Leurs propriétaires ont le choix entre deux programmes de travail : les épreuves de chasse ou de terrain de l'AKC (réservés aux chiens très bien entraînés et fiables).

Tous les épagneuls peuvent concourir dans les épreuves pour épagneuls, mais seuls les springers anglais s'y présentent régulièrement. Les épagneuls doivent repérer le gibier, le faire lever pour que leur maître puisse l'abattre, puis le lui rapporter. Les coonhounds concourent en chasses de nuit, traquant et débusquant les ratons laveurs. Parmi les épreuves offertes par l'UKC, ces concours sont parmi les plus populaires.

Fly-ball

Le *fly-ball* est une course de relais, et la plupart des chiens qui y participent raffolent du chaos et de l'excitation incroyable qu'elle soulève. Deux équipes se mesurent entre elles. Les concurrents courent en ligne droite, sautent quatre petits obstacles, puis se rendent jusqu'à une boîte munie d'un dispositif sur lequel ils doivent appuyer pour libérer une balle de tennis. Ils doivent alors attraper cette balle et refaire le parcours en sens inverse. Aussitôt qu'un chien a terminé son parcours, le chien suivant prend le relais, jusqu'à ce que l'équipe des quatre participants ait terminé la course.

Les chiens doivent subir un bon entraînement pour pouvoir jouer selon les règles. Si vous avez déjà regardé (et entendu) les jappements d'excitation des concurrents avant et pendant une course de *fly-ball*, vous serez sûrement tenté de vous lancer dans l'aventure.

Freestyle (Danse avec un chien)

L'un des derniers sports à la mode est le *freestyle*, ou la danse avec un chien. Ce sport associe obéissance et tours enseignés au dressage. Sur une chorégraphie adaptée à un air de musique, le maître ou la maîtresse danse en style libre avec son chien. Inspirée librement de l'univers du patinage artistique, cette activité englobe des épreuves de compétences non compétitives et compétitives.

Le *freestyle* exige beaucoup d'entraînement, mais ce sport suscite la camaraderie. Des petits groupes d'enthousiastes se rassemblent pour

Une séquence d'un concours de freestyle. *Remarquez le costume de la dame… et le sourire du chien.*

inventer de nouvelles figures, pratiquer les mouvements ou présenter de petits spectacles. Tous les chiens de race et tous les bâtards, indépendamment de leur forme et de leur taille, sont les bienvenus dans la danse. Dans la mesure où ce sport est très récent, les spectacles sont relativement rares, mais le World Canine Freestyle Organization accepte des vidéos, qui sont présentées dans des concours.

Fun runs

Des associations caritatives ont recours aux *fun runs* comme moyen de récolter de l'argent. Les vedettes de certains de ces événements sont des chiens. Les bénéfices vont à des sociétés de protection des animaux ou à d'autres organismes de bienfaisance. Ces associations peuvent présenter des attractions supplémentaires, comme des concours d'adresse.

Le *fun run* ne demande pas trop d'entraînement. Dans la mesure où ces rencontres sont souvent très populaires, le chien doit être bien socialisé et capable de marcher en laisse. Si la marche est longue, chien et maître doivent être en forme. Méfiez-vous de la chaleur.

Épreuve de travail sur troupeau

On pourrait penser que cette activité ne concerne que les chiens de berger, mais il n'en est rien. Plusieurs races du groupe de travail, certaines races du groupe non sportif, et même des bâtards peuvent la pratiquer. L'American Herding Breeds Association met l'accent sur le travail et ne se préoccupe pas outre mesure de la race des chiens qui participent à ce sport. Même si elle pense que seuls les border collies sont capables d'accomplir le travail demandé, l'association accepte tout chien en mesure de surmonter les épreuves.

Vous ne pouvez faire un test d'instinct vous-même que si vous avez quelque expérience en matière de dressage. Si ce n'est pas le cas, faites appel à un maître-chien aguerri. Le bétail ne doit courir aucun risque. L'épreuve exige un dressage accompli et une connaissance non seulement de votre chien mais du bétail avec lequel il va travailler (ce bétail est habituellement composé de moutons, mais il arrive que ce soit des vaches, des chèvres ou des canards).

Poursuite à vue sur leurre

Les sighthounds, du groupe des chiens de meute, sont les spécialistes de ce sport, et les whippets en sont les principaux participants. Ces chiens sont élevés pour chasser et rabattre le gibier (lièvre, gazelle ou chevreuil). Le National Open Field Coursing Association (NOFCA) opère dans les États où cette chasse est encore légale.

L'American Sighthound Field Association (ASFA) utilise des leurres plutôt que du gibier vivant, ce qui rend ce sport légal partout où il est pratiqué (et beaucoup plus acceptable pour la plupart des gens). Des clubs locaux organisent parfois des chasses au leurre.

Les chiens sont examinés avant la chasse. Ils doivent être en parfaite condition physique. Un tirage au sort détermine les deux ou trois chiens de même race qui vont courir ensemble. Les chiens doivent faire preuve de discipline. Une grande partie du dressage repose sur un objectif singulier : convaincre ces chiens si excités de se laisser capturer à la fin de la chasse !

Obéissance

C'est, en troisième position, l'un des plus vieux sports officiels pour les chiens de travail, après le *Field Track* (concours sur le terrain) et l'épreuve de conformité au standard. Les épreuves d'obéissance ont pour but d'évaluer la qualité du dressage et l'équipe formée par le chien et son maître. Quelques races sont plus faciles à dresser que d'autres. Ce sont souvent les border collies et les golden retrievers qui récoltent les plus beaux trophées. Toutes les races peuvent concourir. Le maître doit simplement comprendre comment motiver le chien pour qu'il obéisse aux commandements. Un beagle ne va sûrement pas faire fi de toutes les

Comme certaines races que l'on ne considère pas comme des «chiens d'obéissance», les papillons font merveille dans les concours d'obéissance.

odeurs attirantes qui s'élèvent du sol pour répondre à un ordre aussi stupide que «au pied» – à moins que vous ne lui donniez une très bonne raison de le faire. Lorsque le propriétaire d'un chien de meute ne se montre pas assez convaincant pour motiver son chien, la bête ne voit tout simplement pas pourquoi elle se fatiguerait à obéir à ses commandements. Heureusement, un grand nombre de chiens apprécient beaucoup les récompenses alimentaires.

Il existe plusieurs niveaux, comme dans la plupart des sports. Le niveau «novice» teste les aptitudes du chien à répondre immédiatement à l'appel (attendre et venir sur appel). Il doit également rester immobile pour permettre au juge de le toucher, rester assis pendant une minute, et couché pendant trois minutes. Au niveau «avancé» s'ajoutent le saut, le rapport d'objets, des exercices que le chien doit faire sans commandements oraux, etc.

Thérapie assistée par l'animal

Ce n'est pas un sport, mais c'est certainement le moyen d'apprécier le lien qui existe entre les êtres humains et les chiens. En général, la thérapie assistée par l'animal consiste à emmener votre chien auprès de patients, dans des centres pour convalescents, des hospices ou des hôpitaux. Le chien doit évidemment être bien élevé, et calme. Une griffure accidentelle peut être très dommageable pour certains patients. Le chien doit aussi être propre et ne doit surtout pas avoir de puces.

La Delta Society offre un programme d'entraînement intensif (qui utilise à la fois les dons du chien et ceux de la personne qui l'accompagne). Aussitôt que vous obtenez le certificat nécessaire, vous êtes couvert par une police d'assurance de cette société.

Votre chien doit tout simplement prêter son petit corps chaud à caresser, et donner son affection sans compter. Vous pouvez aussi organiser des démonstrations d'aptitudes dans les salles de spectacles des endroits visités.

La course

Contrairement à la course de traîneau, cet événement se déroule sur sol sec. Plusieurs clubs de chiens de race patronnent ce genre de course. Les teckels courent sur terrain plat; les terriers Jack Russell courent sur terrain plat et sautent des obstacles. Les whippets et les greyhounds courent en ligne droite ou sur piste ovale. (Cette compétition n'a aucun rapport avec la course commerciale des greyhounds. C'est un événement destiné à donner aux chiens une occasion de démontrer leur rapidité à la course, qui ne leur rapporte que quelques rubans en guise de récompense.) Tout cela exige certains exercices, destinés surtout à empêcher les chiens de s'entraver mutuellement, mais en général le désir de courir l'emporte.

Schutzhund

Il s'agit d'un sport à plusieurs facettes qui exige des exercices répétés et beaucoup de volonté. Le concours de *Schutzhund* se déroule en trois séquences : obéissance, pistage, et travail de protection. Les tests d'obéissance et de pistage différent quelque peu des épreuves de l'AKC.

L'AKC a des réticences à l'égard de ce sport. L'organisme exprime de vagues inquiétudes en ce qui concerne l'agressivité au cours de l'étape de la protection. Si vous enquêtez davantage, vous découvrirez que les chiens ne sont pas du tout agressifs. Leurs entraîneurs exploitent leur instinct d'une façon absolument contrôlée, comme dans la poursuite à vue sur leurre, les concours sur le terrain et, en fait, presque tous les sports canins. En réalité, la majorité des chiens *adorent* le « méchant gars » qui porte la manche protectrice, et il ne leur viendrait jamais à l'idée de mordre autre chose que cette manche. Ils doivent cependant la lâcher au commandement, et protéger le sujet humain sans mordre la manche. Le *schutzhund* met sans aucun doute votre capacité de communiquer avec votre chien à l'épreuve. Tous les chiens ne sont pas aptes à pratiquer ce sport. Le bon tempérament est un *must*, et le dressage doit être rigoureux.

Course de traîneau et *skijoring*

La course de traîneau est le sport auquel on pense lorsqu'on parle de course de chiens. Le Iditarod est la course la plus célèbre ; elle est télévisée et suivie attentivement par tous les médias, mais il y a d'autres courses partout où il y a de grands espaces enneigés.

L'International Sled Dog Racing ne se préoccupe pas de la race des chiens attelés pour tirer les traîneaux – les bâtards y sont très appréciés. On a même vu des équipes de caniches et de dalmatiens.

Les courses sont de longueurs différentes, avec un nombre différent de chiens. Les chiens doivent être dressés et entraînés, et il faut connaître la personnalité de chaque participant afin de le placer au bon endroit dans l'équipage.

Le *skijoring* est un sport plus personnel et non compétitif. Un ou deux chiens attelés tirent une personne qui fait du ski de randonnée.

Pistage

Le pistage met en valeur le flair du chien, qui suit des traces laissées volontairement au sol. L'AKC et l'UKC offrent des tests de plusieurs niveaux. Il n'y a pas de notes. Le chien réussit ou il échoue.

Bien que les chiens sachent naturellement comment suivre une trace, ils doivent être entraînés pour cette compétition afin de suivre la trace sur le sol plutôt que dans l'air. (La composition des odeurs et la façon dont elles se déplacent dans l'environnement pourraient faire l'objet d'un livre !) Les juges veulent voir le nez du chien au sol ; il ne doit jamais lever la tête pour flairer dans l'air. Le chien doit aussi indiquer (en s'asseyant, en se couchant, en se levant ou en aboyant) plusieurs objets déposés tout au long de la piste.

Tours d'adresse

Enseigner quelques tours à un chien est un excellent moyen de garder la voie de la communication ouverte, et de rendre le dressage amusant pour tout le monde. Le chien peut se produire lors de sessions de thérapie assistée par l'animal. On peut les insérer dans le *freestyle* et d'autres disciplines. Les tours sont très appréciés dans les programmes de visites scolaires (où des propriétaires apprennent à des enfants comment se comporter avec des chiens).

Les concours d'adresse font souvent partie des foires, des marches, des « olympiques » canins ou d'autres événements de ce genre. Vous pouvez y gagner un ruban bleu ou des articles pour chiens, comme des bols ou des laisses, une réserve de nourriture, et même de l'argent.

Travail à l'eau

À l'origine, le travail de sauvetage était assuré par les terre-neuve et les chiens d'eau portugais, dans la mesure où ces races ont été développées pour assister les humains qui exécutaient des travaux dans l'eau. Les chiens d'eau portugais aidaient les pêcheurs à tirer les filets et à ramener

Serling, tournant dans un film (malgré son pelage noir), fait « la vague».

le poisson, ou des objets tombés à l'eau. Les terre-neuve sont, par tradition, spécialisés dans le sauvetage.

Les clubs dont font partie ces deux races organisent des événements pour leurs chiens, tandis qu'un groupe appelé « Wet Dog » a reçu l'autorisation du Newfoundland Club of America d'adapter ses tests pour que tous les chiens puissent y participer.

Si vous désirez pratiquer cette activité, préparez-vous à être mouillé. Vous devrez apprendre à votre chien à tirer une embarcation et à sortir de l'eau un objet qui y flotte. Vous devrez également nager avec le chien et accepter d'être « sauvé ». Le dressage des chiens d'eau est particulièrement amusant pour tous ceux qui y participent – mais il vaut mieux vivre dans une région chaude.

*Un berger belge tervueren et un bâtard pratiquant le rapport d'objets
(lancés dans l'eau).*

Autres activités

La liste qui précède n'est pas exhaustive, mais elle vous permettra de choisir une activité ou un sport qui vous convienne, à vous et à votre chien. On pourrait y ajouter les concours de frisbee, les randonnées pour dalmatiens et les « recherches et sauvetages » (un moyen fatiguant, accaparant, et qui prend beaucoup de temps, d'offrir votre contribution à votre communauté). Un grand nombre de races ont des programmes « polyvalents ». Renseignez-vous et choisissez une activité qui vous plaise, à vous et à votre compagnon. Elle vous aidera à garder les voies de la communication ouvertes, tout en jouissant, vous et votre chien, de votre présence mutuelle.

. . . .

Remerciements

Réunir toutes les informations nécessaires à la rédaction de cet ouvrage a pris beaucoup de temps, mais je n'ai jamais manqué d'aide et de ressources. Je remercie de tout cœur les dresseurs et dresseuses qui m'ont permis de profiter de leur expérience. Chers Tom, Rosalie, Emily, Mandy, Maureen, Terry, Karla et quelques autres, je n'aurais pas pu conduire ce livre à bon port sans vous.

Toute ma gratitude à l'APDT, (Association of Pet Dog Trainers), à Puppyworks et à Legacy, qui m'ont invitée à assister à une foule de conférences en tant que journaliste et m'ont ainsi aidée à peaufiner mes connaissances – et, par le truchement de mes livres et articles, celles de mes lecteurs. L'aide que m'ont apportée ces associations a dépassé mes attentes, et elles m'ont donné envie de continuer à apprendre.

À tous ceux qui ont aimablement répondu à mes nombreuses questions par courrier électronique et par téléphone, et qui ont généreusement partagé leurs expériences avec moi, j'offre mes plus sincères remerciements. Un grand merci aux dresseurs de mammifères marins et comportementalistes Kathy Sdao et Kerrie Haynes-Lowell ; aux vétérinaires Karen Overall et Dennis Wilcox ; et aux dresseurs et conférenciers Mandy Book, Morgan Spector, Terry Ryan, Margaret Johnson, Gary Wilkes, Lauren McCall et Debby Potts.

Enfin, je ne voudrais pas oublier les chiens qui ont fait partie de mon existence. Ils ont tous si merveilleusement répondu à mes attentes que cela dépasse l'imagination, en commençant par le premier, qui n'a demandé qu'un dressage élémentaire et qui était sans aucun doute un être beaucoup plus accompli que moi à cette époque de ma vie, jusqu'à celui qui est sans doute le chien le plus doux que j'aie jamais rencontré, en passant par les chiots à problèmes et les cas apparemment désespérés dont il m'est arrivé d'hériter. Vous avez tous élargi mes connaissances, ma compréhension des êtres et des choses, et vous avez guidé mes pas vers la lumière. *Cave canem* – attention au chien – rien de plus vrai, dans le sens où il faut accorder à chaque chien toute l'attention qu'il mérite. Nos chiens provoquent en nous des émotions dont nous n'avions même pas idée avant de les connaître.

....

Quelques personnes dignes d'être citées

Les connaissances et les conseils éclairés de certaines personnes m'ont été d'un précieux secours pendant toute la rédaction de cet ouvrage. Certaines citations présentes dans ce livre sont tirées de travaux ou de livres qui ont été publiés.

Roger Abrantes

Roger Abrantes est éthologue. Il est le directeur scientifique de l'Institut d'éthologie de la Hong Agriculture School, au Danemark. Auteur d'une bonne dizaine de livres, Roger est aussi un conférencier réputé à l'échelle internationale.

Bob et Marian Bailey

Marian a fondé Animal Behavior Enterprises (ABE) avec son premier mari, Keller Breland. Ils ont dressé et entraîné, selon les principes du conditionnement instrumental, plusieurs espèces d'animaux pour des sociétés commerciales et des services secrets gouvernementaux. Bob

Bailey, chimiste et zoologue, est devenu le directeur général d'ABE et, après le décès de Keller, a épousé Marian. Ils ont dressé ensemble des milliers d'animaux, sont devenus experts-conseil pour les médias et, finalement, instructeurs pour dresseurs dans des camps de réputation internationale. Marian a quitté ce monde en 2001. Bob continue à partager ses connaissances avec des dresseurs et des entraîneurs d'animaux.

Bonnie Beaver

Bonnie Beaver est médecin-chef au Department of Small Animal Medicine and Surgery du College of Veterinary Medicine, à la Texas A & M University. Elle écrit et donne des conférences sur le comportement canin.

Mandy Book

Mandy dresse et entraîne des chiens depuis quinze ans. Elle a récemment vendu sa société de dressage de chiens et travaille à la Sirius Puppy Training, dans la région de la baie de San Francisco. Ses techniques de dressage mettent l'accent sur la camaraderie avec l'animal, que l'on doit considérer comme un partenaire et non comme un adversaire. Elle a une grande expérience des chiens, a travaillé avec des chiens dans le domaine de la publicité, et a dressé plusieurs variétés d'animaux. Ses activités se situent aussi bien dans le cadre des sociétés protectrices des animaux, du dressage et de l'entraînement de chiens d'assistance, et même du dressage de poulets. Elle collabore à The Healing Paw (bulletin concernant les chiens d'assistance). Elle vit à San Jose avec son époux et ses trois chiens.

Suzanne Clothier

Suzanne est l'auteur de plusieurs livres très intéressants sur les relations entre chiens et humains. Elle est souvent invitée à prendre la parole lors de la réunion annuelle de l'Association of Pet Trainers. Sa vision holistique du lien entre les humains et les animaux se reflète dans ses écrits et dans ses activités de dressage et d'entraînement de chiens.

Raymond Coppinger

Raymond est professeur de biologie au Hampshire College. Il a fondé le Livestock Dog Project. Raymond a été un champion de course de chiens de traîneau. Son livre le plus récent explore sa théorie à propos de la domestication des chiens.

Jean Donaldson

Jean est instructrice dans des classes de dressage pour chiens, conférencière à l'Association of Pet Dog Trainers et auteur de plusieurs livres passionnants sur les chiens. Elle travaille à la Société protectrice des animaux de San Francisco, où elle dirige des activités de dressage et d'entraînement de chiens s'étalant sur de longs week-ends ou se déroulant lors de camps de six semaines.

Ian Dunbar

Ian Dunbar est vétérinaire et spécialiste du comportement animal. Il est l'animateur de plusieurs émissions anglaises très populaires et auteur de quelques livres passionnants sur les chiens. Ian a joué un rôle essentiel dans la fondation de l'Association of Pet Dog Trainers. Il est le directeur du Sirius Puppy Training. Son talent de conférencier est mondialement reconnu.

Kerrie Haynes-Lowell

Kerrie est l'adjointe du conservateur de Sea World Australia, dont les activités ont pour objectif de comprendre et de communiquer avec plusieurs espèces animales. Elle s'est récemment occupée de l'installation d'une exposition sur les ours polaires. Elle donne des conférences sur les relations avec les chiens en général et avec les chiens de travail en particulier.

Margaret Jonhson

Margaret a fait ses études sous l'égide des meilleurs dresseurs et comportementalistes du monde, dont Terry Ryan, Ian Dunbar, Erich Klinghammer, Patricia McConnell et Morgan Spector. Les méthodes de renforcement positif qu'elle a apprises lui sont particulièrement utiles dans son travail quotidien avec des chiens timides ou peureux. En 1998, Margaret a participé au développement du programme d'obéissance de la Société protectrice des animaux d'Austin & Travis County, où elle a enseigné pendant deux ans. Elle a ensuite emménagé dans un petit ranch d'Austin avec Rob, son époux, ses chiens Trudy et Gus et son chat Edsel. Elle y a ouvert sa propre école de dressage, « The Humaner Trainer », où elle offre des cours privés aussi bien que des leçons de groupe, des ateliers et des consultations sur le comportement. Margaret est actuellement présidente du Sponsorship Committee de l'Association of Dog Trainers.

Lauren McCall

Lauren est communicatrice animalière et donne des conférences sur le sujet. Elle croit que pour communiquer avec un chien, il faut d'abord avoir un lien affectif avec lui. Lauren aide des propriétaires de chiens à trouver de meilleurs moyens de communiquer avec eux. Elle pratique le TTouch (Toucher Tellington).

Patricia McConnell

Patricia est diplômée de Applied Animal Behaviorist et professeur adjointe de zoologie à l'Université du Wisconsin-Madison. Elle anime une émission de radio communautaire dont le but est de dispenser des conseils en matière de comportement animal. Elle donne également des conférences sur le sujet.

Karen Overall

Karen a reçu tous ses diplômes à l'Université de Pennsylvanie. Elle est également diplômée en zoologie de l'Université du Wisconsin-Madison, et a terminé en 1989 son internat de deuxième et troisième année à l'Université de Pennsylvanie. Karen est une conférencière et un auteur de réputation internationale. Elle fait partie de l'American College of Veterinary Behavior. Elle a reçu son diplôme en sciences appliquées du comportement à l'Animal Behavior Society. Elle dirige depuis plusieurs années la Clinique de comportement de l'École vétérinaire de l'Université de Pennsylvanie.

Debby Potts

Debby a dix-sept années d'expérience dans la méthode TTouch. Elle enseigne dans des ateliers privés aux États-Unis, en Europe, au Japon et en Afrique du Sud. Elle a été l'une des premières techniciennes vétérinaires diplômées de l'Oregon. Debby s'est toujours intéressée à la santé et aux comportements des animaux. La méthode TTouch lui a permis d'élargir ses talents de masseuse pour améliorer la vie des animaux sur un plan physique, spirituel et émotionnel.

Karen Pryor

Karen a travaillé dans le domaine de la zoologie avant de devenir dresseuse de dauphins au Hawaii's Sea Life Park. Elle a été l'une des premières à prôner la technique du clicker et à l'utiliser avec les chiens. Elle a écrit plusieurs livres sur ses expériences avec des dauphins et sur l'entraînement au clicker.

Pamela Reid

Pamela est une psychologue spécialisée en apprentissage et en comportement animal. Elle est diplômée en comportement animal appliqué, et sa pratique privée lui permet d'aider des propriétaires à résoudre les problèmes que leur cause leur chien.

Turid Rugaas

Turid est une instructrice de dressage norvégienne qui observe le comportement canin depuis de nombreuses années. Elle a identifié ce qu'elle croit être les signaux d'apaisement chez les chiens. Turid a écrit un livre sur le sujet et donne des conférences dans plusieurs pays.

Terry Ryan

Terry est la présidente de Legacy Canine Behavior and Training. C'est une présentatrice extrêmement demandée dans les ateliers internationaux de dressage. Elle dirige souvent des camps de dressage et d'entraînement, et des séminaires dans lesquels enseignent des experts canins du monde entier. Terry passe plusieurs mois par an au Japon pour y enseigner différentes méthodes de dressage, ainsi que des programmes pour instructeurs. Elle a été la coordonnatrice du People-Pet Partnership du College of Veterinary Medicine de la Washington State University. Elle est membre expert de l'Association of Pet Dog Trainers, et a été présidente et membre du Conseil d'administration de la National Association of Dog Obedience Instructors. Elle collabore régulièrement à la rubrique de dressage de l'*AKC Gazette*.

Kathy Sdao

Kathy a une maîtrise en psychologie expérimentale, qu'elle a mise en application avec des dauphins, tout d'abord à la University of Hawaii's Kewalo Basin Marine Mammal Laboratory, puis dans la marine américaine. Elle a expérimenté son savoir auprès d'une grande variété de mammifères marins au Washington's Point Defiance Zoo and Aquarium. Avec une collaboratrice, elle a ouvert le premier service de garde de jour pour chiens à Tacoma, et a commencé à enseigner à des propriétaires à dresser et à entraîner leur chien « comme des dauphins ». Elle donne des cours privés sur les modifications de comportement, et apprend à des gens à parler en public.

Morgan Spector

Morgan Spector pratique l'entraînement au clicker depuis 1993. Il est l'auteur de *Clicker Training for Obedience*. Son enseignement porte sur les concours d'obéissance, sur les devoirs du maître envers son chien, et sur le travail d'agilité et d'utilité. Morgan s'est récemment engagé dans un programme mis au point par la Pryor Foundation, destiné à diffuser l'entraînement au clicker auprès de familles dont certains membres ont été victimes de violence et des familles où des enfants ont subi de mauvais traitements. Morgan Spector dirige Best Behavior Dog Training à Agua Dulce, en Californie, où il vit avec sa femme, son fils, ses trois chiens et une population fluctuante de chats de gouttière.

Linda Tellington-Jones

Linda est une cavalière émérite qui participe à des concours équestres dans le monde entier. Elle a mis au point une méthode de travail avec les chevaux connue sous le nom de TEAM (Tellington-Jones Equine Awareness Method). Plus tard, elle a adapté ce toucher à l'intention d'autres animaux. Cette méthode porte le nom de TTouch.

Dennis Wilcox

Dennis a obtenu sa licence à la Western Washington University, et ses autres diplômes à la Washington State University. Il a également un diplôme de *qi gong* médical de Maître Wan, du Military Hospital for Paralysis de Beijing, en Chine, et un diplôme en herbes médicinales vétérinaires du Healing Oasis and Wellness Center de Sturdevant, au Wisconsin. Il a appris des techniques chiropratiques NET avec le docteur Scott Walker, et étudie en ce moment pour obtenir un certificat en acupuncture. Il a pratiqué à Port Angeles, dans l'État de Washington, pendant vingt et un ans. Il utilisait, dans sa clinique pour petits animaux, des méthodes de soins conventionnelles et alternatives.

Gary Wilkes

Gary est un spécialiste du comportement animal de renommée mondiale et un pionnier de l'entraînement au clicker – la première adaptation pratique du conditionnement instrumental pour le chien et son maître. Il a été chroniqueur dans des magazines consacrés aux chiens, de même que dans des journaux. Ses conférences sont très populaires.

Bibliographie

Livres

ABRANTES, Roger. *Dog Language*, U.S.A., Wakan Tanka Publishers, 1997.

ARDEN, Darlene. *The Angell Memorial Animal Hospital Book of Wellness and Preventive Care for Dogs*, U.S.A., Contemporary Books, 2003.

BEAVER, Bonnie. *A Guide for Veterinarians*, U.S.A., W.B. Saunders, 1999.

BOOK, Mandy et Cheryl S. SMITH. *Quick Clicks*, U.S.A., HanaleiPets, 2001.

CAPUZZO, Mike et Teresa. *Nos meilleurs amis : Histoires frétillantes pour réchauffer le cœur*, Montréal, Éditions AdA, 1999.

CARAS, Roger. *A Dog is Listening*, U.S.A., Fireside, 1992.

CLOTHIER, Suzanne. *Body Posture and Emotions*, U.S.A., Flying Dog Press, 1996.

_____. *Bones Would Rain from the Sky*, U.S.A., Warner Books, 2002.

_____. *Finding a Balance*, U.S.A., Flying Dog Press, 1996.

DEHASSE, Dr Joel. *L'éducation du chien*, Montréal, Le Jour, 2004.

DONALDSON, Jean. *Culture Clash*, U.S.A., James & Kenneth Publishers, 1996.

DUNBAR, Ian. *Dog Behavior*, U.S.A., Howell Book House, 1999.

_____. *How to Teach a New Dog Old Tricks*, U.S.A., James & Kenneth, 1991.

FENNELL, Jan. *Les chiens nous parlent*, Montréal, Le Jour, 2002.

HOURDEBAIGT, Jean-Pierre et Shari L. SEYMOUR. *Le massage canin*, France, Éditions Vigot Maloine, 2000.

Larousse du chien, sous la direction du docteur-vétérinaire Pierre Rousselet-Blanc, Paris, 1974.

LINDSAY, Steven R. *Applied Dog Behavior and Training*, U.S.A., Iowa State University Press, 2000.

McCONNELL, Patricia. *The Other End of the Leash*, U.S.A., Ballantine Books, 2002.

MILANI, Myrna. *The Body Language and Emotions of Dogs*, New York, William Morrow & Co., 1986.

MOORE, Arden. *L'ABC de l'éducation canine*, Montréal, Le Jour,

NEWBY, Jonica. *The Animal Attraction*, U.S.A., ABC Books, 1997.

PRYOR, Karen. *J'entraîne mon chien au clicker*, Montréal, Le Jour, 2005.

RUGAAS, Turid. *On Talking Terms with Dogs: Calming Signals,* Legacy-By-Mail, 1997.

RYAN, Terry. *The Bark Stops Here*, U.S.A., Legacy-By-Mail, 2000.

SERPELL, James. *The Domestic Dog*, Cambridge, Cambridge University Press, 1995.

SHOJAI, Amy. *Complete Care for Your Aging Dog*, New York, New American Library, 2003.

SMITH, Cheryl S. *Dog Friendly Gardens, Garden Friendly Dogs*, U.S.A., Dogwise, 2003.

_____. *The Absolute Beginner's Guide to Showing Your Dog*, U.S.A., Prima Publishing, 2001.

_____. *The Trick in the Training*, Barron's, U.S.A., 1998.

SPECTOR, Morgan. *Clicker Training for Obedience*, U.S.A., Sunshine Books, 1999.

STERNBERG, Sue. *The Inducive Retrieve*, publié à compte d'auteur, 1995.

TAYLOR, David et Peter SCOTT. *Vous et votre chien*, Paris, Larousse, 1986.

The Evolution of Canine Social Behavior, Wakan Tanka Publishers, U.S.A., 1997.

The Waltham Book of Dog Behaviour, U.S.A., Pergamon Press, 1992.
The Waltham Book of Human-Animal Interaction, U.S.A., Pergamon Press, 1995.
WESTON, David. *Dog Training: The Gentle Modern Method*, U.S.A., Howell Book House, 1990.

Vidéos

Body work for Dogs, VAUGHAN, Lynn et Deborah JONES, animalhealing.com.
Calming Signals: What Your Dog Tells You, RUGAAS, Turid.

....

Table des matières